Olaf Schmidt

Holz- und Baumpilze

Biologie, Schäden, Schutz, Nutzen

Mit 58 Abbildungen

Springer-Verlag

Berlin Heidelberg New York
London Paris Tokyo
Hong Kong Barcelona
Budapest

Professor Dr. Olaf Schmidt
Ordinariat für Holzbiologie
Universität Hamburg
Leuschnerstraße 91
21031 Hamburg

Umschlagbild: Fruchtkörper und Rhizomorphen des Hallimaschs (*Armillaria mellea*) (aus Hartig 1874)

ISBN-13: 978-3-642-78580-1   e-ISBN-13: 978-3-642-78579-5
DOI: 10.1007/978-3-642-78579-5

© Springer-Verlag Berlin Heidelberg 1994
Softcover reprint of the hardcover 1st edition 1994

Hersteller: Herta Böning, Heidelberg
Einbandgestaltung: Erich Kirchner, Heidelberg
Satz: K + V Fotosatz GmbH, Beerfelden
31/3130-5 4 3 2 1 0 – Gedruckt auf säurefreiem Papier

Meinen verehrten Lehrern
Professor Dr. Herbert Hagedorn
Professor Dr. Walter Liese
in Dankbarkeit

Vorwort

Über die holzbewohnenden Pilze liegt umfangreiche Literatur in Originalarbeiten, Monographien, Tagungsberichten, als Begleittext in Bestimmungsbüchern und, eher zerstreut, in Lehrbüchern vor (siehe Literatur). Zum Teil sind jedoch einige Aspekte stärker betont oder andere weniger berücksichtigt worden. Zudem sind vorhandene Arbeiten mit ähnlicher Zielsetzung, wie „Biologie holzzerstörender Pilze" (Rypáček 1966) und „Die Holzschäden und ihre Verhütung" (Bavendamm 1974), älteren Datums. Zu Teilgebieten sind jüngere Werke zu empfehlen, wie über Biologie und Systematik der Pilze allgemein (Benedix et al. 1991, Müller und Loeffler 1992), Morphologie und Wuchsansprüche der pflanzlichen Bau- und Werkholzschädlinge (Grosser 1985, Sutter 1986), „biology" und „ecology" (Rayner und Boddy 1988) sowie „enzymes" (Eriksson et al. 1990, Betts 1991) des pilzlichen Holzabbaues und zum Holzschutz (Willeitner und Liese 1992). Eine umfassendere Darstellung der „Holzpilze" mit den verschiedenen Gesichtspunkten ihrer Biologie und Schadwirkung unter besonderer Berücksichtigung der jüngeren Literatur existiert jedoch in deutscher Sprache bislang nicht.

Dieser Leitfaden für Studium und Praxis soll daher einen Überblick der holzverfärbenden und -zerstörenden Pilze, weiterer Mikroorganismen im Holz (Bakterien) sowie baumschädigender Viren geben.

Als Voraussetzung hierfür werden zunächst wichtige biologische Grundlagen der Organismen beschrieben, wie Wachstum, Vermehrung, Genetik, und Möglichkeiten zur Identifizierung und Klassifizierung genannt. Es werden weiterhin die für ihr physiologisches Verhalten wesentlichen Faktoren aufgezeigt, wie Einfluß von Nährstoffen, Holzfeuchtigkeit, Temperatur, pH-Wert, auch die Wechselwirkungen zwischen verschiedenen Organismen und schließlich werden die für die Holzzersetzung verantwortlichen Enzyme und Abbauwege dargestellt.

Im zweiten, stärker auf die Praxis ausgerichteten, Teil werden die spezifischen Holzschäden durch die verschiedenen Organismengruppen, aber auch Möglichkeiten der Schadensverhütung, -erkennung und -bekämpfung (Holzschutz, Sanierung) vorgestellt: Auswirkungen von Bakterienbefall, Holzverfärbungen durch Schimmel-, Bläue- und Rotstreifepilze und der Holzabbau durch Braun-, Weiß- und Moderfäulepilze. Da verschiedene parasitische Pilze bereits im lebenden Baum zu beträchtlichen Holzverlusten führen können, werden hinsichtlich des Schadvorkommens zunächst Pilzschäden am lebenden Baum, ihre Erreger, aber auch die Abwehrmechanismen eines Baumes beschrieben. Im Abschnitt „Lagerfäulen" werden verschiedene Saprophyten in lagerndem Holz sowie bei Holz im Außenbau vorgestellt, und ein Schwergewicht liegt bei den „Hausfäulen", besonders durch den Echten Hausschwamm, sowie bei den biologischen und baulich/chemischen Gesichtspunkten der Schwammsanierung. Ein abschließendes Kapitel zeigt auf, daß die Holzpilze, neben ihrer unerwünschten Zerstörung, zahlreiche positive Aspekte aufweisen, indem klassische Verfahren und einige aktuelle Möglichkeiten der „Biotechnologie der Lignocellulosen" genannt sind.

Da die Ausführungen bei den biologischen Grundlagen im wesentlichen auch für andere Asco- und Basidiomyceten gelten, werden mit diesem Leitfaden für Studenten und Forschende der Holzwissenschaften sowie für Praktiker der Holzverwendung darüber hinaus mykologisch interessierte Studierende und Wissenschaftler aus den Bereichen der Angewandten Botanik, Mikrobiologie und Forstpathologie angesprochen.

Bei den Literaturangaben sind zum Teil Übersichtsarbeiten genannt, in denen sich umfangreichere Hinweise auf weitere Veröffentlichungen befinden, die in Einzelbereichen ein vertieftes Studium erleichtern sollen. Da sich in den Text vermutlich Fehler eingeschlichen haben, bin ich dem Leser für kritische Hinweise dankbar.

Grundlage ist eine Vorlesung von Herrn Professor Dr. Dr. hc. mult. W. Liese am Ordinariat für Holzbiologie der Universität Hamburg, die seit 1974 mit ihm gemeinsam zunächst als „Pflanzliche Nutz- und Bauholzschädlinge mit Übungen" und später als „Holzschäden durch Pilze" durchgeführt wurde.

Herrn Professor Liese danke ich für die Überlassung des Vorlesungsgrundstockes sowie zahlreicher Abbildungen und ihm und Herrn Professor Dr. H. Willeitner für die fachliche Beratung und kritische Durchsicht des Manuskripts. Bildmaterial haben weiterhin freundlicherweise zur Verfügung gestellt: Dipl.-Biol. M. Eichhorn, Hamburg, Professor Dr. J. Grinbergs, Valdivia, Chile, Frau Dr. W. Kerner, Berlin, Dipl.-Holzwirt R. Klaucke, Hamburg und Dr. M. Rütze, Hamburg. Meine langjährige Mitarbeiterin, Frau Ute Moreth, ohne deren Mitdenken und mikrobielles Fingerspitzengefühl viele der in den Text eingeflossenen Versuchsergebnisse nicht erhalten worden wären, und Herr H. Wohltorf, Hamburg, haben die meisten Zeichnungen erstellt, und Frau

Gräfin von Wallwitz und Frau Christina Waitkus die Fotoarbeiten durchgeführt. Dem Verlag, besonders Frau Herta Böning und Herrn Dr. D. Czeschlik, danke ich für die gute Zusammenarbeit.

Hamburg, Dezember 1993 Olaf Schmidt

Inhaltsverzeichnis

1 Einführung

„Holzschäden durch Pilze" wurden früher auch als Holzkrankheiten oder Holzpathologie bezeichnet. Da es sich bei dem Substrat Holz jedoch in der Mehrheit um tote Zellen handelt, wurde von diesen Namen Abstand genommen. Im Englischen wird bei der mikrobiellen Zersetzung von Biomasse zwischen Biodeterioration, der unerwünschten biologischen Zerstörung, und Biodegradation, dem gelenkten Abbau durch Organismen oder ihre Enzyme, unterschieden. Dieser positive Gesichtspunkt des Holzabbaues gehört in den Bereich der Biotechnologie der Lignocellulosen (Schönborn 1986, Betts 1991; siehe Kapitel 9).

Behandelt wird im folgenden hauptsächlich das Xylem (Holz) des Stammes. Da Blätter, Rinde und Wurzel Eintrittspforten für Parasiten in den lebenden Baum darstellen, die bereits dort zu Wuchsminderungen oder Holzschäden führen können, sind einige Aspekte aus dem Bereich Forstpathologie eingeschlossen (Schwerdtfeger 1981, Butin 1983; Kapitel 5 und 8). Die Abläufe bei der Zersetzung von Vollholz gelten im wesentlichen auch für Holzwerkstoffe (Holzfaserplatten, Holzspanplatten und Sperrholzplatten einschließlich ihrer Formteile) (u. a. Willeitner 1969, Kerner-Gang und Grinda 1984, Kerner-Gang und Nirenberg 1985). Über Pilzschäden in Sakralbauten und Möglichkeiten der Restaurierung berichten u. a. Koller (1978), Wälchli (1980) und Sutter (1986). Schäden in Museen, Bibliotheken etc. sind bei Schippers-Lammertse (1988), Pantke und Kerner-Gang (1988) und Unger et al. (1990), solche an Holzstatuen bei Ward (1978) und Gentle et al. (1978) dargestellt. Bakterielle Schäden an archäologischem Holz (vergraben bzw. im Wasser, wie z. B. gesunkene Schiffe) sind u. a. bei Blanchette et al. (1991) und Kim und Singh (1993) aufgezeigt.

Die Zersetzung von Biomasse, im folgenden Holz und andere Lignocellulosen (Einjahrespflanzen) betreffend, ist ein notwendiger Teil des natürlichen Stoffkreislaufes: Bei der Photosynthese wird aus CO_2 und H_2O mittels Lichtenergie Holz und O_2 gebildet. Das Holz wird von Pilzen und anderen Organismen wieder in seine Bestandteile CO_2, H_2O (und Huminstoffe: u. a. Schlegel 1992) sowie in Energie für ihren Stoffwechsel zerlegt (u. a. Swift 1982).

In den Wäldern der Erde sind etwa 400 Mrd. Tonnen CO_2 gebunden. Ohne den mikrobiellen Abbau der Biomasse (bzw. ihre Verbrennung) wäre der für die Photosynthese nötige CO_2-Vorrat der Atmosphäre in 20 bis 30 Jahren verbraucht (Schlegel 1992), die Photosynthese würde zum Erliegen kommen, und die Erde wäre mit nicht verrotteter Biomasse überfüllt.

Der Mensch verzögert den Holzabbau durch Pilze aus wirtschaftlichen Gründen durch Holzschutzmaßnahmen (Willeitner 1981a, Leiße 1992, Willeitner und Liese 1992; Kapitel 7.4), um den Rohstoff Holz zeitlich länger zu verwenden. So wird beispielsweise die mittlere Nutzungsdauer einer Buchenschwelle von etwa 3 Jahren durch Imprägnieren mit Steinkohlenteeröl auf ca. 45 Jahre verlängert.

Bis etwa 1800 wurde Fäulnis als Strafe Gottes angesehen, und Fruchtkörper galten als Ekzeme. Noch 1850 führte v. Liebig Fäulnis auf eine „langsame Verbrennung" zurück. Robert Hartig erkannte 1874 den Kausalzusammenhang zwischen Schaden und Erreger und ist somit der Begründer der Forst- und Holzpathologie (Merrill et al. 1975). Die erste Reinkultur eines holzzerstörenden Pilzes gelang Brefeld 1881. Falck erarbeitete 1927 die biochemischen Grundlagen von Braun- und Weißfäule, und Labormethoden zur Pilzphysiologie wurden von J. Liese und Bavendamm um 1930 entwickelt (W. Liese 1967, Kirk und Schultze-Dewitz 1989, Götze et al. 1989, Merrill 1992).

Forschungsstätten sind in Deutschland die Bundesanstalt für Materialforschung und -prüfung (BAM) in Berlin, das Institut für Holzbiologie und Holzschutz der Bundesforschungsanstalt für Forst- und Holzwirtschaft (BFH) in Verbindung mit dem Ordinariat für Holzbiologie der Universität Hamburg, Abteilungen an den Universitäten Freiburg, Göttingen und München sowie verschiedene Industrielabors. Für das Ausland seien beispielhaft aufgeführt: Department of Botany, Imperial College, London und Building Research Establishment in Garston, Centre Technique du Bois et d'Ameublement (CTBA) Paris, die Universitäten Warzawa und Poznań in Polen, Uppsala in Schweden, die Eidgenössische Materialprüfungsanstalt (EMPA) St. Gallen in der Schweiz, Berkeley, Corvallis, Madison, Raleigh und Syracuse in den USA, Ottawa und Vancouver in Canada, Rotorua in Neuseeland und Melbourne in Australien.

Dem weltumspannenden wissenschaftlichen Erfahrungsaustausch dienen besonders die 1892 in Eberswalde gegründete IUFRO (International Union of Forest Research Organizations), der 1992 über 500 Mitgliedsinstitute aus 111 Ländern angehörten und in deren Abteilungen und Gruppen alle Themen aus dem Gesamtgebiet der Forst- und Holzwissenschaft im weitesten Sinne bearbeitet werden (Liese 1992a), und die IRG (International Research Group on Wood Preservation), bei deren regelmäßigen Symposien aktuelle Ergebnisse zu Holzschädlingen, Holzschutz und Methoden vorgestellt werden.

2 Biologische Grundlagen

2.1 Cytologie und Morphologie

„Holzpilze" sind eukaryotische, kohlenstoffheterotrophe Organismen (chlorophyllfrei) mit chitinhaltiger Zellwand, die sich asexuell (vegetativ) und/oder sexuell (fruktifikativ) durch unbegeißelte Sporen vermehren, unbeweglich, fädig aufgebaut und überwiegend landbewohnend sind.

Schäden an Holz im Wasser durch Basidiomyceten sind bei Jones (1982) und Highley und Scheffer (1989) beschrieben; aus der Gruppe der Ascomyceten zerstören die Moderfäulepilze (Kapitel 7.3) Holz mit sehr hohen Feuchtigkeiten (u.a. Findlay und Savory 1954, Liese und Ammer 1964).

Die einzelne, röhrenförmige Pilzzelle, die Hyphe, besitzt einen Protoplasten und kann vakuolisiert sein. Der Protoplast enthält als Organelle ein bis mehrere, relativ kleine, echte Zellkerne mit meist einem Kernkörperchen (Nucleolus), Mitochondrien, Ribosomen, Endoplasmatisches Retikulum, wenig Dictyosomen und weitere „Körperchen". Plastiden fehlen. Reservestoffe sind Lipide, Volutin und Glykogen, nur bei einigen Hefen auch Stärke. In der Hyphenspitze finden sich wegen des apikalen Wachstums vermehrt verschiedene Vesikeln und Membranstrukturen zur Zellwandsynthese und für Transportvorgänge sowie Enzyme zur Nährstoffumsetzung (Grove 1978).

Die Zellwand besteht aus verschiedenen Kohlenhydraten, bei Hefen Mannan-β-glucan, bei Asco-, Deutero- und Basidiomyceten Chitin-β-glucan, nie aus Cellulose. Das außer bei Pilzen bei verschiedenen wirbellosen Tieren vorkommende Chitin ist ein Makromolekül aus β-1,4-glykosidisch verknüpften N-Acetylglucosamin-Bausteinen (Abb. 1). Bei Ascomyceten sind die Zellwände zwei- und bei Basidiomyceten mehrschichtig. Der Gesamtaufbau der Zellwand

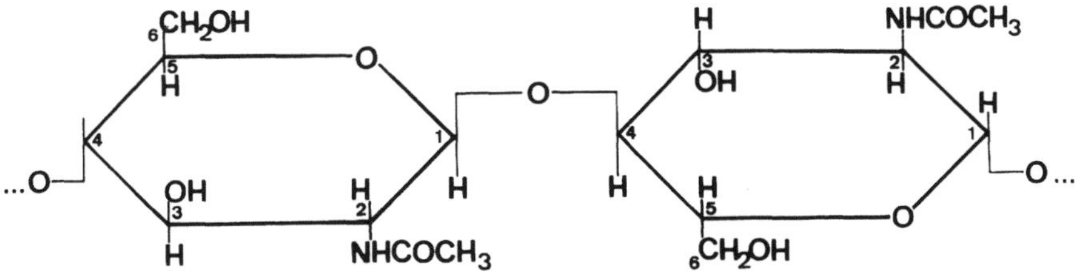

Abb. 1. Chitinmolekül (Ausschnitt)

einschließlich verschiedener extracellulärer Schichten ist komplex (Toft 1992): Auf eine Chitinschicht von etwa 10 bis 20 nm Stärke folgen nach außen eine Proteinschicht (ca. 10 nm), eine Lage aus Glycoprotein (ungefähr 50 nm) und eine „Schleimschicht" (amorphes Glucan, hauptsächlich mit β-1,3- und β-1,6-glykosidischen Bindungen; etwa 75 bis 100 nm). Die Oberfläche kann zudem granuliert und bisweilen fein fibrillär strukturiert sein (Liese und Schmid 1963, Schmid und Liese 1965); auch kommen Calciumoxalatkristalle (Holdenrieder 1982) oder harzig/ölige Tropfen vor.

Der Durchmesser von Hyphen reicht von etwa 0,1 bis 0,4 μm bei den Mikrohyphen des Kiefernfeuerschwammes, *Phellinus pini*, (Liese und Schmid 1966) bis zu ca. 50 μm bei den Gefäßhyphen in den Strängen des Echten Hausschwammes, *Serpula lacrymans*, mit einem Mittel für undifferenzierte Lufthyphen von etwa 2 bis 7 μm (*S. lacrymans*: ca. 3 μm: Seehann und v. Riebesell 1988). Ihre Länge reicht von etwa 5 μm bei rund/ovalen Zellen (Sporen, Arthrosporen) bis zu mehreren Zentimetern bei coenocytischen Hyphen niederer Pilze. Die Größe von Bakterien beträgt etwa 0,4 bis 5 μm (Schlegel 1992) und von Viren meist weniger als 2 μm (Nienhaus 1985 a).

Die Pilze werden aufgrund der Kleinheit der einzelnen Hyphe sowie wegen ihrer experimentellen Bearbeitung mit mikrobiologischen Methoden als Mikroorganismen bezeichnet. Obwohl sie wissenschaftlich in mikrobiologischen und medizinischen (beide überwiegend Ascomyceten) oder meist in botanischen Instituten untersucht werden, zählen sie nicht mehr zu den Pflanzen. Die „höheren Pilze" (Zygomycota, Ascomycota und Basidiomycota) bilden in Mehrreichsystemen neben Prokaryonten, Protisten (eukaryotische Einzeller; hier: „Schleimpilze" und „niedere Pilze"), Pflanzen und Tieren (Whittacker 1969) die selbständige Gruppe Fungi (Müller und Loeffler 1992).

Mycel ist das fädige, verzweigte und bei den holzbewohnenden Basidiomyceten meist farblose bis weiße Geflecht aus zahlreichen, im Lichtmikroskop farblosen bis hellgelben bzw. bräunlichen Hyphen; bei Bläuepilzen ist es intensiv braun gefärbt. Das bisher größte durchgehende Mycelgeflecht wurde bei dem Dunklen Hallimasch, *Armillaria ostoyae*, über eine Fläche von fast 600 ha gemessen (Anonym. 1992 a). Bei Kulturen von Deuteromyceten ist das Farbspektrum aufgrund der Sporentönung breiter. Mycel bildet den makroskopisch sichtbaren Thallus, die undifferenzierte Vegetationsform der Pilze (Thallophyten), der nicht wie bei dem Kormus der Kormophyten (Höhere Pflanzen) in die Grundorgane Sproß, Blatt und Wurzel differenziert ist. Mycel ist der eigentliche Pilz mit Ernährungsfunktion und Holzzersetzungsvermögen und ist bei ausreichendem Nährstoffangebot theoretisch unbegrenzt wachstumsfähig. Sexualität mit Fruchtkörperbildung ist für Verbreitung und Vermehrung nicht unbedingt nötig. Beispielsweise wurde Mycel des auf Holz angebauten japanischen Speisepilzes Shii-take, *Lentinula edodes*, etwa 50 Jahre ausschließlich auf Agar vermehrt ohne je zu fruktifizieren und bildete erst Fruchtkörper (siehe Abb. 57), als die geeigneten Umweltbedingungen eingestellt wurden (Schmidt 1990).

Bei den Algenpilzen werden einzelne Hyphen nicht durch Querwände (Septen) voneinander getrennt, sondern bilden ein coenocytisches Mycel. Bei den

Abb. 2. Coenocytisches (*c*) und septiertes (*s*) Mycel

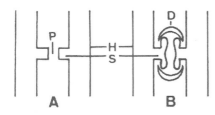

Abb. 3. Septe (*S*) von Ascomyceten (*A*) und Basidiomyceten (*B*). *P* Porus, *D* Doliporus

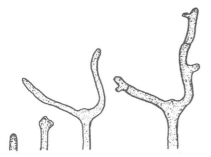

Abb. 4. Folgestadien apikalen Mycelwachstums

Deutero-, Asco- und Basidiomyceten ist das Mycel septiert (Gull 1978; Abb. 2). Bei Deutero- und Ascomyceten befindet sich im Septum ein zentraler einfacher Porus und bei Basidiomyceten ein kompliziert aufgebauter Doliporus (u. a. Moore 1985; Abb. 3). Die Protoplasten benachbarter Hyphen sind über die Poren zur Wanderung von Zellkernen und zum Wasser- und Nährstofftransport miteinander verbunden.

Das Wachstum des Mycels erfolgt apikal an der Hyphenspitze oder bei älteren Mycelteilen an den Spitzen von Verzweigungen (Abb. 4).

Mycel bildet lockere Hyphenverbände (z. B. Luftmycel) oder feste, morphologisch differenzierte Einheiten wie Strang und Rhizomorphe (Kapitel 2.2.2) sowie die gewebeartigen Verbände (Plectenchyme) im „Fleisch" von Fruchtkörpern.

Die Wuchsgeschwindigkeit dient häufig als Merkmal zur Identifizierung und liefert z. B. bei der „Schwammdiagnose" (Kapitel 8.3) Hinweise zur Altersbestimmung eines Befallsherdes. Die Wüchsigkeit ist jedoch abhängig von Umweltbedingungen wie Temperatur und Nährstoffen. Weiterhin sind häufig verschiedene Stämme einer Pilzart unterschiedlich schnellwüchsig. Auch die Zahl der Zellkerne pro Hyphe (meist ein oder zwei) kann sich auf das Wuchs-

Tabelle 1. Maximaler radialer Mycelzuwachs pro Tag auf 2% Malzagar. (Werte aus der Übung zur Vorlesung)

	Temperatur (°C)	Zuwachs (mm)
Armillaria mellea	25	2,5
Coniophora puteana	23	9,0
Lentinula edodes	25	6,5
Pleurotus ostreatus	25	10,5
Schizophyllum commune	30	9,7
Serpula lacrymans	20	5,0
Trametes versicolor	25	8,5

verhalten auswirken, indem z. B. bei *Lentinula edodes* (Schmidt und Kebernik 1987), *Serpula lacrymans* (Schmidt und Moreth-Kebernik 1991 b; siehe Tabelle 31 und 32) und dem Zottigen Schichtpilz, *Stereum hirsutum*, (Rayner und Boddy 1988) die Dikaryonten schneller als die Monokaryonten wachsen. In Tabelle 1 sind Wuchsgeschwindigkeiten einiger Holzpilze zusammengestellt. Als besonders schnellwüchsiger Holzzerstörer erreichte der Kellerschwamm, *Coniophora puteana*, 9 mm radialen Mycelzuwachs pro Tag auf 2% Malzagar bei 20 °C, der Honiggelbe Hallimasch, *Armillaria mellea,* lediglich 2,5 mm.

Überwiegend wächst Mycel als Substratmycel von außen nicht sichtbar im Substrat (Erde, Holz), so daß Fäulnis, besonders im Frühstadium, häufig äußerlich nicht erkennbar ist. Beim Oberflächenmycel wächst der Pilz zusätzlich oder bevorzugt auf der Substratoberfläche, z. B. auf künstlichem Nährboden. Luftmycel, u. a. bei Haus- und Porenschwamm, ist ein intensiv ausgebildetes Oberflächenmycel.

Die Textur von Mycelmatten ist variabel, u. a. flach dem Substrat aufliegend, krustig, wollig, faltig oder zoniert (Stalpers 1978).

2.2 Wachstum und Verbreitung

2.2.1 Allgemeines

Mit der seltenen Ausnahme der „Sterilen Mycelien" (*Mycelia sterilia*) durchlaufen Pilze in ihrem Leben zwei funktionell verschiedene Abschnitte, die vegetative und die fruktifikative Phase. Der vegetative Abschnitt dient dem Wachstum, und durch Fruktifikation werden Überleben und Verbreitung gesichert, falls das Wachstum zum Stillstand kommt oder der vegetative Teil abstirbt. Rayner et al. (1985) erweiterten die Entwicklung eines Pilzes in: Erreichen des Substrates, Besiedlung, Ausbreitung und Verlassen des Substrates. Der vegetative, asexuelle Entwicklungsabschnitt besteht bei der Mehrheit der Holzpilze (Deutero-, Asco- und Basidiomyceten) aus septierten Hyphen mit verschiedenen Sonderformen und lediglich bei verschiedenen Hefen aus Sproßzellen. Die fruktifikative Phase kann asexuell oder sexuell erfolgen, asexuell ohne Kern-

Tabelle 2. Vermehrung und Fortpflanzung bei Pilzen.
(Verändert nach Müller und Loeffler 1992)

Entwicklungsabschnitt	Funktion	„Organ"
vegetativ/asexuell	Keimung	Keimhyphe
	Wachstum	Mycel
	Infektion	Konidie, Ascospore, Basidiospore, Hyphe, Mycel, Appressorium, Transpressorium, Rhizomorphe, Strang
	Ausbreitung	wie bei Infektion
	Überdauern	Konidie, Ascospore, Basidiospore, Arthrospore, Chlamydospore, Sklerotium, bei Mycelien: Trockenstarre, Kältestarre, Hitzestarre
generativ/asexuell	asexuelle Vermehrung (Nebenfrucht)	Konidie
generativ/sexuell	sexuelle Vermehrung (Hauptfrucht)	Sexualorgane: bei Ascomyceten: Ascogon, Antheridium bei Basidiomyceten: vegetative Hyphen Meiosporangium: bei Ascomyceten: Ascus bei Basidiomyceten: Basidie

phasenwechsel nach mitotischen Kernteilungen oder sexuell in Verbindung mit Karyogamie und Meiose (Schmiedeknecht 1991, Müller und Loeffler 1992; Tabelle 2).

2.2.2 Vegetative Entwicklung

Bei der vegetativen Entwicklung erfolgen verschiedene funktionelle Differenzierungen des Pilzthallus, Keimung, Wachstum, Infektion, Ausbreitung und Überdauern, die mit verschiedenen „Pilzorganen" korreliert sind.

Sporen (Konidien, Arthrosporen, Chlamydosporen, aber auch geschlechtlich entstandene Asco- und Basidiosporen; Kapitel 2.2.4) keimen bei geeigneten Bedingungen (Wasser, Nährstoffe, Temperatur), indem sie zunächst Wasser aufnehmen und quellen, wonach durch eine Pore oder Spalte der Spore eine Keimhyphe auswächst (Abb. 5).

Die junge Keimhyphe ist häufig nach Mitosen zunächst mehrkernig, bevor das Mycel durch Septenbildung oft mit einkernigen Hyphen als Monokaryont wächst.

Abb. 5. Gekeimte Spore

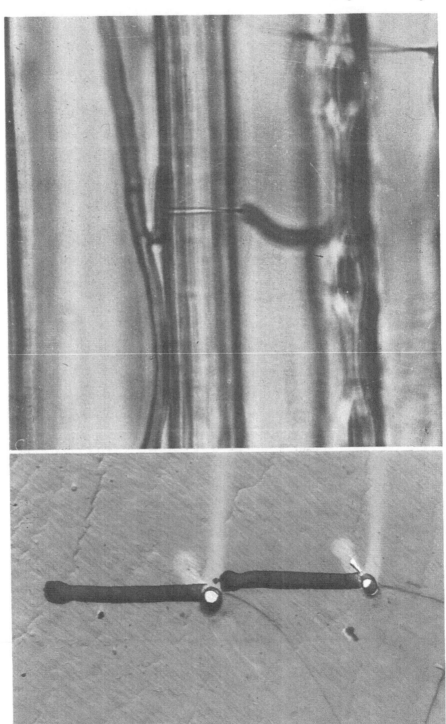

Mycelwachstum erfolgt durch Mitosen und Synthese von Hyphenbiomasse. Die Besiedlung neuer Substrate (Infektion) geschieht mittels Sporen, Hyphen, Mycel und speziellen Thallusformen, wie Mikrohyphe, Appresorium, Transpressorium, Rhizomorphe und Strang. Voraussetzung für eine Besiedelung sind geeignete Feuchtigkeits- und Nährstoffbedingungen im Substrat oder, wie bei *Serpula lacrymans*, die Fähigkeit eines Pilzes zum Transport von Wasser und Nährstoffen und weiterhin, ob und von welchen Organismen das Substrat bereits besiedelt ist (zusammenfassende Darstellung bei Rayner und Boddy 1988).

Mikrohyphen von 0,1 bis 0,4 µm Durchmesser entspringen beispielsweise bei *Phellinus pini* einzeln oder zu mehreren meist apikal und ohne erkennbare Querwand an der Hyphe und führen vermutlich enzymatisch zu Bohrlöchern in der Holzzellwand (0,3 bis 3,3 µm: Schmid und Liese 1966).

Das Appressorium ist eine Hafthyphe für den mechanischen Halt am Substrat (Abb. 6 oben), das Transpressorium (Abb. 6 unten) der Bläuepilze (Kapitel 6.2) ist eine spezialisierte Bohrhyphe zum überwiegend mechanischen Durchdringen von verholzten Zellwänden (Liese und Schmid 1964).

Die Rhizomorphen von *Armillaria mellea* sind gewebeähnlich differenzierte Mycelbündel mit apikal dominantem Wachstum aus einer schwarzen, gelatinösen Rindenschicht, darunter befindlichem Pseudoparenchym und einer zentralen, locker verwobenen Höhlung mit Gefäß- und Faserhyphen (Hartig 1882, Schmid und Liese 1970, auch Rayner und Boddy 1988; Abb. 7). Mittels Rhizomorphen wächst der Hallimasch durch das Erdreich und infiziert die Wurzeln lebender Bäume (Kapitel 8.1.4.1).

Die Stränge bei den Hausfäulepilzen *Serpula lacrymans, Coniophora puteana* und den Porenhausschwämmen (besonders *Antrodia vaillantii*) bestehen aus ungeordneten Verbänden von generativen Grundhyphen, Faserhyphen (Skelethyphen) zur Festigung und Gefäßhyphen (Schlauchhyphen) (Abb. 8) zum Wasser- und Nährstofftransport (Nuss et al. 1991). Mittels der Strangdiagnose (Falck 1912) lassen sich die Hausfäulepilze makroskopisch und mikroskopisch unterscheiden (Tabelle 3, auch Tabelle 30 und Abb. 53, 55 und 56). Besonders der Hausschwamm kann mit seinem Mycel und den später gebildeten Strängen größere Entfernungen überwinden und dabei neben Holz u. a. auch Mauerwerk oder Dämmaterialien über- und durchwachsen (Kapitel 8.3.3). Im Laborversuch überwuchsen die Hausfäulepilze mittels Strängen mit Holzschutzmitteln versetzten Nähragar (Liese und Schmidt 1976; siehe Abb. 55 oben) sowie in Dualkulturen den Pilzpartner (siehe Abb. 53 Mitte).

Bei ungünstigen Umweltbedingungen können Dauerstadien gebildet werden. Hierzu werden Nährstoffe konzentriert und auch Teile von Protoplasten

---

Abb. 6. Hyphen und Transpressorien von Bläuepilzen. Oben: Hyphe von *Ceratocystis piceae* (mit der Zellwand anliegendem Appressorium) im Lumen einer Kiefernholztracheide beim Wachstum (Bohrloch) durch die Zellwand (LM 1600×; aus Liese und Schmid 1962); unten: zwei Transpressorien an den Hyphenspitzen von *Ceratocystis* sp. (EM 13300×; aus Liese und Schmid 1966)

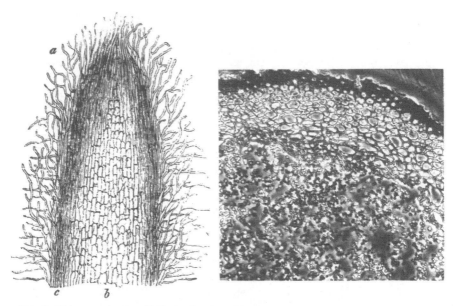

Abb. 7. Rhizomorphe des Hallimaschs *Armillaria mellea*. Links: Längsschnitt durch die Spitze *a* „haarartige Fäden", *b* Mark, *c* Rinde (aus Hartig 1882); rechts: Querschnitt (LM 480×; aus Schmid und Liese 1970)

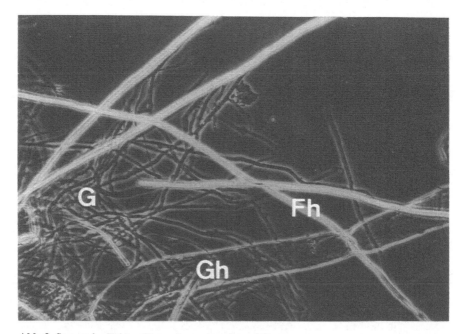

Abb. 8. Strang des Echten Hausschwammes *Serpula lacrymans*. *G* Grundmycel, *Gh* Gefäßhyphe, *Fh* Faserhyphe (Dunkelfeldaufnahme eines Zupfpräparates: W. Liese)

Tabelle 3. Strangdiagnose. (Gekürzt nach Falck 1912, auch Bavendamm 1970, Nuss et al. 1991)

Hausschwamm

Stränge grau bis graubraun, bis bleistiftdick, die dickeren in trockenem Zustand holzig, starr und hörbar brüchig (Abb. 56), mit lappigem Zwischenmycel
Faserhyphen (Skeletthyphen) mit stark verdickten Zellwänden und sehr geringen Lumina stets vorhanden, meist 4 bis 5 µm Durchmesser (Mittelwert 4 µm), kaum septiert, gerade, steif, lichtbrechend
Gefäßhyphen (Schlauchhyphen) weitlumig bis 50 µm Durchmesser, zahlreich in Gruppen, verhältnismäßig lose verbunden, mit Balken-, Ring- und Warzenverdickungen der Zellwände; von den Grundhyphen zweigen häufig aus den Schnallen „Rankenfäden" (Falck 1912) ab, die Gefäßhyphen umschlingen

Kellerschwamm

Stränge bald braun-schwarz verfärbt, zwirnsfadendünn (Abb. 55, S. 159), brüchig
Faserhyphen braun, 2 bis 3 µm Durchmesser (Mittelwert 2,6 µm)
Gefäßhyphen selten und schwer zu isolieren

Porenhausschwämme

Stränge reinweiß, filzig, bis bindfadendick (Abb. 53), auch trocken biegsam
Faserhyphen zahlreich, fast den ganzen Strang bildend, reinweiß, biegsam, 2,5 bis 3,5 µm Durchmesser (Mittelwert 2,8 µm)
Gefäßhyphen selten und schwer zu isolieren, teils dickwandig mit mittelgroßem Lumen, ohne Wandverdickungen

---

oder Reservestoffe benachbarter Zellen können in Dauerzellen eingeleitet werden. Durch Verminderung des Wassergehaltes im Plasma kommt es zur Verringerung der Enzymaktivität („latentes Leben"): Chlamydosporen (siehe Abb. 10) sind dickwandige Dauersporen mit brauner Zellwand, die häufig bei Bläuepilzen vorkommen; ein Sklerotium ist ein mehrzelliges Dauerorgan. Meist sind Sporen resistenter gegen Hitze, Trockenheit oder Holzschutzmittel als ihre Mycelien. Bei einigen Pilzen gilt auch Mycel als trockenstarre- (Kapitel 3.3) oder hitzestarrebefähigt (Kapitel 3.4).

2.2.3 Fruktifikative Entwicklung der Deuteromyceten

Bei Deuteromyceten (Fungi imperfecti, umgangssprachlich: Schimmelpilze), aber auch bei Ascomyceten und Basidiomyceten mit Nebenfruchtform (Anamorph), erfolgt die ungeschlechtliche Fruktifikation durch Konidien (Konidiosporen). Konidien sind mitotisch entstandene (Mitosporen), unbewegliche, ein- und mehrkernige, ein- bis mehrzellige, je nach Art farblose (hyaline) oder weiß, gelb, orange, rot, grün, braun, blau oder schwarz getönte Sporen unterschiedlicher Größe, Form und Oberfläche (Abb. 9). Die Vielfalt der Sporenfarben bewirkt die Farbigkeit von verschimmeltem Substrat (siehe Abb. 40).

Abb. 9. Konidien; Beispiele für Formen-
vielfalt

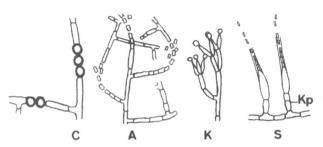

Abb. 10. Differenzierung von Konidien nach Entstehung und Form. *C* Chlamydospore,
A Arthrospore, *K* Konidiospore, *S* Sporangiospore, *Kp* Konidiophor

Kriterien zur Unterscheidung von Konidien beruhen auf unterschiedlichem
Aussehen und verschiedener Bildungsweise (Smith 1978; Abb. 10), die zusammen mit der Beschaffenheit des Konidienträgers (Konidiophor), falls vorhanden, ein Bestimmungsmerkmal der Deuteromyceten bilden (Wang 1990,
Schmiedeknecht 1991). Beispielsweise wird unterschieden, ob Konidien durch
Gliederung und Abgrenzung schon bestehender Hyphen entstehen (Thalloko-
nidie, Arthrokonidie) oder durch Sprossung (Blastokonidie), nach der Herkunft ihrer Zellwand von der Mutterzelle und ob an einer Stelle nur eine einzige Konidie (solitär) gebildet wird oder mehrere hintereinander in Ketten (cate-
nulat) oder als Trauben (botryos) entstehen (Müller und Loeffler 1992). Vereinfacht wird differenziert in Konidiospore (freie Zellabgliederung an der Hyphenspitze oder -verzweigung) und Sporangiospore (Entstehung in einer Bil-
dungszelle, Sporangium; Abb. 10). Insgesamt lassen sich etwa zehn Typen unterscheiden.
    Die Fruktifikationen der Deuteromyceten werden als Konidiomata bezeich-
net und können Fruchtkörper sein, wie das Perithecium-ähnliche Pyknidium,
Fruchtlager, wie das polsterförmige Sporodochium, oder Fruchtstände, wie
das bündelartige Koremium (Schmiedeknecht 1991).
    Die Abfolge von Konidienbildung (Sporulation), Keimung und Mycel-
wachstum bildet den asexuellen Entwicklungszyklus (Abb. 11).
    Der biologische Vorteil der Konidienbildung besteht in der, ohne Sexual-
partner, raschen Entstehung von zahlreichen Vermehrungseinheiten bei ungünstigen Bedingungen zur Infektion eines neuen Substrates; nachteilig hinsichtlich einer Anpassung an neue Substrate ist, daß, falls nicht parasexuelle Vorgänge ablaufen, ohne Sexualität keine Rekombination des Erbgutes erfolgt.

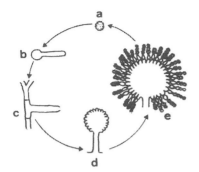

Abb. 11. Entwicklungszyklus eines Schimmelpilzes (*Aspergillus* sp.). *a* Konidie, *b* Keimung, *c* Entstehen des Konidiophors, *d* Entwicklung des Vesikels, *e* Vesikel mit Konidien

Deuteromyceten sind demnach Pilze, bei denen asexuelle Fruktifikation über Konidien erfolgt und gegebenenfalls die einzige Vermehrungsform (unvollständige, imperfekte Pilze) darstellt. Wird zusätzlich (Holomorph) sexuelle Vermehrung nachgewiesen, handelt es sich um Ascomyceten (siehe Bläue- und Moderfäulepilze) oder Basidiomyceten, wie z. B. den Wurzelschwamm, *Heterobasidion annosum* (Konidienform: *Spiniger meineckellus*). Die asexuelle Konidienbildung wird dann als Nebenfrucht(form) (Anamorph) und die sexuelle Asco- bzw. Basidiosporenbildung als Hauptfrucht(form) (Teleomorph) bezeichnet. Da häufig Neben- und Hauptfrucht für längere Zeit nicht als identische Art erkannt und daher verschiedenen Gattungen zugeordnet wurden, werden z. T. beide Formen unter verschiedenen Namen geführt (siehe Anhang 2). Hierbei hat der Name der Hauptfrucht den Vorzug, da u. a. verschiedene Ascomyceten denselben Typ von Nebenfrucht (z. B. *Aspergillus*) bilden.

Die Konidienbildung erfolgt unabhängig von der Kernphase, so daß Nebenfruchtformen an haploidem und dikaryotischem Mycel vorkommen.

2.2.4 Sexuelle Entwicklung

Etwa zwei Drittel aller Pilze haben in ihrer Entwicklung eine sexuelle Phase.

Sexualität umfaßt die Abfolge von Karyogamie und Meiose. Bei der Karyogamie (Symbol: K) verschmelzen Chromosomensätze aus verschiedenen Zellkernen. Meiose (Reduktionsteilung, R) heißt Mischen des Erbgutes und Neuaufteilung auf verschiedene Zellkerne. Sexualität beginnt mit dem Zusammenbringen der Gameten (Kernträger) durch Plasmogamie (Kopulieren von Zellen, P), gefolgt von Karyogamie und Meiose und endet bei Pilzen mit der Bildung von Meiosporen.

Sexualität bedingt einen Kernphasenwechsel, da vor der Karyogamie eine haploide Phase (einfacher Chromosomensatz, n), danach eine diploide Phase (doppelter Chromosomensatz, 2n) und nach der Meiose wieder der haploide Zustand vorliegen (Abb. 12). Demnach folgt der Plasmogamie unmittelbar die Karyogamie. Als Besonderheit bei Asco- und Basidiomyceten sind Plasmogamie und Karyogamie sowohl zeitlich als auch räumlich durch eine 3. Phase,

Abb. 12. Kernphasenwechsel. → haploid, ⇒ diploid

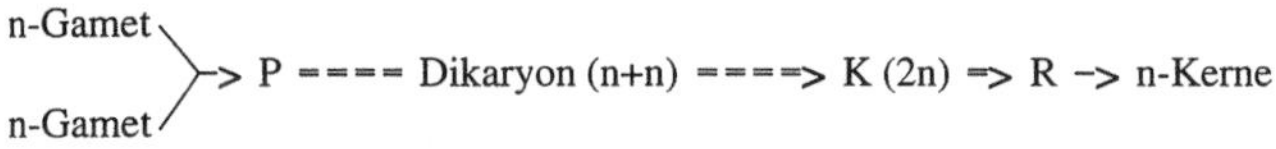

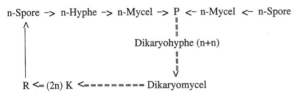

Abb. 13. Kernphasenwechsel bei Asco- und Basidiomyceten. − haploide Phase, = = = = = Dikaryophase, = diploide Phase

n-Spore -> n-Hyphe -> n-Mycel -> P <- n-Mycel <- n-Spore

Dikaryohyphe (n+n)

R <= (2n) K <= = = = = = = = = Dikaryomycel

Abb. 14. Kernphasenwechsel bei haplo-dikaryotischen Asco- und Basidiomyceten. − haploide Phase, = = = = = Dikaryophase, = diploide Phase

die Dikaryophase (Zweikernphase, Dikaryon, n + n, = = = =), voreinander getrennt (Abb. 13).

Eine dikaryotische Hyphe ist somit eine aus zwei haploiden Hyphen hervorgegangene Hyphe mit zwei noch nicht durch Karyogamie verschmolzenen Zellkernen. Die Dikaryophase kann, besonders bei Basidiomyceten, durch konjugierte Teilung der zwei Zellkerne (konjugierte Mitose) einer dikaryotischen Hyphe zeitlich und räumlich deutlich verlängert werden: Die beiden Kerne teilen sich gleichzeitig mitotisch, die Hyphe teilt sich, und mittels einer speziellen Kernwanderung (Haken- oder Schnallenbildung) werden beide Tochterzellen wieder dikaryotisch (= = = = =). Bei der Mehrzahl der Asco- und Basidiomyceten erfolgen demnach Mitosen sowohl in der haploiden Phase (−) als auch während der Dikaryophase (= = = = =). Haploides und dikaryotisches Mycel werden als eine Generation aufgefaßt, die nacheinander zwei Kernphasen durchmacht. Da haploide und dikaryotische Phase stark überwiegen und die diploide Phase (=) auf die Zygote beschränkt bleibt, sind Asco- und Basidiomyceten Haplo-Dikaryonten (Abb. 14). Aufgrund des typischen „Vegetationsorgans" mit Ernährungsfunktion sind Ascomyceten wegen ihres überwiegend haploiden Mycelwachstums haploide Pilze, und die Basidiomyceten wurden den Haplo-Dikaryonten zugerechnet (Müller und Löffler 1992). Da die haploide Phase bei vielen Basidiomyceten nur sehr kurz ist und nahezu die gesamte Thallusentwicklung mit Ernährungsfunktion in der Dikaryophase abläuft, müßten sie konsequenterweise als dikaryotische Pilze bezeichnet werden.

2.2.4.1 Ascomyceten

Die Entwicklung eines Ascomyceten ist als Zyklus schematisch in Abb. 15 zusammengefaßt.

Der Zyklus beginnt mit der Keimung der haploiden (n) Spore (a, Ascospore oder Konidie aus der Nebenfruchtform) zur n-Hyphe und nach Mitosen zum n-Mycel (b), dem eigentlichen Ascomyceten mit Ernährungsfunktion, gegebenenfalls Holzzersetzungsvermögen und theoretisch unbegrenztem Wachstum.

Häufig entstehen am n-Mycel Konidien bzw. die asexuelle Nebenfruchtform, die erneut n-Mycel ergeben (j).

Am n-Mycel werden endständige Hyphen zu Gametangien (Gametenträger; „Geschlechtsorgane", c), indem sich die Zellen vergrößern und Mitosen erfolgen. Die am Ascogon (As, weibliches Gametangium) befindliche Trichogyne (T, Empfängnishyphe), deren Kerne degenerieren, verschmilzt (Plasmogamie) mit dem Antheridium (An, männliches Gametangium). Plasmogamie von Gametangien wird als Gametangiogamie bezeichnet. Aus dem Antheridium wandern die Zellkerne (daher: männlich) durch die Trichogyne in das Ascogon. Neben diesem physiologischen Unterschied können die Gametangien auch morphologisch differenziert sein, indem das Ascogon z. B. kugelförmig und das Antheridium zylindrisch ausgebildet ist. Der dargestellte Sexualvorgang ist somit eine anisogame Gametangiogamie (Verschmelzen von morphologisch verschiedenen Gametangien).

Von dieser Grundform des Befruchtungsschemas gibt es verschiedene Abwandlungen: Antheridien können fehlen, und einkernige Spermatien (aus einer Nebenfrucht) verschmelzen mit der Trichogyne (Deuterogamie); auch Somatogamie (Verschmelzen von Körperzellen, s. u.) und Automixis (ein Geschlecht

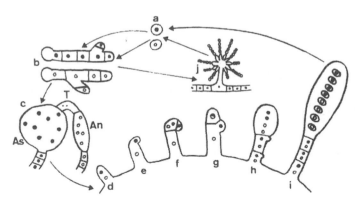

Abb. 15. Entwicklungszyklus eines Ascomyceten (schematisch). *a* Ascosporen oder Konidien, *b* Monokaryonten nach Keimung, *c* im Fruchtkörper: Plasmogamie der Trichogyne (*T*) des Ascogons (*As*) mit dem Antheridium (*An*), *d−i* Teil des Ascogons nach Einwandern der „männlichen" Zellkerne, *d* ascogene Hyphe, *e−f* Hakenbildung, *g* Karyogamie in der Spitzenzelle, *h* Ascus nach Meiose, *i* Ascus nach Mitose mit 8 Ascosporen, *j* asexuelle Nebenfrucht mit Konidien

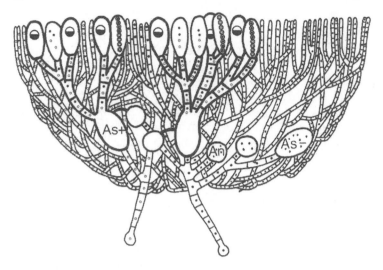

Abb. 16. Aufbau eines Ascomyceten-Fruchtkörpers (Apothecium) aus überwiegend haploiden Hyphen (dünne Linien, ein Kern), einigen dikaryotischen Hyphen (dick, zwei Kerne) und im Hymenium unterschiedlich reife Asci, davon einige diploid (dick, ein Kern). *As-, An* Ascogon und Antheridium vor der Gametangiogamie, *As+* befruchtetes Ascogon

fehlt oder ist nicht funktionsfähig, und die Befruchtung vollzieht sich zwischen zwei Kernen des gleichen Geschlechtes) kommen vor.

Bei den hymenialen Ascomyceten (Ascohymeniales, Mehrzahl der holzschädigenden Ascomyceten) entwickeln sich die Fruchtkörper (Ascocarpe, Ascomata) nach der Befruchtung des Ascogons aus Stielzellen der Gametangien und bestehen daher überwiegend aus n-Hyphen (Abb. 16).

Im befruchteten Ascogon vermischen sich die männlichen und weiblichen Kerne, und aus seinem Scheitel sprießen zahlreiche ascogene Hyphen, in die ein Teil der Kerne einwandert. Von der Basis der ascogenen Hyphe aus erfolgt sukzessive Septierung; die unteren Zellen bleiben vielkernig, in den oberen liegt je ein Paar verschiedener Kerne (Dikaryon) vor (Abb. 15 d – e). In der bei Ascomyceten lediglich kurzen dikaryotischen Phase, die ohne Ernährungsfunktion ist, kommt es zunächst mittels Hakenbildung zu einem kurzen Hakenmycel und dann zur Ascusentwicklung nach dem bei diesen Pilzen überwiegenden Hakentyp; Ausnahmen von dieser Ascusentwicklung sind der Schnallen-, Ketten- und Knospentyp (Müller und Loeffler 1992). Nach konjugierter Mitose in der dikaryotischen Spitzenhyphe liegen vier Kerne vor, und die Hyphenspitze biegt sich hakenförmig zurück. Der Hakenscheitel wird durch zwei Septen gegen die zurückgekrümmte Hyphenspitze und den Stiel abgetrennt. Es entstehen drei Zellen: Die Stielzelle und die zurückgekrümmte Hakenzelle mit je einem Kern sowie die Scheitelzelle mit zwei Kernen (f), die später zum Ascus wird. Nach Verschmelzen von Haken- und Stielzelle ist die Stielzelle dikaryotisch (g) und bildet erneut eine Haken.

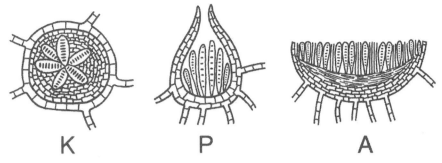

Abb. 17. Fruchtkörpertypen bei Ascohymeniales.
K Kleistothecium, *P* Perithecium, *A* Apothecium

Aus der Scheitelzelle entwickelt sich der Ascus (Meiosporangium der Ascomyceten), in dem Karyogamie (einziger diploider Zustand, 2 n, g) und sofort Meiose (vier n-Kerne, h) erfolgen und in der Regel nach einer weiteren Mitose acht Kerne vorliegen, die sich mit Plasma umgeben, so daß acht Ascosporen (Meiosporen) gebildet werden (i). Der reife Ascus ist meist schlauchförmig (Schlauchpilze) und entläßt nach Zerfallen oder über verschiedene Öffnungsmechanismen, zum Teil mittels aktiven Ausschleuderns, die unbegeißelten Ascosporen. Es wird zwischen protunicaten (einschichtige Wand, kein Öffungsmechanismus), unitunicaten (zwei, aber fest miteinander verbunden bleibende Schichten, Porus oder Spalt am Ascusscheitel) und bitunicaten Asci (zwei voneinander getrennte Wandteile, äußere starre Wand wird bei der Reife am Scheitel infolge des zunehmenden Druckes in einer basalen Vakuole des sich ausdehnenden Endoascus durchbrochen) unterschieden (Schmiedeknecht 1991, Müller und Loeffler 1992). Die ein-, oder nach weiteren Mitosen, mehrkernigen Ascosporen, die auch septiert sein können, weisen, ähnlich Konidien (siehe Abb. 9), artspezifische Größen (bis 0,3 mm), Form (kugel- bis fadenförmig), Farbe (oft Melanine) und Wandskulpturen auf.

Die meist relativ kleinen Fruchtkörper (weniger als 1 mm Durchmesser) der auf Holz vorkommenden Ascohymeniales sind entweder ein kugelförmig geschlossenes Kleistothecium, birnenförmig offenes Perithecium, z. B. bei verschiedenen Bläuepilzen und dem Moderfäulepilz *Chaetomium globosum*, oder scheibenförmiges Apothecium (Abb. 17).

2.2.4.2 Basidiomyceten

In Abb. 18 ist der Entwicklungszyklus eines Basidiomyceten schematisch dargestellt.

Die haploide Basidiospore (a) keimt zum n-Mycel (b, Monokaryont), das auch als primäres Mycel bezeichnet wird. In der Natur dauert die Haplophase meist nur kurz an; im Labor können Monokaryonten jedoch praktisch beliebig lange mit aktivem Wachstum kultiviert werden. Bei Basidiomyceten sollen

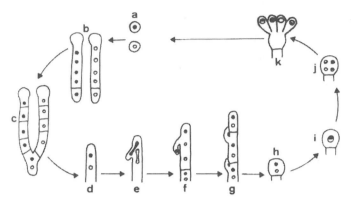

Abb. 18. Entwicklungszyklus eines Basidiomyceten. *a* Basidiosporen oder Konidien, *b* Monokaryonten nach Keimung, *c* Somatogamie, *d* Dikaryont, *e – g* Schnallenbildung, *h – j* Basidienentwicklung, *i* Karyogamie, *j* Meiose, *k* Basidie mit 4 Basidiosporen in Sterigmen

asexuelle Nebenfruchtformen nahezu ebenso häufig und vielfältig wie bei Ascomyceten vorkommen; „sie seien jedoch in der Vergangenheit nur selten mit eigenem Namen versehen, daher im System der Deuteromyceten kaum berücksichtigt und fänden sich häufiger in der Dikaryophase" (Müller und Loeffler 1992). Bekannte Beispiele aus dem Bereich der Holzpilze sind *Heterobasidion annosum* und *Phanerochaete chrysosporium*.

Basidiomyceten bilden keine speziellen Sexualorgane für die Plasmogamie, sondern bei der Somatogamie verschmelzen zwei undifferenzierte Hyphen des n-Mycels („Körperzellen") zum Dikaryomycel (Dikaryont, c). Dieses langlebige sekundäre Mycel stellt den eigentlichen Basidiomyceten mit Ernährungsfunktion und gegebenenfalls Holzzersetzungsvermögen dar (d). Bei etwa der Hälfte der Basidiomyceten wächst es mittels Schnallen (Schnallenmycel), indem sich an einer Spitzenhyphe nach konjugierter Mitose eine Schnalle nach hinten krümmt (e), zwei Kerne in der Spitze bleiben, ein Kern in die Schnalle wandert (f) und die Schnallenspitze mit der Zellbasis verschmilzt. Durch Einziehen von zwei Septen liegen zwei dikaryotische Hyphen vor (g). Sonderfälle sind die Ausbildung von Doppel- oder Wirtelschnallen (maximal acht Schnallen) an einer Septe, die als Bestimmungsmerkmal z. B. für *Coniophora puteana* (4 Schnallen) gelten, oder das Vorkommen von Schnallen zwar am Mycel, nicht jedoch im Fruchtkörper und umgekehrt.

Abhängig von Außenfaktoren, wie Jahreszeit (Temperatur, Luftfeuchtigkeit), Nährstoffen und Licht, können (müssen nicht) am sekundären Mycel hochorganisierte und je nach Art beträchtlich große Fruchtkörper entstehen (tertiäres Mycel, Basidiocarp, Basidioma), die nahezu ausschließlich aus Dikaryomycel aufgebaut sind (Abb. 19).

Bei den Bauchpilzen sind die Basidien gleichmäßig im Fruchtkörperinneren verteilt.

Am Fruchtkörper der Hymenomyceten wird das Hymenium (Fruchtschicht) angelegt (Abb. 19), in dem die Entwicklung der Basidien und Basidio-

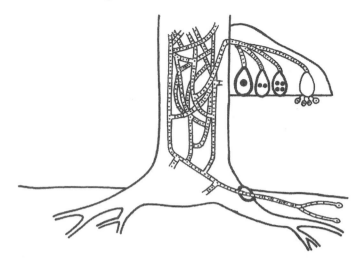

Abb. 19. Basidiomyceten-Fruchtkörper (Konsolenpilz) mit haploiden Sporen und Hyphen sowie dikaryotischen Hyphen im Boden, Infektion des Baumes nach Verwundung, dikaryotische Hyphen im Baum und Fruchtkörperbildung, im Hymenium (von links) eine diploide Probasidie, 2 Meiosestadien und eine reife Basidie mit 4 haploiden Basidiosporen. (Schnallen nicht eingezeichnet)

sporen abläuft (Abb. 18h–k). Zur Oberflächenvergrößerung des Hymeniums wird häufig ein Hymenophor in Gestalt von netzig angeordneten Adern (merulioid, z. B. *Serpula lacrymans*), Stacheln (hydnoid, u. a. *Leucogyrophana pinastri*), Poren (poroid), Röhren (boletoid) oder Lamellen ausgebildet, auf dessen Flächen sich die Basidien befinden.

Die Basidienentwicklung verläuft niemals nach dem Hakentyp, bei schnallenlosen Arten nach dem Knospentyp (Basidie entsteht aus der Endzelle der dikaryotischen Hyphe), aber in der Regel nach dem Schnallentyp (Müller und Loeffler 1992). In der Probasidie (h) kommt es zu Karyogamie (i) und sofort zu Meiose (j). Falls eine weitere Mitose folgt, degenerieren vier der acht Kerne und vier wandern in säckchenförmige Ausstülpungen (Sterigmen, k) an der Spitze der Basidie, oder es entstehen vier zweikernige Sporen. Sie werden, einschließlich Zellmaterials der Sterigmen, als Basidiosporen abgegliedert (Nakai 1978). Der Kulturchampignon, *Agaricus bisporus*, bildet zwei zweikernige Sporen.

Die Größe (etwa 5 bis 20 μm), Form der Sporen (rund, nierenförmig, ellipsoid etc.), ihre Oberflächenstruktur („Ornament") von glatt bis unterschiedlich rauh, das Vorkommen von Öltropfen und die Tönung des Sporenpulvers (auf weißem Papier betrachtet) von weiß über gelb, rötlich, braun, grün, bläulich bis schwarz dienen als diagnostische Merkmale. Im Mikroskop erscheinen Sporen häufig heller bis farblos (hyalin), z. B. bei *Daedalea quercina, Fomes fomentarius, Heterobasidion annosum, Laetiporus sulphureus, Piptoporus betulinus* und *Trametes versicolor*. Bräunliche Sporen trennen z. B. die Gattung *Serpula* von anderen Pilzen mit ebenfalls merulioiden Fruchtkörpern, jedoch anders gefärbten Sporen (Pegler 1991). Weitere Merkmale sind die violett-Färbbarkeit mit Jodjodkali (Melzer's Reagenz) bei amyloiden Sporen (z. B. *Stereum sanguinolentum*) bzw. die entsprechende Braunrotfärbung bei dextrinoiden Sporen sowie die Blaufärbung mit Anilinblau bei cyanophilen Sporen (*Coniophora puteana, Heterobasidion annosum, Tyromyces placenta*), die auch für andere Teile des Pilzthallus zutreffen können (u. a. Erb und Matheis 1982, Moser 1983, Breitenbach und Kränzlin 1986).

Zur Differenzierung der verschiedenen Fruchtkörpertypen dienen u. a. das Vorkommen von sterilen Zellen, Zystiden, zwischen den Basidien (u. a. bei *Antrodia* spp. und *Gloeophyllum* spp.) und an anderen Fruchtkörperteilen, der Aufbau der Trama, dem „Fleisch" des Fruchtkörpers, aus generativen Hyphen (monomitisch) und Skelett- (dimitisch) und Bindehyphen (trimitisch) oder die Richtung des Hyphenverlaufs in der Trama des Hymenophors im Bereich einer Lamelle oder Röhre (u. a. Kreisel 1969). Monomitische Gattungen sind beispielsweise *Coniophora, Meripilus* und *Phaeolus*, dimitisch sind *Antrodia, Heterobasidion, Hirschioporus, Laetiporus* und *Phellinus* und trimitisch *Daedalea, Fomes* und *Trametes* (Kreisel 1969, Breitenbach und Kränzlin 1986, Gilbertson und Ryvarden 1986; siehe auch Pilzbeschreibungen unten).

Nach ihrer Ausrichtung zum Substrat können hymeniale Fruchtkörper der holzbewohnenden Basidiomyceten vereinfacht in Schichtpilze (krustenförmig auf dem Substrat, resupinat; siehe Abb. 55 und 56), Konsolenpilze (seitlich am Substrat, Hymenium unten) und Hutpilze (häufig zentraler Stiel, Hymenium an der Hutunterseite) gegliedert werden (Abb. 20; differenziertere Gliederungen finden sich u. a. bei Kreisel 1969, Gilbertson und Ryvarden 1986, Müller und Loeffler 1992). Häufig, besonders in Jugendstadien, sind Hüllbildungen: das Velum universale umhüllt das gesamte Primordium, das Velum partiale lediglich das Hymenophor. Fruchtkörper sind meist einjährig und nach Sporenabgabe rasch vergänglich; bei mehrjährigen Fruchtkörpern werden wiederholt neue Hymenophorschichten auf den vorangegangenen angelegt.

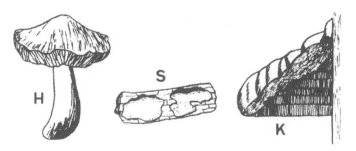

Abb. 20. Fruchtkörpertypen von Basidiomyceten. *H* Hutpilz, *S* Schichtpilz, *K* Konsolenpilz

2.2.5 Fruchtkörperbildung

Für die Fruchtkörperbildung, in der Regel außerhalb des Substrates, und das Überdauern von Fruchtkörpern spielt die Feuchtigkeit eine wesentliche Rolle. Bei nicht trockentoleranten Pilzen, wie bei *Pholiota*- und *Pleurotus*-Arten, sind die Fruchtkörper häufig von fleischiger Konsistenz und verlieren bei Austrocknen ihre Funktion irreversibel, so daß viele Waldpilze mit vergänglichen Fruchtkörpern bevorzugt bei feuchtkühlem Wetter im Herbst fruktifizieren. Trockentolerante Fruchtkörper, wie bei dem Gemeinen Spaltblättling, *Schizophyllum commune*, setzen die Sporenproduktion nach jahrelanger Trockenheit bei Befeuchtung fort. Andere reduzieren die Verdunstung durch behaarte oder „lackierte" Oberflächen, wie bei *Inonotus*- und *Ganoderma*-Arten.

Der Austernseitling, *Pleurotus ostreatus*, fruchtet lediglich unterhalb von 16 °C (Kapitel 9.1), seine weniger schmackhafte Variante „Florida" auch bei höherer Temperatur. Fruchtkörper des Winterpilzes, *Flammulina velutipes*, erscheinen auch nach Schneefall. Im Labor fruktifiziert z. B. *Schizophyllum commune* oft bereits auf gewöhnlichem Nähragar bei Zimmertemperatur und war unter anderem deswegen ein bevorzugter Pilz für genetische Untersuchungen.

Allgemein wird die Fruchtkörperbildung durch Faktoren gefördert, die für die vegetative Entwicklung ungünstig sind. Beispielsweise fruktifiziert *Serpula lacrymans* nach einer Vorbehandlung des Mycels mit Wärme, wobei das Mycelwachstum bei der submaximalen Wuchstemperatur von 25 bis 26 °C in vier Wochen Kultivierung nur wenige Zentimeter erreichte (Schmidt und Moreth-Kebernik 1991 a; Kapitel 3.4). Exogene Faktoren sind Nährstoffe (Horrière 1978), Licht, Luftzusammensetzung und Temperatur (Manachère 1980, Ross 1985). Endogene Faktoren umfassen beispielsweise die Beteiligung von Phenoloxidasen und anderen Enzymen, cyclischem Adenosinmonophosphat (cAMP) und von bestimmten Genen.

Der Balkenblättling, *Gloeophyllum trabeum*, (Croan und Highley 1992 a) und der Speisepilz *Lentinula edodes* (Leatham 1983) fruktifizierten im Labor auf einem definierten Nährmedium, und *L. edodes* wird bei seinem Anbau auf Holz in Asien durch einen Kälteschock stimuliert. Bei einem Tintling war cAMP geeignet (Uno und Ishikawa 1973). Für andere Pilze waren Hefeextrakt oder Vitamin B_1, ein traumatischer Einfluß durch Verwunden des Mycels oder die gleichzeitige Anwesenheit einer anderen Pilzart bzw. ihres Mycelextraktes oder Kulturfiltrates günstig (u. a. Stahl und Esser 1976, Leslie und Leonard 1979, Matsuo et al. 1992, Kawchuk et al. 1993). Bei *Schizophyllum commune* wird die Bildung einer Fruchtkörper-induzierenden Substanz (FIS) genetisch kontrolliert (Leslie und Leonard 1979), und bei einer *Polyporus*-Art gibt es fi$^+$-Gene (fruiting initiation) (Stahl und Esser 1976, auch Elliott 1985; Übersicht bei Esser 1989).

Auch die Morphogenese des Fruchtkörpers wird durch verschiedene Faktoren beeinflußt, wie Nährstoffe, Licht, Schwerkraft, Feuchtigkeit und Gasphase sowie endogen durch Enzyme und Wuchsstoffe (Manachère 1980, Gooday 1985, Wood 1985 a, Wessels et al. 1985). Beispielsweise entstehen bei dem

Schmetterlingsporling, *Trametes versicolor*, die im Wechsel rauhe und glatte konzentrische Zonierung der Hutoberfläche durch Feuchtigkeitsänderung und die verschiedenen Farben der einzelnen Zonen durch Hell- und Dunkelphasen (Williams et al. 1981), und bei den mehrjährigen Fruchtkörperkonsolen der Porlinge bestimmt die Schwerkraft die Ausrichtung der neugebildeten Hymeniumschichten (Kapitel 3.6).

2.2.6 Produktion, Verbreitung und Keimung von Sporen

Sporen stellen im Leben eines Pilzes einen Ruhezustand zwischen den aktiven Phasen der Sporenfreisetzung und dem Start neuen Wachstums dar. Hierbei kann zwischen exogener und endogener Sporenruhe unterschieden werden. Exogene Faktoren sind ungünstige Verhältnisse hinsichtlich Nährstoff- und Wasserverfügbarkeit, pH-Wert, Luftzusammensetzung, Temperatur und chemischer Faktoren, bei Holz beispielsweise hemmende Kerninhaltsstoffe. Unterbrochen wird die Sporenruhe beispielsweise, indem bei einigen Pilzen Sporen in Haufen schneller als einzeln keimen, bei *Coniophora puteana* ein Induktormycel die Keimung fördert oder bei obligaten Parasiten der Kontakt mit der Wirtspflanze. Endogene Faktoren, wie dicke Wände, interne Hemmstoffe oder Stoffwechselblocker, bewirken, daß Sporen zunächst unter Bedingungn nicht keimen, die später für eine Keimung geeignet sind. Durch den Besitz der dicken Wände liegt die Bedeutung der Chlamydosporen eher in „ihrem Überdauern von Zeit als in der Verbreitung im Raum" (Rayner und Boddy 1988).

Serpula lacrymans enthält pro Stunde und cm^2 Hymenium 300 000 (Falck 1912) bis 360 000 Sporen (Rypáček 1966), der Birkenporling, *Piptoporus betulinus*, 31 000 000 (Kramer 1982). Ein Fruchtkörper des Riesenbovistes streut insgesamt bis zu 8 Billionen Sporen aus (Hübsch 1991). Die Sporenfreisetzung erfolgt beispielsweise bei *Heterobasidion annosum* nahezu das ganze Jahr über, und der Schwefelporling, *Laetiporus sulphureus*, fruktifiziert von April bis Oktober.

Viele Basidiomyceten schleudern ihre Sporen aktiv 0,1 bis 0,2 mm weit weg (Ballistosporen). Bei *Schizophyllum commune* vergrößert sich ein Flüssigkeitstropfen am Sterigmum und schleudert die Spore in den Luftstrom (Müller und Loeffler 1992), in dem sie durch Wind verbreitet wird. Häufig gelangen die Sporen nicht unmittelbar in den Luftstrom, sondern die Schleuderdistanz ist so bemessen, daß sie aus einer Röhre bzw. dem Lamellenzwischenraum frei fallen.

Falck (1912) berechnete die Masse einer Spore von *Serpula lacrymans* mit 171×10^{-12} g. Pilzsporen sind mit der Dichte 1,1 d_p schwerer als Luft. Bei ruhiger Luft sinken sie mit Sedimentationsgeschwindigkeiten v_s 0,03 bis 0,55 cm/s (Reiß 1986) relativ rasch. Ein kontinuierlich besiedeltes Gebiet kann sich etwa 50 km im Jahr ausweiten, und bei geeigneter Luftströmung können sie bis zu etwa 1000 km Entfernung transportiert werden (Burnett 1976). Weiterhin werden Sporen durch Niederschläge oder Tiere verbreitet, an denen sie mit ihren Oberflächenstrukturen (siehe Abb. 9) haften bleiben oder unverdaut an anderer Stelle ausgeschieden werden. Vermutlich durch internationalen Warenhandel erschien der aus Asien stammende Erreger des Ulmensterbens *Ceratocystis ulmi* 1918 erstmals in Frankreich und erreichte Nordamerika über die Niederlande bereits etwa 1930.

Der Sporengehalt in der Luft unterliegt charakteristischen Rhythmen. In Mitteleuropa ist er bei hoher Temperatur und damit geringer relativer Luftfeuchtigkeit im Sommer höher als im Winter. Luftturbulenzen durch Schönwetterphasen können einen Tagesrhythmus ergeben, bei dem die Konzentration während der Mittagszeit ansteigt (Reiß 1986). Innenräume mit hohem Staubanteil (Scheunen, Tierställe, Mühlen, holzverarbeitende Industrie) weisen häufig erhöhte Sporengehalte auf.

Die Lebensdauer von Sporen in freier Luft wird von Temperatur, Luftfeuchtigkeit und Sonneneinstrahlung beeinflußt. Da farblose Sporen rasch durch UV-Licht abgetötet werden, überwiegen in Luftproben pigmentierte Sporen.

Abhängig von Pilzart, Sporenalter, Temperatur und Nährsubstrat kann das Keimprozent (Keimungsrate) 100% erreichen oder maximal 30% bei *Serpula lacrymans* (Hegarty et al. 1987). Die Dauer der Keimfähigkeit reicht von wenigen Tagen und Wochen, wie bei *Stereum*-Arten, bis zu mehreren Jahren bei *Chaetomium globosum* und etwa 20 Jahren (Grosser et al. 1990) bei *Serpula lacrymans*. Die Keimung wird durch hohe Luftfeuchtigkeit, CO_2, bestimmte Temperaturen, pH-Werte um 4 bis 6, Vitamine und z. T. durch wirtseigene Substanzen begünstigt. Bei *Serpula lacrymans* wird die Keimung durch Zugabe von Citronensäure (Hegarty et al. 1987) und Vitamin B_1 (Czaja und Pommer 1959) zum Malzagar gefördert.

2.3 Genetik

Bei homothallischen Pilzen erfolgt die Befruchtung an ein und demselben Mycel, so daß diese Pilze in Einsporkultur Zygoten bilden. Bei heterothallischen Pilzen sind zwei konträre Mycelien (Kreuzungstypen) nötig. Beide Mechanismen können auf verschiedenen genetischen Voraussetzungen beruhen (Kreisel 1969):

Bei monözischen (einhäusigen) Pilzen kann das aus einer Spore gewachsene Mycel als Kernakzeptor und -donator dienen, da es Kerne beiderlei Geschlechts enthält. Die konträren Kerne können miteinander verträglich (kompatibel) sein und verschmelzen, oder sie sind unverträglich (inkompatibel).

Monözisch kompatible Pilze bilden an einem Mycel Geschlechtszellen, die miteinander paaren können (primär homothallisch). Bei monözisch pseudokompatiblen Arten (sekundär homothallisch) entstehen die Geschlechtszellen aus den genetisch verschiedenen Zellkernen eines Mycels, das aus einer heterokaryotischen Spore hervorgegangen ist. Bei monözisch inkompatiblen Formen (heterothallisch durch Selbstinkompatibilität) paaren die konträren Geschlechtszellen eines Mycels nicht, da sie selbstunverträglich sind. Hierbei wird zwischen bipolarer (durch ein Allelenpaar gesteuert) und tetrapolarer (von zwei Allelenpaaren gelenkt) Inkompatibilität unterschieden (Raper 1966, 1985, Esser und Kuenen 1967, Casselton und Economou 1985).

Diözische (zweihäusige) Pilze enthalten entweder männliche oder weibliche Kerne (heterothallisch infolge Diözie), wobei morphologische („männliches" Antheridium und „weibliches" Ascogon) und physiologische (Geschlechtsorgane sind gleichgestaltet oder fehlen) Diözie unterschieden werden (Kreisel 1969, Schmiedeknecht 1991).

Kombination und Rekombination des genetischen Materials mit Plasmogamie, Karyogamie und Haploidisierung, jedoch ohne Geschlechtsorgane, Gameten und Generationswechsel, erfolgen durch Parasexualität außerhalb des legitimen Sexualzyklus, besonders bei verschiedenen Deuteromyceten. Kerne einer Hyphe wandern über eine Verbindungsbrücke (Anastomose) in eine andere Hyphe und vermehren und verbreiten sich dort. Im Falle eines Heterokaryons erfolgen mit geringer Wahrscheinlichkeit Kernverschmelzungen und nach Haploidisierung somit Neukombinationen (Schmiedeknecht 1991); in der Regel sind die diploiden Kerne jedoch instabil, und ihr Ploidiesatz wird meist durch Chromosomeneliminierung oder Ausstoßen von Teilstücken zur Haploidie herunterreguliert (Müller und Loeffler 1992).

Primär homothallisch sind viele Ascomyceten und etwa 10% der Basidiomyceten; sekundär homothallisch ist z. B. *Agaricus bisporus*, bei dem die zweikernige Basidiospore zu einem dikaryotischen, selbstfertilen Mycel auskeimt. Bipolar heterothallisch sind viele Ascomyceten und etwa 25% der daraufhin untersuchten Basidiomyceten (u. a. *Coniophora puteana* und der Rosafarbene Saftporling, *Tyromyces placenta*). Die übrigen 65% Basidiomyceten verhalten sich tetrapolar (Raper 1966). Bipolarität überwiegt bei Braunfäulepilzen und Tetrapolarität bei Weißfäuleerregern (Rayner und Boddy 1988). Von 25 Braunfäuleporlingen waren 17 bipolar, drei tetrapolar, drei nicht näher spezifiziert heterothallisch, einer homothallisch, und einer wurde je nach Autor als bi- oder tetrapolar beschrieben (Gilbertson und Ryvarden 1986).

Am Beispiel von *Serpula lacrymans* wird nachfolgend das tetrapolare (bifaktorielle) Verhalten von Inkompatibilität beschrieben. An einem Fruchtkörper bzw. bestimmten Stamm des Pilzes entstehen Basidiosporen von vier verschiedenen Kreuzungstypen: A_xB_x, A_xB_y, A_yB_x und A_yB_y.

Diese Sporen keimen zu Monokaryonten (Einspormycelien) aus und sind zumindest im Labor unbegrenzt wachstumsfähig. Bei tetrapolaren Pilzen paaren nur solche Monokaryonten durch Somatogamie der Hyphen zu zweikernigen Dikaryonten (kompatibel), bei denen beide Faktoren A und B verschieden sind: A_xB_x und A_yB_y sowie A_xB_y und A_yB_x.

Außer vollkompatiblen (beide Faktoren ungleich) gibt es hemikompatible Paarungen, bei denen lediglich ein Faktor verschieden ist. So sind A_xB_x und A_xB_y sowie A_yB_y und A_xB_y hemikompatibel (Casselton 1978).

Die verschiedenen Paarungsmöglichkeiten eines tetrapolaren Pilzes sind im folgenden Kreuzungsschema (Tetradenanalyse) zusammengefaßt (Tabelle 4).

In der Natur treffen Monokaryonten wegen der Vielzahl von Sporen an einem Fruchtkörper rasch auf einen kompatiblen Partner und verschmelzen zum Dikaryonten. Somit ist der Dikaryont der eigentliche Basidiomycet mit Holzzersetzungsvermögen.

Tabelle 4. Paarungsmöglichkeiten bei tetrapolaren Pilzen

	A_xB_x	A_xB_y	A_yB_x	A_yB_y
A_xB_x	–	A	B	+
A_xB_y	A	–	+	B
A_yB_x	B	+	–	A
A_yB_y	+	B	A	–

– inkompatibel (A = B =)
+ kompatibel (A ≠ B ≠)
A Heterokaryont mit gemeinsamem A-Faktor (A = B ≠) (keine Schnallen, variable Kernzahl pro Hyphe)
B Heterokaryont mit gemeinsamem B-Faktor (A ≠ B =) („Falsche Schnalle": Schnalle verschmilzt nicht mit Zellbasis)

Bei geeigneten Umweltbedingungen können am Dikaryonten Fruchtkörper entstehen, womit der Zyklus durchlaufen ist.

Das Paaren von Monokaryonten desselben Elternstammes entspricht einer Inzucht. Die Wahrscheinlichkeit zur Entstehung neuer Eigenschaften steigt, wenn Monokaryonten von verschiedenen Elternstämmen miteinander gekreuzt werden (Fremdzucht).

Beispielsweise führten die Champignonzüchtungen von Fritsche in den Niederlanden seit 1981 zu den besten und am meisten angebauten *Agaricus*-Sorten und sind von ausschlaggebender Bedeutung für den sprunghaften Anstieg der Weltchampignonerzeugung in den 80er Jahren (Anonym. 1991). Zur Stammverbesserung erfolgen Kreuzungen bereits mit Mykorrhizapilzen (Strohmeyer 1992; Kapitel 3.7).

Als Beispiel für eine Fremdzucht sind in Tabelle 5 die Ergebnisse einer Kreuzung zwischen zehn Stämmen von *Serpula lacrymans* zusammengefaßt (Schmidt und Moreth-Kebernik 1991 b, auch Harmsen 1960). Hierzu wurden zunächst von jedem Stamm die vier verschiedenen Monokaryonten durch Inzucht-Kreuzung entsprechend Tabelle 4 ausgesucht und dann die 10×4 Monokaryonten paarweise in allen möglichen Kombinationen (720) miteinander auf Nähragar gepaart. Da bei *Serpula lacrymans*, wie bei vielen Basidiomyceten, nur der Dikaryont Schnallen bildet, läßt er sich lichtmikroskopisch von den anderen drei Möglichkeiten unterscheiden. Die Heterokaryonten vom Typ A = B ≠ und die „Falsche Schnallen"-Mycelien (A ≠ B =) können rechnerisch erkannt werden. Die Kreuzungstypen der Stämme sind im oberen Tabellenteil eingetragen.

Die Mycelien der F_1-Dikaryonten von *Serpula lacrymans* waren deutlich schnellerwüchsig als die der beiden entsprechenden Monokaryonten (Schmidt und Moreth-Kebernik 1991 b; siehe Tabelle 31, 32), wie dies auch für *Lentinula edodes* (Schmidt und Kebernik 1987) und *Stereum hirsutum* (Rayner und Boddy 1988) gilt. Nach Paaren von Monokaryonten auf Agarplatten verleiht das schneller wachsende Dikaryomycel der Kultur daher ein fliegenähnliches Aussehen („bow-tie"; Abb. 21), so daß das Vorliegen von Dikaryonten meist bereits makroskopisch erkannt werden kann.

Tabelle 5. Paaren der vier Kreuzungstypen (Monokaryonten) von zehn *Serpula lacrymans*-Stämmen. (Aus Schmidt und Moreth-Kebernik 1991 b)

Stamm		16	5	11	12	14	2	3	27	28
		A A A A	A A A A	A A A A	A A A A	A A A A	A A A A	A A A A	A A A A	A A A A
		2 3 2 3	3 4 3 4	1 1 4 4	1 1 2 2	4 3 4 3	1 1 3 3	2 1 2 1	4 3 4 3	3 2 3 2
		B B B B	B B B B	B B B B	B B B B	B B B B	B B B B	B B B B	B B B B	B B B B
		3 3 1 1	1 1 4 4	4 2 4 2	2 5 2 5	1 4 1 4	4 2 4 2	4 3 4 3	1 1 2 2	1 1 3 3
7	A₁B₁	+ + B B	B B + +	A A + +	A A + +	B B + +	A A − +	+ A + A	B B + +	+ + + A
	A₁B₂	+ + + +	+ + + +	A − + B	− A B +	+ B B +	A − + +	+ A + A	+ + B B	+ + − + A
	A₂B₁	A + − B	B B + +	+ B + +	+ + A A	+ + A A	+ B + B	A + − B	B B + B	B − + A
	A₂B₂	A + A +	− B A +	B + − A	B + B +	B − + A	+ + A A	A + A +	B − + A	+ A + +
16	A₂B₃									
	A₃B₃									
	A₂B₁									
	A₃B₁									
5	A₃B₁									
	A₄B₁									
	A₃B₄									
	A₄B₄									
11	A₁B₄									
	A₁B₂									
	A₄B₄									
	A₄B₂									
12	A₁B₂									
	A₁B₅									
	A₂B₂									
	A₂B₅									

14	A₄B₁	+ +	+ +	+ +	+ +	+ +	+ +	+ +	− B	A +	B B	+ +
	A₃B₁	+ +	+ +	+ +	+ +	+ +	+ +	+ +	B −	+ A	− B	A +
	A₄B₄	B +	+ B	+ +	B B	+ +	+ A	+ A	+ A	+ A	+ A	B −
	A₃B₄	B +	+ −	A B	B +	+ +	+ A	B −	+ A	B −	+ B	B B
2	A₁B₄	A₁B₄	+ +	+ +	B −	+ A	+ +	+ A	+ +	+ A	+ +	+ A
	A₁B₂	A₁B₂	+ +	+ +	+ A	+ A	+ +	+ A	+ A	+ +	− B	A +
	A₃B₄	A₃B₄	+ +	+ +	B B	+ +	+ +	+ A	+ A	+ +	+ A	+ +
	A₃B₂	A₃B₂	+ +	+ +	+ +	+ −	+ +	A B	− +	+ A	B −	+ A
3	A₂B₄	A₂B₄	+ +	+ +	+ +	+ +	+ +	+ A	+ +	+ A	+ A
	A₁B₄	A₁B₄	+ +	+ +	+ +	+ +	+ +	+ A	+ +	+ A	+ +
	A₂B₃	A₂B₃	+ +	+ +	+ +	+ +	+ +	+ A	+ B	+ A	A B
	A₁B₃	A₁B₃	+ +	+ +	+ +	+ +	+ +	+ B	+ B	B B
27	A₄B₁	A₄B₁	+ +	+ +	B B	+ +
	A₃B₁	A₃B₁	+ +	+ +	− B	A +
	A₄B₂	A₄B₂	+ +	+ A	B −	B A
	A₃B₂	A₃B₂	+ +	+ A	A +	A +

Innerhalb jeden Stammes entwickelten sich Dikaryonten zwischen dem 1. und 4. sowie 2. und 3. Monokaryonten.

+ Dikaryon mit Schnallenbildung (A≠ B≠)
− Inkompatibel (A= B=)
A Gemeinsamer A-Heterokaryont
B Gemeinsamer B-Heterokaryont

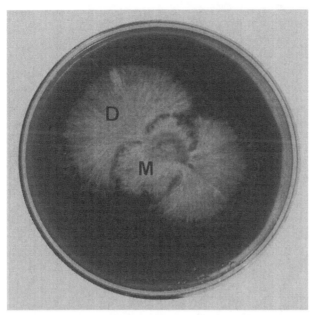

Abb. 21. Fliegenähnliches Auswachsen von schnellwüchsigem Dikaryomycel (*D*) aus den langsamwüchsigeren Mycelien zweier Monokaryonten (*M*) von *Serpula lacrymans*

Insgesamt haben die Kreuzungen bei *Serpula lacrymans* verschiedene physiologische Unterschiede zwischen den Mycelien der unterschiedlichen Kerntypen, aber auch Merkmalkonstanz über die Generationen (Wildstämme sowie F_1- und F_2-Generation) ergeben: neben der Wüchsigkeit auch hinsichtlich Holzabbau sowie Temperatur- und Schutzmitteltoleranz (siehe Kapitel 8.3.3; Tabelle 31, 32).

Bei zehn Stämmen gibt es maximal 20 verschiedene A- und B-Faktoren. Im vorliegenden Probenmaterial gibt es jedoch lediglich vier A- und fünf B-Faktoren. Das bedeutet, daß *Serpula lacrymans* nur über ein geringes Potential zur Fremdzucht verfügt. Basierend auf einer größeren Zahl von Stämmen wurden für *Schizophyllum commune* 450 A-Faktoren und 90 B-Faktoren geschätzt, die theoretisch zu mehr als 40000 Kreuzungstypen kombinieren können (Raper 1966, Gilbertson und Ryvarden 1986).

Bei einigen Holzpilzen, wie *Heterobasidion annosum*, existieren innerhalb der Art verschiedene Ökotypen (Populationen, Intersterilitätsgruppen: Esser und Hoffmann 1977, Burnett 1983, Boidin 1986, Chase und Ullrich 1990). Trotz konträrer Kreuzungsfaktoren paaren beispielsweise Monokaryonten von *H. annosum*, die von Fruchtkörpern aus Kiefernbeständen (P-Stämme, von pine) isoliert wurden, aufgrund von Intersterilitätsgenen nicht mit S-Stämmen von Fichten (spruce) (Korhonen 1978a; s.u.), und F-Stämme (fir) sind auf Weißtanne spezialisiert (Capretti et al. 1990). Die Zugehörigkeit zu S- oder P-

Stämmen beeinflußte jedoch nicht die Infektionshäufigkeiten durch die lebende Rinde von Fichten- oder Kiefernsämlingen (Lindberg 1992). Verschiedene Ökotypen existieren ferner für den Hallimasch (s. u.) in Europa (Korhonen 1978 b, Guillaumin et al. 1993), Nordamerika (Anderson und Ullrich 1979) und Australien (Kile und Watling 1983), die ebenfalls nicht miteinander kreuzbar sind (Anderson et al. 1980). Bei einer *Inonotus*-Art ließen sich die verschiedenen Ökotypen auch gelelektrophoretisch anhand spezifischer Proteinbandenmuster unterscheiden (Lewis und Hansen 1991).

Erfolglose Kreuzungsversuche zwischen *Serpula lacrymans* und dem Wilden Hausschwamm, *Serpula himantioides*, (Harmsen et al. 1958) zeigten beide Pilze als selbständige Art auf, so daß der Echte Hausschwamm nicht mehr als die an Wohnungen adaptierte Variante der Wildform bezeichnet werden sollte. Wegen der Möglichkeit des Vorkommens von Ökotypen innerhalb einer Art sollte Intersterilität als Unterscheidungsmerkmal makro- und mikromorphologisch ähnlicher Arten jedoch vorsichtig bewertet werden.

Neben dem Paaren kompatibler Monokaryonten gibt es für genetische Studien sowie auch für die angewandte Züchtung zur Veränderung der Eigenschaften eines Pilzes als jüngere Methode seit etwa 1972 die Protoplastenfusion: Beispielsweise bei *Gloeophyllum trabeum, Heterobasidion annosum, Phanerochaete chrysosporium, Trametes versicolor* und *Tyromyces placenta* wurden die Zellwände enzymatisch abgebaut, und es entstanden abgekugelte Protoplasten (Trojanowski und Hüttermann 1984, Rui und Morrell 1993), von denen ein Teil wieder zu Hyphen regenerierte. Durch vorausgegangene Fusion von Protoplasten verschiedener Stämme einer Pilzart (intraspezifische Fusion) können neue Stämme mit besonderen Eigenschaften, z. B. für den Speisepilzanbau, gezüchtet werden (siehe Esser 1989, auch Sunagawa et al. 1992); weiterhin wurde über interspezifische Fusionen (zwischen verschiedenen Arten: Toyomasu und Mori 1989, Eguchi und Hikaki 1992) sowie über Fusionen zwischen verschiedenen Gattungen (Liang und Chang 1989) berichtet.

Versuche zur Gentechnik erfolgen an Holzpilzen seit etwa 1982 u. a. bei *Schizophyllum commune* (Esser 1989), den cellulolytischen Enzymen (Kapitel 4.4) des Grünen Holzschimmels, *Trichoderma reesei*, von *Phanerochaete chrysosporium* und anderen Pilzen (Teeri 1987, Beguin et al. 1987, Knowles et al. 1987) sowie bei der Lignin-Peroxidase (Kapitel 4.5) von *P. chrysosporium* (siehe Eriksson et al. 1990).

2.4 Identifizierung

Morphologische und biochemische Kriterien zur Identifizierung von Viren, Rickettsien und Mykoplasmen sind u. a. bei Nienhaus (1985 a) und Lindner (1991) genannt. Die Identifizierung von Bakterien einschließlich Actinomyceten, überwiegend auf der Basis biochemischer Merkmale, erfolgt häufig mittels „Bergey's manual of determinative bacteriology" (Buchanan und Gibbons 1974).

Bestimmungsschlüssel für Deuteromyceten basieren auf Morphologie, Farbe und Entstehungsweise von Konidie, Konidien-Bildungszelle und Konidiophor

(Abb. 9, 10): Carmichael et al. 1980, Domsch et al. 1980, v. Arx 1981, Barnett und Hunter 1987, Wang 1990, Schmiedeknecht 1991. Fruchtkörper von Asco- und Basidiomyceten lassen sich anhand makro- und mikroskopischer Merkmale mit Bestimmungsbüchern bzw. -schlüsseln identifizieren: Michael und Hennig 1958–1963, Fergus 1960, Kreisel 1961, Domański 1972, Domański et al. 1973, Singer 1975, Cetto 1979–1984, Breitenbach und Kränzlin 1981, 1986, 1991, Moser 1983, Jülich 1984, Gilbertson und Ryvarden 1986, Bon 1988, Hanlin 1990, Jahn 1990, Wang und Zabel 1990 und Schmiedeknecht 1991 (zur Identifizierung von Hefen: Barnett et al. 1990). Für holzbewohnende Basidiomyceten, von denen lediglich Mycel vorhanden ist, sind auf der Basis von Bestimmungsschlüsseln (Davidson et al. 1942, Nobles 1965, Stalpers 1978, Rayner und Boddy 1988, Lombard und Chamuris 1990) mikroskopische Untersuchungen zur Morphologie der Hyphen und zu verschiedenen Wuchsparametern nötig. Die einzelnen Merkmale werden mit Zahlen belegt und ergeben für jeden Pilz einen Diagnoseschlüssel, der auf Lochkartensysteme übertragen (Stalpers 1978) oder per Computerdatei bearbeitet werden kann. Läßt sich von der Herkunft des Mycels z. B. auf Hausfäulepilze schließen, ist die Strangdiagnose (Falck 1912, Bavendamm 1970; Tabelle 3, auch Abb. 53, 55 und 56) zur Unterscheidung von Haus-, Kellerschwamm und Porenhausschwämmen geeignet.

Zahlreiche physiologische Merkmale, wie der Bavendamm-Test (Bavendamm 1928, Davidson et al. 1938, Käärik 1965, Niku-Paavola et al. 1990, Tamai und Miura 1991) zur Differenzierung von Braun- und Weißfäulepilzen (Kapitel 4.5) oder die speziellen Temperaturansprüche des Hausschwammes (Kapitel 3.4), können einbezogen werden. Schließlich liegen über zahlreiche Holzpilze Monographien mit Angaben zu Taxonomie, Morphologie, Ökologie, Wuchsverhalten und Holzabbau in Labor und Freiland vor (Cockcroft 1981).

Eine weitere Möglichkeit zur Identifizierung besteht durch entsprechende Institutionen gegen Gebühr, durch die American Type Culture Collection (ATCC) in Rockville, USA, das Centraalbureau voor Schimmelcultures (CBS) in Baarn, Holland, das International Mycological Institute (IMI) in Kew, England, mit einer Sammlung von 31 500 Pilzarten (Anonym. 1992b) oder die Deutsche Sammlung von Mikroorganismen und Zellkulturen (DSM) in Braunschweig, von denen auch Pilzstämme käuflich erworben werden können.

Eine jüngere Methode zur Differenzierung ist die SDS-Polyacrylamid-Gelelektrophorese der intracellulären Pilzeiweiße, bei der die verschiedenen Proteine im elektrischen Feld aufgrund der Molekülgröße voneinander getrennt werden und nach Sichtbarmachen durch Reagenzierung (z. B. Coomassie Blau oder Silberfärbung) für einen Pilz, einschließlich verschiedener Stämme der Art, ein charakteristisches Bandenmuster liefern (Schmidt und Kebernik 1989, Schmidt und Moreth-Kebernik 1991 c, Palfreyman et al. 1991, Vigrow et al. 1991 a, McDowell et al. 1992). Die in Abb. 22 dargestellten Proteinbanden von *Serpula lacrymans, Serpula himantioides* und von dem „amerikanischen dry rot fungus", *Meruliporia incrassata*, (Burdsall 1991) zeigen deutliche Unterschiede zwischen den verwandten Arten auf (Schmidt und Moreth-Kebernik 1989a; auch Abb. 54). Gleichsinnig wurde die Elektrophorese der Mycelpro-

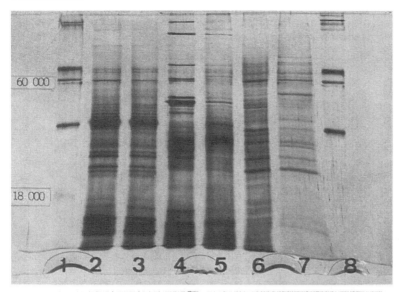

Abb. 22. Proteinbanden verschiedener „Hausschwamm"-Arten nach SDS-Polyacrylamid-Gelelektrophorese. *2,3 Serpula lacrymans, 4,5 Serpula himantioides, 6,7 Meruliporia incrassata, 1,8* Molekulargewichtsstandard (18,5 bis 330 kDalton). (Aus Schmidt und Moreth-Kebernik 1989a)

teine auch für holzbewohnende Ascomyceten bzw. Deuteromyceten, wie den Erreger der Platanenwelke (*Ceratocystis fimbriata* f. *platani*: Granata et al. 1992) oder verschiedene *Trichoderma*-Arten (Wallace et al. 1992), als diagnostisches Kriterium eingesetzt. Berichte über Unterschiede innerhalb einer Art bilden die Ausnahme: Verschiedene Stämme von *Phanerochaete chrysosporium* ergaben Abweichungen bei der Anzahl der Proteinbanden und den Molekulargewichten (Blanchette et al. 1992). Bei einer *Inonotus*-Art zeigten vegetativ kompatible Stämme zu 74% Übereinstimmung bei ihrem Proteinbandenmuster, und inkompatible Isolate differierten zu 97% (Lewis und Hansen 1991).

Mittels Isoenzym-Analysen können taxonomische Fragen geklärt und zudem verschiedene molekulargenetische Informationen erhalten werden (u. a. Blaich und Esser 1975, Prillinger und Molitoris 1981, Übersicht bei Micales et al. 1992).

Über die Zusammensetzung der freien Fettsäuren in den Fruchtkörpern wurde nachgewiesen, daß das in Chile als Viehfutter verwendete weißfaule Holz „palo podrido" (Kapitel 9.1) nicht wie zunächst vermutet durch die Einwirkung von *Ganoderma lipsiense* (*G. applanatum*), sondern durch *G. australe* entsteht (Martínez et al. 1991a).

Weiterhin können auch Holzpilze mit immunologischen (serologischen) Methoden, häufig mit dem „enzyme-linked immunosorbent assay" (ELISA), erkannt werden: Beispielsweise wird Hausschwamm-Mycel Kaninchen injiziert, worauf die Tiere Antikörper gegen das fremde Eiweiß bilden. Das entnommene Antiserum mit den Antikörpern wird mit unbekanntem Mycel in Kontakt gebracht. Bei Vorliegen von Hausschwamm als Antigen erfolgt eine Antigen/Antikörperreaktion (Palfreyman et al. 1988, Glancy et al. 1990b, Vigrow et al. 1991b). Immunologische Untersuchungen erfolgten bei *Armillaria*-Arten, *Coniophora puteana, Gloeophyllum trabeum, Lentinula edodes*, dem Schuppigen Sägeblättling, *Lentinus lepideus, Trametes versicolor, Tyromyces placenta*, holzverfärbenden Pilzen und anderen Holzpilzen (Jellison und Goodell 1988, Breuil et al. 1988, Glancy et al. 1990a, Clausen et al. 1991, 1993, Kim et al. 1991, 1993, Toft 1992, McDowell et al. 1992). Antikörper, die aus Eiern bereits 3 Wochen nach Mycelinjektion in Hennen gewonnen wurden, differenzierten verschiedene *Armillaria*-Arten (Burdsall et al. 1990).

2.5 Klassifizierung

Nach verschiedenen Zählungen sind zwischen 70000 und 120000 Pilzarten beschrieben, und jährlich kommen rund 1000 Neubeschreibungen hinzu. Insgesamt werden etwa 300000 Pilzarten geschätzt. Überträgt man jedoch das zahlenmäßige Verhältnis von Gefäßpflanzen zu Pilzarten von 1 : 6 in botanisch gut untersuchten Regionen, wie Großbritannien, auf einen globalen Maßstab, so kommt man bei 270000 Gefäßpflanzen auf 1,6 Millionen Pilze, womit bisher lediglich etwa 10% der tatsächlichen Pilzarten bekannt wären (Schmiedeknecht 1991, Müller und Loeffler 1992, Anonym. 1992b).

Die verschiedenen Gruppen der Pilze haben außer der kohlenstoffheterotrophen Lebensweise und ferner, daß sie Eukaryonten sind, wenig differenzierte Gewebe besitzen und in wenigstens einem Lebensabschnitt Zellwände sowie Sporen als Dauer- und Verbreitungsformen aufweisen, kaum Gemeinsamkeiten. Lediglich aus praktischen Gründen werden sie dennoch zusammengefaßt. Es existieren verschiedene künstliche und natürliche Systeme bzw. Klassifizierungen. Mehrreichsysteme (u.a. Whittacker 1969) versuchen zwar, dem polyphyletischen Ursprung der Pilze gerecht zu werden, indem sie die „Schleimpilze" und „niederen Pilze" dem Reich der Protisten und die „höheren Pilze" den Fungi zuordnen, sprengen dadurch jedoch den traditionellen biologischen und ökologischen Begriff „Pilz" (Schmiedeknecht 1991). Ein allgemein anerkanntes Pilzsystem existiert nicht, und es wurde ironisch behauptet, es gäbe so viele Systeme wie Pilzsystematiker. Die nachfolgende Gliederung basiert weitgehend auf Müller und Loeffler (1992).

Die nur etwa 2000 beschriebenen pilzähnlichen Protisten verteilen sich auf sechs phylogenetisch voneinander sowie auch von den höheren Pilzen unabhängige Abteilungen, die sieben Klassen umfassen: Myxomycetes (Echte Schleimpilze, 1), Acrasiomycetes (Zelluläre Schleimpilze, 2), Plasmodiophoromycetes (Parasitische Schleimpilze, 3), Labyrinthulomycetes (Netzschleimpilze, 4), Oomycetes (Eipilze, 5), Hyphochytriomycetes (6) und Chytridiomycetes (Flagellatenpilze, 7). Die Begriffe „Schleimpilze" entsprechen den Klassen 1 bis 3 und Teilen von 4 und „niedere Pilze" den Klassen 4 bis 7. Die „höheren Pilze" mit etwa 120000 Arten und damit etwa 98% aller beschriebenen Pilze können in drei Abteilungen und eine Formabteilung gegliedert werden: Zygomycota [Jochpilzartige, mit den Klassen Zygomycetes (Jochpilze) und Trichomycetes], Ascomycota [Schlauchpilzartige, mit den Klassen Endomycetes (Sproßpilze) und Ascomycetes (Schlauchpilze)], Basidiomycota [Ständerpilzartige, mit Ustomycetes (Brandpilze) und Basidiomycetes (Ständerpilze)] und Deuteromycota (Unvollständige Pilze, Deuteromycetes, Fungi imperfecti) (auch Kreisel 1969, Wartenberg 1972, Hawksworth et al. 1983, Jahn 1990, Benedix et al. 1991).

Die wichtigen Holzpilze sind entweder Asco- oder Basidiomyceten mit der Gemeinsamkeit einer Dikaryophase und einer haploiden Phase als Hyphenmycel, das nicht hefeartig sproßt (Kreisel 1969).

Die etwa 30000 Ascomyceten (zusätzlich etwa 16000 Flechtenpilze) sind charakterisiert durch die Entstehung der Meiosporen in Asci, die Beschränkung der Dikaryophase auf die ascogenen Hyphen im Fruchtkörper und die überwiegend stattfindende Gametangiogamie. Bei den Basidiomyceten (etwa 30000 Arten) befinden sich die reifen Meiosporen in den Sterigmen, und nach Somatogamie ist die Dikaryophase auf das Mycel ausgedehnt.

Als dritte, künstliche Gruppe werden die Deuteromyceten (30000 Arten) angeschlossen, deren vegetative Merkmale den Ascomyceten oder Basidiomyceten entsprechen, bei denen aber eine Hauptfruchtform (Teleomorph) nicht bekannt ist bzw. entweder zeitweilig oder generell nicht vorliegt. Die Bezeichnung Kleinpilze (microfungi) umfaßt die Deuteromyceten und verschiedene Ascomyceten mit mikroskopischen Strukturen.

Aufgrund neuer taxonomischer Erkenntnisse und je nach Wichtung, die einem zugrundeliegenden Merkmal zugemessen wird, erfolgen bei Pilzen häufig Umstellungen im System sowie Namensänderungen (Ritter 1985, Larsen und Rentmeester 1992, Rune und Koch 1992; siehe Anhang 2 und besonders Porenhausschwämme), die durch den jeweils gültigen Internationalen Code der botanischen Nomenklatur (1988) dokumentiert werden.

Die wissenschaftliche Benennung eines Pilzes sei am Beispiel von *Trametes versicolor* (L.: Fr.) Pilát erläutert (Jahn 1990): „(L.: Fr.) Pilát" bedeutet, daß als erster Linné (L.) 1753 in „Species Plantarum" den Pilz mit dem Namen *Boletus versicolor* beschrieben und Fries ihn in seine Arbeit „Systema mycologicum" von 1821 als *Polyporus versicolor* aufgenommen hat; damit war das Epiphyton *„versicolor"* geschützt bzw. „sanktioniert". Pilát stellte ihn 1939 in die Gattung *Trametes*. Besonders französische Mykologen bevorzugten *Coriolus versicolor* (L.: Fr.) Quélet, weil der französische Autor ihn 1886 in diese Gattung fügte. Im Deutschen sind, wie häufig, verschiedene Namen gebräuchlich: Schmetterlingsporling, Schmetterlingstramete und Bunte Tramete.

Die holzbewohnenden Ascomyceten gehören überwiegend zu den Ascohymeniales, bei denen die Fruchtkörperbildung durch die Befruchtung eingeleitet wird, während sie bei den Ascoloculares vegetativ ausgelöst wird (Tabelle 6).

Die Ascomyceten lassen sich nach der Entwicklung und Form ihrer Fruchtkörper (Kleisto-, Peri- und Apothecium), nach dem Aufbau ihrer Asci (pro-, uni- und bitunicat) und Ascosporen, ihrer Biologie und auch nach ihren Ana-

Tabelle 6. Holzbewohnende Ascomyceten (Ascohymeniales). (Basierend auf Kreisel 1969)

Ordnung	Pilze
Erysiphales	Eichenmehltau, Rotbuchenmehltau
Helotiales	*Chlorociboria aeruginascens*, Douglasienschütte, Lärchenkrebs
Xylariales	viele Saprophyten, einige Wundparasiten
Tuberales	Trüffeln, Mykorrhizapilze
Eurotiales	*Aspergillus* spp., *Penicillium* spp.
Microascales	*Ceratocystis fagacearum, C. minor, C. piceae, C. fimbriata platani, C. ulmi, Chaetomium globosum*
Hypocreales	*Nectria coccinea, Trichoderma* spp.
Sphaeriales	*Endothia parasitica*

Tabelle 7. Holzbewohnende Basidiomyceten (Hymenomyceten). (Basierend auf Kreisel 1969)

Ordnung	Pilze
Russulales	sämtlich Mykorrhizapilze
Boletales	Mykorrhizapilze, *Paxillus panuoides*
Agaricales	*Agaricus bisporus, Armillaria mellea*
Polyporales	*Lentinus lepideus, Meripilus giganteus, Polyporus squamosus, Piptoporus betulinus, Pleurotus ostreatus, Schizophyllum commune*
Cantharellales	Mykorrhizapilze, *Sparassis crispa*
Poriales	*Amylostereum areolatum, Antrodia vaillantii, Chondrostereum purpureum, Coniophora puteana, Daedalea quercina, Fomes fomentarius, Gloeophyllum abietinum, Gloeophyllum sepiarium, Heterobasidion annosum, Laetiporus sulphureus, Phaeolus spadiceus, Phellinus igniarius, Phellinus pini, Serpula lacrymans, Stereum sanguinolentum, Trametes versicolor, Trichaptum abietinum, Tyromyces placenta*

morphen in verschiedene Ordnungen unterteilen (Kreisel 1969, Müller und Loeffler 1992).

Die Basidiomyceten können in drei Unterklassen und eine Restgruppe gegliedert werden (u. a. Kreisel 1969). Abgesehen von einigen Mykorrhizapilzen, Saprophyten und Schwächeparasiten gehören die holzbewohnenden Arten in die mehrere Ordnungen umfassende Unterklasse der Hymenomyceten, bei der die Fruchtkörper ein Hymenium besitzen, das äußere Oberflächen des Fruchtkörpers überzieht.

Das Hymenophor kann Poren oder Röhren aufweisen, Lamellen, oder es ist glatt, gefältelt bzw. gestachelt.

In anderen Einteilungen werden bei den Basidiomycetes die Unterklassen Phragmobasidiomycetidae (Phragmobasidie, septiert) und Holobasidiomycetidae (Holobasidie, unseptiert) bzw. auch Heterobasidiomycetidae (meist Phragmobasidie) und Homobasidiomycetidae unterschieden. „Beide Einteilungen seien fragwürdig", so daß Müller und Loeffler (1992) auf eine Zusammenfassung ihrer 14 Ordnungen zu Unterklassen verzichten. „Auch die frühere Definition der Ordnungen aufgrund der Form von Basidie und Fruchtkörper werde angezweifelt, besonders bei den umfangreichen Ordnungen Agaricales s.l. (Blätterpilze einschließlich Röhrlinge, Boletales) und Aphyllophorales (Nichtblätterpilze)" (siehe auch Moser 1983, Jülich 1984, Breitenbach und Kränzlin 1986, 1991, Jahn 1990, Hübsch 1991).

Allein für Nordamerika sind etwa 1700 holzabbauende Basidiomyceten beschrieben (Gilbertson und Ryvarden 1986, Eriksson et al. 1990). In Tabelle 7 sind wichtige holzzerstörende Basidiomyceten aufgeführt.

Auf Holz findet sich eine Vielzahl von Deuteromyceten (u. a. Wolf und Liese 1975, Kerner-Gang und Nirenberg 1985, Thörnqvist et al. 1987, Wang 1990, Wallace et al. 1992), wie verschiedene *Aspergillus*-, *Penicillium*- („Schwarzschimmel") und *Trichoderma*-Arten.

3 Physiologische Grundlagen

Organismen allgemein und somit auch die Holzpilze sowie ihre Besiedlung und Zerstörung von Holz sind abhängig von der Summe physikalisch/chemischer und biologischer Einflüsse. Zu den ersteren gehören Nährstoffe, Wasser, Luft, Temperatur, pH-Wert, Licht und Schwerkraft. Biologische Einflüsse ergeben sich durch Wechselwirkungen zwichen verschiedenen Organismen als Antagonismus, Synergismus und Symbiose (u. a. Liese 1950, 1975, Lyr und Gillwald 1963, Rypáček 1966, Bavendamm 1966, 1974, Becker und Liese 1966, 1976, Grosser 1985, Sutter 1986). Bei der Untersuchung der verschiedenen Faktoren reflektieren Labormethoden nicht immer die Verhältnisse unter natürlichen Bedingungen. Oft ist es schwierig, einen Parameter zu variieren, ohne die anderen ebenfalls zu beeinflussen, und schließlich wirken die einzelnen Faktoren in der Natur nicht isoliert, sondern verstärken sich oder schwächen sich gegenseitig ab.

3.1 Nährstoffe

Pilze bestehen aus etwa 90% Wasser und 10% Trockenmasse (zur chemischen Zusammensetzung: Bötticher 1974), die bei den Zellteilungen neu synthetisiert wird, so daß Nährstoffe aufgenommen werden müssen.

Hinsichtlich der Ernährungsweise sind Holzpilze chemo-organotroph, indem sie zur Energiegewinnung durch Reduktions-Oxidations-Reaktionen organische Verbindungen als Wasserstoff-Donatoren verwenden (Schlegel 1992). Im Hinblick auf die Kohlenstoffquelle sind sie heterotroph, indem sie den Zellkohlenstoff aus organischem Material beziehen, das von den autotrophen Bäumen stammt. Sie sind entweder Parasiten, die lebende Bäume befallen, oder Saprophyten, die totes Holz angreifen. Beide Formen können obligat und fakultativ sein, indem ein Saprophyt bei Schwächung des Baumes oder Verwundung zum Schwäche- bzw. Wundparasit wird und ein Parasit nach Fällen des Baumes noch einige Zeit saprophytisch aktiv bleibt. Schmiedeknecht (1991) unterscheidet fünf Hauptformen der heterotrophen Lebensweise mit einigen Unterformen: Parasiten, Nekrophyten, die lebenden Wirte entweder als Schwächeparasiten befallen oder durch toxische Einwirkung abtöten, Sarkophyten, die frisch abgestorbene Gewebe für Saprophyten vorbereiten, Saprophyten und Symbionten (auch Frankland et al. 1982, Rayner et al. 1985).

Je nach Pilzgruppe kann Kohlenstoff nur aus leicht zugänglichen und assimilierbaren Substraten, wie den einfach aufgebauten Zuckern, Peptiden, Fetten oder dem Speicherstoff Stärke, und zusätzlich aus den komplexen Hauptbestandteilen der verholzten Zellwand stammen; hierbei können weiterhin die Zellwandbestandteile entweder innerhalb der Holzzellwand abgebaut werden oder als reine Komponente erst nach Isolierung aus der Zellwand (siehe Tabelle 15). Im Labor sind für die meisten Holzpilze Zucker wie Glucose, Maltose (in Malzextrakt) und Saccharose geeignete C-Quellen. Die holzbewohnenden Pilze (Hefen, Kapitel 9.2; Schimmelpilze, Bläue-Erreger, Rotstreifepilze im Frühstadium, Kapitel 6) und allgemein die Holzpilze während des frühen Holzbefalls ernähren sich überwiegend von Zuckern und anderen Bestandteilen in den Holzparenchymzellen und im Splintholzkapillarwasser. Die Menge dieser primären Metabolite liegt meist unter 10% bezogen auf die Holztrockenmasse, und sie kommen in der Regel nur in lebenden oder gerade gestorbenen Splintholzparenchymzellen vor. Die holzzerstörenden Braun-, Weiß- und Moderfäule-Pilze (Kapitel 7) entnehmen Kohlenstoff zusätzlich aus den makromolekularen Bestandteilen Cellulose, Hemicellulose und Lignin (letztes nur bei den Weißfäulepilzen) der verholzten Zellwand (Kapitel 4).

Holzbewohnende Bakterien (Kapitel 5.3) verwerten Zucker und Peptide der Parenchymzellen und des Splintholzkapillarwassers und greifen nicht-lignifizierte Zellwände (Parenchymzellen, Epithelzellen der Harzkanäle, Splintholztüpfel) an. Unter natürlichen Bedingungen können Mischpopulationen Holz (Schmidt et al. 1987) und bei „naturangenäherten" Verhältnissen auch bakterielle Reinkulturen verholzte Zellwände (Schmidt und Moreth-Kebernik 1994) abbauen (siehe Abb. 37, S. 82).

Die Trockenmasse von Pilzmycel besteht zu etwa 5% aus Stickstoff (% N aus der Kjeldahl-Bestimmung × 4,4 entspricht bei Pilzen dem Eiweißgehalt; aber zusätzlicher Stickstoff u. a. im Chitin). Da Holz (atro) lediglich etwa 0,1 bis 0,2% N enthält (Rayner und Boddy 1988, Fengel und Wegener 1989), ist das C:N-Verhältnis nicht-befallenen Holzes hoch (häufig 500:1); es verändert sich über den Stammquerschnitt und ist in verwundetem oder abgebautem Gewebe vermindert. Verschiedene Methoden zur Bestimmung des Stickstoffgehaltes von Holz und Holzwerkstoffen sind bei Keller und Nussbaumer (1993) zusammengestellt. Bei Lignocellulosen ist jedoch zu bedenken, daß der Großteil des Kohlenstoffs als Zellwandkomponenten enzymatisch schwer zugänglich ist, während die Stickstoffverbindungen leichter abbaubar sind. Der Stickstoffgehalt kann durch Erdbodenkontakt oder mittels Transport über das Mycel erhöht werden. Insgesamt jedoch stellt Stickstoff einen limitierenden Faktor dar. Trotz vereinzelter, abweichender Befunde können Pilze Luftstickstoff nicht fixieren, wie dies verschiedene Bakterien und Algen vermögen:

$$N_2 \# \Rightarrow NH_3 \Rightarrow \text{Aminosäuren} \Rightarrow \text{Eiweiß} \ .$$

Statt dessen behandeln Pilze Stickstoff rationell, indem Stickstoffverbindungen aufgrund unterschiedlicher Turgordrücke im Mycel (Jennings 1987) zur Wachstumsfront in die Hyphenspitzen transportiert werden (Hartig 1874, Watkinson et al. 1981). Stickstoff kann z. B. vom *Serpula lacrymans*-Mycel aus dem Erdboden unter Häusern aufgenommen und durch die Stränge zum Holzabbau innerhalb von Gebäuden gebracht werden (Doi und Togashi 1989). Für

Holzpilze ist Ammonium eine geeignete anorganische Stickstoffquelle, während Nitrat meist nicht verwertet wird; organischer Stickstoff aus Aminosäuregemischen in Pepton oder Malz ergibt auf Agarmedien deutlich besseres Wachstum.

Als Mineralien sind im Holz vor allem Ca, K und Mg, ferner Mn, Na, Cl und P und zahlreiche Spurenelemente (Al, Fe, Zn u. a.) vorhanden (Fengel und Wegener 1989).

Verschiedene holzzerstörende Basidiomyceten sind Vitamin B_1(Thiamin)-heterotroph. *Heterobasidion annosum* ist auxoheterotroph hinsichtlich des Pyrimidinteils des Thiamins, kann aber die Thiazolhälfte des Vitamins selbst synthetisieren (Schwantes et al. 1976). Einige Pilze benötigen zusätzlich Vitamin H (Biotin). Geeignete Vitaminquellen sind Hefe- und Malzextrakt.

Thiamin ist im Alkalischen in der Hitze unbeständig. Daher wurden in den USA Masten zum Schutz gegen Pilzabbau versuchsweise in Kammern mit Ammoniumgas unter hoher Temperatur behandelt (Dethiaminisierung), später jedoch dennoch von Pilzen angegriffen, da von Bodenbakterien (Henningsson 1967) synthetisiertes Thiamin in das Holz diffundierte (Behandlung von Schnittware: Narayanamurti und Ananthanarayanan 1969).

Neben den Zellwandkomponenten, primären Metaboliten und Speicherstoffen enthält Holz ein breites Spektrum von extrahierbaren Substanzen (Extraktstoffe, akzessorische Verbindungen, sekundäre Metabolite) wie Wachse, Fette, Fettsäuren und Alkohole, Steroide und Harze (Zusammenstellungen: Rayner und Boddy 1988, Fengel und Wegener 1989). Über mehr als 10 000 Verbindungen in Pflanzen wurde berichtet (Duchesne et al. 1992). Je nach Holzart können Typ, Menge und Verteilung der Extraktstoffe beträchtlich variieren. Sie befinden sich besonders im Kernholz und nach Verwundung oder mikrobieller Besiedlung im Splint. Pilzhemmende Extraktstoffe, welche die natürliche Dauerhaftigkeit verschiedener Kernhölzer bewirken, sind meist Phenole, wie Terpenoide, Flavonoide, Stilbene und Tannine (Scheffer und Cowling 1966, Wälchli und Scheck 1976).

Omnivor („Allesfresser") sind die wenig spezialisierten Schimmelpilze (Kapitel 6.1), die z. B. auf Papier, Tapeten, Büchern, Leder und Holz (Stockflecken) wachsen und durch Säureproduktion sogar mineralische Bestandteile aus Glas lösen (Kerner-Gang und Schneider 1969). Der polyphage *Heterobasidion annosum* hat einen breiten Wirtskreis von 137 Pflanzenarten (Dimitri 1976). Als spezialisierter Parasit befällt z. B. *Piptoporus betulinus* ausschließlich Birken (zum Wirtsspektrum: u. a. Jahn 1990).

Während die Pilzzellwand mit Öffnungen bis zu 10 nm die Aufnahme von Wasser und kleinen Molekülen kaum begrenzt, bildet die Plasmamembran eine selektiv permeable Barriere für Aufnahme und Abgabe von gelösten Stoffen. Wasser, nicht-polare und kleine ungeladene polare Moleküle, wie Glycerin und CO_2, können frei diffundieren. Größere polare Moleküle und Ionen passieren die Membran mittels erleichterter Diffusion oder aktivem Transport (Rayner und Boddy 1988, auch Burnett 1976).

Medien zur Isolierung, Anreicherung, Reinigung und Kultivierung holzbewohnender Organismen sind für Pilze häufig Malzagar oder Kartoffel-Dextrose-Agar von etwa pH 5,5 und für Bakterien Pepton-Fleischextrakt-Hefeextrakt von ca. pH 7. Für bestimmte Gruppen sind Selektivmedien bekannt, oder Standardagar wird mit selektierenden Verbindungen versetzt. Sollen beispielsweise Bakterien eliminiert werden, kann mit Milch- oder Äpfelsäure angesäuert oder ein Antibiotikum zugegeben werden. Orthophenylphenol selektiert auf Weißfäulepilze, und Benomyl hemmt Schimmel wie *Penicillium* spp. und *Trichoderma* spp. (u.a. Drews 1976, Malik 1992, Schlegel 1992).

3.2 Luft

Als aerobe Organismen erzeugen Holzpilze durch Atmung CO_2, Wasser und Energie und benötigen daher Luftsauerstoff (Tabelle 8).

Der Energiegewinn aus Holz, wenn lediglich die Cellulose völlig veratmet wird, ergibt sich aus Tabelle 9.

Die Pilzaktivität wird durch die Zusammensetzung der Gasphase beeinflußt. Der CO_2-Gehalt im Holz beispielsweise lebender Eichen variierte jahreszeitenabhängig zwischen 15 bis 20% und der O_2-Gehalt von etwa 1 bis 4% (Jensen 1969).

Eine Ausnahme von der aeroben Lebensweise bilden die Hefepilze, die fakultativ anaerob durch Gärung Energie gewinnen. Bei der alkoholischen Vergärung der Zucker in Nadelholz-Sulfitablaugen (Kapitel 9.2) wird der entstehende Wasserstoff nicht auf Luftsauerstoff, sondern auf den organischen H-Akzeptor Acetaldehyd übertragen:

$$2(H) + CH_3CHO \rightarrow CH_3CH_2OH \text{ (Ethanol)}.$$

Sauerstoff kann bei der Holzzersetzung limitieren. Saprophyten reagieren in der Regel empfindlicher auf Mangel als im Kernholz lebende Parasiten: Die Saprophyten *Serpula lacrymans* und *Coniophora puteana* überlebten ohne Sauerstoff 2 bzw. 7 Tage (Bavendamm 1936), der parasitische Kernfäuleerreger *Laetiporus sulphureus* mehr als 2 Jahre (Scheffer 1986). Bei *Heterobasidion*

Tabelle 8. Aerober Abbau von Holz zu CO_2, Wasser und Energie

Cellulose, Hemicellulose, Lignin aus Holz − (Ektoenzyme) → Zucker, Ligninderivate − (Aufnahme, intracelluläre Enzyme) → $CO_2 + 2(H)$
$2(H) + 1/2 \, O_2$ − (Atmungskette) → H_2O + Energie (ATP)

Tabelle 9. Energiegewinn aus der Cellulose des Holzes

1 kg atro Holz habe 48,6% Cellulosegehalt.
1 Mol Glucose (180 g) liefert 2835 kJ.
180 g Glucose entsprechen 162 g Cellulose (180 − 18; 1 Mol H_2O wird bei der Hydrolyse frei).
486 g Cellulose ergeben 8505 kJ (2025 kcal).

annosum war der Mycelzuwachs bei 0,1% O_2-Gehalt verglichen mit 20% kaum vermindert (Lindberg 1992). Die Konidien einiger Bläuepilze keimten noch bei 0,25% O_2-Gehalt, bei verschiedenen Schimmelpilzen sogar in reiner N-Atmosphäre (Reiß 1986). Durch den Holzabbau kommt es zur Erhöhung der CO_2-Konzentration. Einige holzzerstörende Basidiomyceten, besonders Kernfäuleerreger, sind tolerant gegen hohe CO_2-Gehalte, da sie bei 70% CO_2 gut und z.T. sogar bei 100% wuchsen (Hintika 1982), während Waldstreu-abbauende Pilze bei mehr als 20% gehemmt wurden. *Chaetomium globosum* und *Schizophyllum commune* können CO_2 in organische Säuren des Citronensäurezyklus fixieren (Müller und Loeffler 1992). Meist jedoch wird der Holzabbau durch hohe CO_2- und geringe O_2-Gehalte vermindert. Bei geringem Sauerstoffgehalt können anaerobe Stoffwechselprodukte gebildet werden wie Ethanol, Methanol, Essig-, Milch- und Propionsäure (Hintika 1982). Ein steigender CO_2-Gehalt hemmt das Wachstum vieler Deuteromyceten, die z.T. dann den Stoffwechsel auf Gärung umstellen und auch morphologisch ein hefeartiges Aussehen (Sprossung) annehmen (Reiß 1986).

Das minimale Luftvolumen im Holz für den Abbau durch Pilze liegt zwischen 10 und 20%: 10% bei *Heterobasidion annosum*, 20% bei *Schizophyllum commune* (Rypáček 1966). Jedoch kann verbrauchter Sauerstoff von außen nachdiffundieren.

Eine Verminderung des O_2-Gehaltes im Holz bewirkt einen Schutz gegen Pilzschäden. Eine derartige Konservierung erfolgt bei der Naßlagerung von Windwurfholz durch Tauchen in Gewässern oder Berieseln auf Polterplätzen. Von den 17,6 Mio. Festmetern Windwurfholz nach dem Sturm am 13. 11. 1972 in Norddeutschland wurden 1,4 Mio. Fm auf 93 Polterplätzen und in fünf Seen vor Pilzen (und Insekten) geschützt und bis 1976 zumeist ohne wesentliche Qualitätseinbußen verkauft (Liese und Peek 1987, auch Groß et al. 1991, Bues 1993). Bundesweit wurden 1990 15 Mio. Fm Rundholz in Berieselungspoltern zusammengefaßt. Bei einer Rohdichte von etwa 0,5 g/cm^3 bei Fichten- und Kiefernstammholz werden 20% kritisches Luftvolumen bereits bei der Holzfeuchtigkeit 120% u (prozentuale Holzfeuchte) erreicht, so daß lediglich alternierend beregnet werden muß. Versuchsweise erfolgen Lagerungen zur Konservierung von Fichtenstammholz in CO_2- bzw. N_2-begasten Poltern (Mahler 1992). Eine Ausnahme unter den Holzpilzen bilden die Moderfäulepilze, die mit geringen Sauerstoffansprüchen auch in wassergesättigtem Holz (ständig berieseltes Kühlturmholz mit ca. 200% Holzfeuchtigkeit) aktiv sind, da das Kühlturmwasser durch den Sprüheffekt mit dem nötigen O_2 angereichert ist (Kapitel 7.3). Weiterhin können anaerobe Bakterien im wassergesättigten Holz die nicht-lignifizierten Splintholztüpfel abbauen, so daß solches Holz stellenweise wegsamer wird und später die unerwünschte, weil ungleichmäßige, Überaufnahme von Holzschutzmitteln oder Pigmenten zeigt (Hof 1971, Willeitner 1971).

3.3 Holzfeuchtigkeit

Bei Pilzen wird Wasser für die Aufnahme von Nährstoffen, den Transport innerhalb des Mycels sowie als Lösemittel für Stoffwechselvorgänge benötigt. Da die Holzzerstörung durch Pilze enzymatisch erfolgt (Kapitel 4), Enzyme in wäßrigem Milieu aktiv sind und eine Hyphe etwa zu 90% aus Wasser besteht, benötigen Pilze Wasser. Ohne Wasser ruht der Stoffwechsel. Bei Pilzen erfolgt diese Ruhephase mittels Sporen, speziell auch Chlamydosporen, sowie möglicherweise auch durch Trockenstarre des Mycels. Wasser wird aus dem Substrat Holz, dem Erdboden, aus Mauerwerk u. ä. aufgenommen. Insgesamt bildet die Holzfeuchtigkeit die wichtigste Einflußgröße für den Holzabbau durch Pilze und somit auch für den Holzschutz. Feuchtigkeit im Holz existiert in zwei verschiedenen Formen: gebundenes oder hygroskopisches Wasser innerhalb der Zellwand über Wasserstoffbindungen an die Hydroxylgruppen hauptsächlich der Cellulose und Hemicellulosen und in geringerem Umfang an die des Lignins sowie freies oder kapillares Wasser (ohne Wasserstoffbindung) in flüssiger Form in den Lumina sowie anderen Hohlräumen des Holzgewebes (u. a. Siau 1984, Smith und Shortle 1991).

Als Maß für die Feuchtigkeit allgemein von Nährsubstraten, einschließlich Holzproben, wurde in älteren Untersuchungen der prozentuale Wassergehalt des Substrates genannt. Die prozentuale Holzfeuchte (% u) kann gravimetrisch über die Masse vor und nach Trocknen einer Holzprobe bei $103 \pm 2\,°C$ (Darrmasse 0%) bestimmt werden:

$$u(\%) = (MN - MT : MT) \times 100$$
(MN = Masse des nassen Holzes, MT = Masse des trockenen Holzes).

Sollen für nachfolgende mikrobielle oder enzymatische Abbauversuche wärmebedingte Veränderungen beispielsweise an Inhaltsstoffen des Holzgewebes ausgeschlossen werden, empfehlen sich ein Trocknen der Proben im evakuierten Exsikkator über Kieselgel bzw. P_2O_5 oder eine Klimatisierung bei $20 \pm 2\,°C$ und $65 \pm 5\%$ relativer Luftfeuchtigkeit (RF). Hierbei ergibt sich die theoretische Trockenmasse (MT_t) einer Probe aus:

$$MT_t = (100 \times MK) : (100 + u)$$
(MK = Masse nach Klimatisierung,
u = % Holzfeuchte nach Klimatisierung).

Holzfeuchtigkeit kann weiterhin durch Titration mit einem für Wasser selektiven Reagenz (z. B. Karl Fischer Titration), durch Destillation mit einem nicht mit Wasser mischbaren Lösemittel (Xylol, Toluol) gemessen werden sowie schnell, zerstörungsfrei und mit geringem apparativem Aufwand elektrisch über den Widerstand (Skaar 1988, Fengel und Wegener 1989, Du et al. 1991 a, b, Böhner et al. 1993; auch Kapitel 8.1.2). Mit steigender Holzfeuchtigkeit vom Darrzustand bis zum Fasersättigungsbereich (etwa 30% u) sinkt der Widerstand etwa um den Faktor $1 : 10^6$. Mit einem Kopierstift läßt sich in der Praxis rasch feststellen, ob der Fasersättigungspunkt überschritten ist, da nur dann der Strich zerläuft.

Den Mikroorganismen steht jedoch nicht der gesamte Wasseranteil des Substrates zur Verfügung, sondern nur der Teil des Gesamtwassers, der nicht von gelösten Substanzen (Salze, Zucker etc.) gebunden ist. Der relative Dampfdruck eines Substrates (Wasseraktivität a_w, $0-1$) ergibt sich aus dem Quotienten des aktuellen Wasserdampfdruckes im Substrat (p) und des Sättigungsdruckes (p_0) von reinem Wasser (Siau 1984, Reiß 1986, Rayner und Boddy 1988): $a_w = p/p_0$.

Die minimale Wasseraktivität (Tabelle 10) liegt für die meisten Bakterien mit 0,98 a_w höher als für viele Schimmelpilze, die noch bei 0,80 wachsen. Bei holzabbauenden Basidiomyceten liegt das a_w-Minimum für Mycelwachstum

Tabelle 10. Beziehungen zwischen der Wasseraktivität (a_w, relativer Dampfdruck p/p_0), dem Wasserpotential (MPa), dem maximalen wasserzurückhaltenden Porenradius (μm) im Holz bei 25 °C, der „Holz-Leere-Kategorie" und der mikrobiellen Aktivität. (Zusammengefaßt nach Griffin 1977, Siau 1984, Reiß 1986, Rayner und Boddy 1988, Viitanen und Ritschkoff 1991 und Schlegel 1992)

Wasser-aktivität (a_W) (p/p_0)	Wasser-potential (MPa)	Poren-radius (μm)	„Holz-Leere-Kategorie"	mikrobielle Aktivität
1,0000	0	(freies Wasser)	Zellumina und große Öffnungen durch Abbau	
0,9999	$-0,014$	10,5		
0,9998	$-0,028$	5,2		
0,9993	$-0,10$	1,5	Fasersättigungsbereich,	Minimum für meiste Holzpilze
0,9990	$-0,14$	1,1	Tüpfel- und kleine	
0,9975	$-0,35$	0,4	Öffnungen	
0,9950	$-0,69$	0,2		
0,990	$-1,4$	0,1		halbmaximale Wuchsgeschwindigkeit holzzerstörender Basidiomyceten auf Agar
0,980	$-2,8$	0,05		Minimum für meiste Bakterien
0,970	$-4,2$	0,035		Minimum für Mycelwachstum und Holzabbau bei *Coniophora puteana/Serpula lacrymans*
0,960	$-5,6$	0,026		Optimum für Wachstum und Sporenbildung bei *Aspergillus niger*
0,920	$-11,3$	0,013		Minimum für Sporenbildung bei *A. niger*
0,900	$-14,5$	0,01		
0,880		$<0,01$	vorübergehende oder intermolekulare	Minimum für Mycelwachstum bei *A. niger*
0,840			Öffnungen in der Zellwand	Minimum für Sporenkeimung bei *A. niger* und für Wachstum bei *Paecilomyces variotii*
0,800				Minimum für meiste Schimmelpilze
0,750				Minimum für halophile Bakterien
0,600				untere Grenze für Mikroorganismenwachstum

auf Agar bei 0,97. Einige xerotolerante *Aspergillus*-Arten wachsen noch bei 0,62 a_w und tolerieren z. B. eine 80%ige Saccharoselösung (Reiß 1986, Schlegel 1992). Unterhalb von 0,6 a_w erfolgt in der Regel keinerlei Mikroorganismenwachstum.

Für Wachstum und Holzabbau durch Pilze, besonders bei niedrigen Wassergehalten, ist das Wasserpotential (MPa) das wichtigste Maß für die Wasserverfügbarkeit. Es wird definiert als freie Energie von Wasser in einem System relativ zu reinem Wasser, und, da im relevanten Bereich alle Werte negativ sind, kann es als derjenige „negative Druck" bezeichnet werden (s. u.), der nötig ist, um dem Substrat Wasser zu entziehen (Griffin 1977). Das Potential wird von verschiedenen Faktoren beeinflußt (Siau 1984, Jennings 1991). Dies sind besonders die Größe und Form der vorhandenen Grenzflächen sowohl zwischen Wasser und fester Matrix als auch zwischen Wasser und Luft (Matrixpotential) und, wegen des Vorkommens von gelösten Stoffen, das osmotische Potential.

Der Einfluß des Wasserpotentials auf das Wachstum von Holzpilzen wurde zunächst auf wenig komplexen Substraten, wie Agarplatten in Petrischalen, in kontrollierter Luftfeuchtigkeit untersucht (Bavendamm und Reichelt 1938). Die ermittelten Werte eines guten Mycelwachstums noch bei $-14,5$ MPa (a_w 0,9) wurden jedoch später als zu niedrig eingestuft und statt dessen als untere Grenze etwa -4 MPa genannt (Griffin 1977, Griffith und Boddy 1991).

Die besondere Bedeutung des Matrixpotentials zeigt sich aus dem Verlauf fortschreitender Trocknung von Holzgewebe, bedingt durch das Vorkommen von Poren unterschiedlicher Größe (zur Porigkeit von Holz: Kollmann 1987). In wassergesättigtem Holz sind alle Hohlräume gefüllt, und für den Wasserentzug genügt eine vernachlässigenswert geringe Druckdifferenz. Mit fortschreitendem Trocknen werden zunehmend kleinere Öffnungen wasserfrei (Tabelle 10). Die großen Öffnungen in Holzgewebe mit Radien über 5 µm, wie alle Zellumina, sind wasserfrei, wenn das Matrixpotential weniger als etwa $-0,03$ MPa beträgt. Zwischen $-0,03$ und $-14,5$ MPa werden Poren von 5 bis 0,01 µm Radius (Tüpfel, Bohrlöcher durch Mikrohyphen) wasserfrei. Unterhalb etwa -14 MPa trocknen intermolekulare Hohlräume in der Zellwand aus (zur Flüssigkeitsbewegung in Holz: Siau 1984, Skaar 1988). Laut Eisenhut (1992) widerspricht der Begriff „negativer Druck" Gesetzen der Physik und sollte durch „Unterdruck" ersetzt werden.

Vom Standpunkt einer Hyphe beginnt eine niedrige Wasserverfügbarkeit kritisch zu werden, wenn Wasser nicht mehr in den Zellumina, sondern ausschließlich in der Zellwand lokalisiert ist. Dieser Zustand wird als Fasersättigungspunkt oder -bereich bezeichnet und liegt bei ungefähr $-0,1$ MPa (a_w 0,9993), entsprechend 1,5 µm Porenradius (Tabelle 10) und ca. 30% Holzfeuchte u bei Hölzern der gemäßigten Zonen. Die untere Grenze für einen Holzabbau durch Pilze (Basidiomyceten) liegt bei etwa -4 MPa (a_w 0,97) (Griffin 1977, Griffith und Boddy 1991; Tabelle 10).

Relative Luftfeuchtigkeit, die im Gleichgewicht mit einem Substrat über diesem herrscht, und Wasseraktivität (relativer Dampfdruck) des Substrates stehen in der Beziehung: $RF(\%) = a_w \times 100$. Beispielsweise entsprechen 99,93% RF a_w 0,9993 und damit Fasersättigung, so daß durch Kondenswasserbildung der für Basidiomyceten kritische Bereich von $a_w = 0,97$ überschritten wird (Tabelle 10). Die S-förmigen Sorptionsisothermen, welche die Abhängigkeit der Holzfeuchtigkeit von der relativen Luftfeuchtigkeit der Umgebung anzeigen, sind bei Siau (1984), Kollmann (1987) und Wang und Cho (1993) einzusehen: bei dem relativen Dampfdruck 0 werden der Darrzustand des Holzes und bei 1 (100% RF) Fasersättigung erreicht. Fichtensplintholzproben über einer gesättigten Lösung von K_2SO_4, die 97% RF und 26,5% u ergibt, wiesen nach 3 Monaten Inkubation mit *Serpula lacrymans* 4,5% Masseverlust auf (Viitanen und Ritschkoff 1991). Holzklötzchen in 93% RF entsprechend 23 bis 24% Holzfeuchtigkeit wurden von *S. lacrymans* und *Coniophora puteana* bewachsen (Savory 1964). Durch Kondensation erreichte Holz in Gebäuden im Winter während der Nacht bis 45% Feuchtigkeit (Dirol und Vergnaud 1992).

Nach einer Zusammenstellung bei Skaar (1988) betrug die Holzfeuchtigkeit lebender Bäume bei Laubbäumen im Splintholz 83% u und im Kernholz 81% (Mittel von 34 Arten) und bei Nadelbäumen im Splint 149% und im Kern 55% (Mittel von 27 Arten).

Die Holzfeuchtigkeit toten Holzes wird von drei Faktoren bestimmt:
– der Aufnahmekapazität [weniger dichtes Holz und somit auch pilzabgebautes Holz hat größeres Wasserhaltevermögen; beispielsweise stiegen die Holzfeuchten von zuvor getrockneten Kernholzklötzchen verschiedener Holzarten unter Laborbedingungen durch den Befall mit *Trametes versicolor* in 84 Tagen auf 78 bis 236% und nach Einwirkung von *Tyromyces placenta* auf 108 bis 286% (Smith und Shortle 1991); siehe auch Mykoholz, Kapitel 9.1.3],
– der Wasseraufnahme, die über fünf Wege erfolgen kann: Niederschläge, Absorption aus der Luft, kapillares Eindringen von Wasser bei Holz in Erdbodenkontakt oder bei Holz in Gebäuden durch Kondenswasser auf Holzoberflächen, Wassertransport durch das Pilzmycel, Wasserbildung durch den Pilzstoffwechsel, und
– dem Wasserverlust: bei großen Poren durch Schwerkraft, ferner durch Verdunstung in Abhängigkeit von Temperatur, Feuchtigkeit und Matrixpotential sowie durch Transport über Stränge oder Rhizomorphen.

Wie bei vielen Einflußfaktoren liegt bei der Holzfeuchtigkeit eine Optimumkurve mit minimaler, optimaler und maximaler Feuchte vor.

In Tabelle 11 sind für einige Pilze die Kardinalwerte der Holzfeuchtigkeiten zusammengestellt, wobei die Angaben jedoch je nach Pilzstamm variieren, von Holzart und Prüfmethode abhängig sein oder Laborbefunde und Praxisbeobachtungen verschiedene Werte ergeben können (Ammer 1964, Savory 1964, Cockcroft 1981, Schmidt und Kerner-Gang 1986, Thörnqvist et al. 1987, Viitanen und Ritschkoff 1991).

Verallgemeinert gilt für Holzpilze: Das Minimum liegt bei Fasersättigung von etwa 30% u, meist jedoch wegen des freien Wassers in den Lumina eher knapp oberhalb dieses Bereiches. Lediglich *Serpula lacrymans* kann Holz abbauen, dessen Feuchte vor dem Pilzbefall deutlich unter Fasersättigung (Minimum 17 bis 20% u) liegt, indem der Pilz Wasser von einer Feuchtequelle durch Mycel und Stränge zum „trockenen" Holz transportiert (Wälchli 1980, Grosser 1985; Kapitel 8.3.3). Das Optimum ist je nach Art verschieden und beeinflußt

Tabelle 11. Kardinalwerte der Holzfeuchtigkeit (% u) für das Mycelwachstum. (Zusammengefaßt nach verschiedenen Autoren)

	Minimum	Optimum	Maximum
Coniophora puteana	24 – 30	30 – 70	60 – 80
Daedalea quercina		40	
Gloeophyllum spp.	25 – 30	40 – 60	80 – 210
Heterobasidion annosum		45	
Lentinus lepideus		35 – 60	
Paxillus panuoides		35 – 70	
Phlebiopsis gigantea		100 – 130	
Porenhausschwämme	25 – 30	35 – 55	60 – 90
Serpula lacrymans	17[a] – 30	30 – 60	55 – 90

[a] mittels Wassertransportes von einer Feuchtigkeitsquelle

Tabelle 12. Maximal mögliche Wasserbildung aus Cellulose durch Pilze

162 g Cellulose und 18 g H_2O (für Hydrolyse von Cellulose zu Glucose) entsprechen 180 g (1 Mol) Glucose.
Ein Mol Glucose und $6 O_2$ ergeben neben Energie $6 CO_2$ und $6 H_2O$.
Der Nettogewinn beträgt 5 Mole H_2O (90 g).
90 g H_2O entsprechen 56% der vorgegebenen Cellulose.

das Vorkommen bestimmter Pilze in unterschiedlich feuchten Biotopen: Beispielsweise beträgt es bei Stammholzbläuepilzen 50 bis 100%, und bei Schnittholzbläueerregern liegt es unter 50% (Bavendamm 1974). Das Maximum ergibt sich aus dem minimalen Luftvolumen in der Holzzelle.

Ein bestimmter Wasseranteil stammt aus dem Stoffwechsel der Pilze (Ammer 1964, Savory 1964). Jedoch ist die Annahme, daß *Serpula lacrymans* das gesamte für den Abbau „trockenen" Holzes nötige Wasser aus der Veratmung der Cellulose gewinnt (Tabelle 12), nicht zutreffend: Zu bedenken ist, daß Cellulose nicht völlig zu CO_2 und Wasser veratmet wird, sondern auch Metabolite zur Synthese von Pilzbiomasse verwendet werden, nach Weigl und Ziegler (1960) etwa 40% der abgebauten Cellulose, und daß Wasserbildung aus Kohlenhydraten bei atmenden Lebewesen den Regelfall darstellt. Dennoch zeigen verschiedene Pilze, besonders *Serpula lacrymans*, intensive Guttation (Ausscheiden von Wasser in Tropfenform).

Neben Sporen gelten bei einigen Pilzen auch Mycelien als trockenresistent. Die Dauer der Trockenstarre hängt von Luftfeuchtigkeit und Temperatur ab, indem sie z. B. bei 60% RF und niedriger Temperatur länger war als bei 90% RF und hoher Temperatur. Bei *Serpula lacrymans* betrug die Dauer bei 7,5 °C 7 Jahre und bei 20 °C 1 Jahr (Theden 1972). Zur Trockenstarre sind weiterhin *Coniophora puteana*, die Porenhaussschwämme, *Gloeohyllum abietinum* (Fensterholzzerstörer), *Lentinus lepideus* (teerölgetränkte Bahnschwellen), der Muschelkrempling, *Paxillus panuoides, Schizophyllum commune*, der Blutende Schichtpilz, *Stereum sanguinolentum*, die physiologisch besonders toleranten

Moderfäulepilze und in geringem Umfang *Heterobasidion annosum* und die Tannentramete, *Trichaptum abietinum,* befähigt. Inwieweit Pilze jedoch ausschließlich in Form von Hyphen oder eher als resistente Sporen zur Trockenstarre befähigt sind, wurde nicht detailliert untersucht. Beispielsweise überlebte *Serpula lacrymans* lediglich in langsam trocknenden Holzproben (Theden 1972), und Dikaryonten zeigten in versehentlich überalterten Agarkulturen reichlich Arthrosporen, so daß Hyphen möglicherweise während eines langsamen Wasserentzuges trockenresistente Dauerstadien bilden können, die bei ausreichender Feuchte auskeimen (auch Griffith und Boddy 1991).

3.4 Temperatur

Pilzaktivität folgt der RGT-Regel (Reaktionsgeschwindigkeit-Temperatur-Regel), indem Enzymaktivität über einen bestimmten Bereich bei Temperaturerhöhung um $10\,°C$ (Q_{10}-Wert) zwei- bis viermal schneller verläuft. Es liegt eine Optimumkurve vor.

Verallgemeinert gilt für Mycel von Holzpilzen: Das Minimum liegt meist bei etwa $0\,°C$, da bei Unterschreiten des Gefrierpunktes das für Enzymreaktionen nötige flüssige Wasser fehlt. Ausnahmen von Wachstum unterhalb $0\,°C$ sind möglich, wenn der Gefrierpunkt z. B. durch Glycerin erniedrigt wird (u. a. Hagen 1971). Bei einigen Bläuepilzen liegt die untere Grenze für Mycelwachstum bei $-3\,°C$, und bei Schimmelpilzen beträgt das untere Extrem $-15\,°C$ (Reiß 1986). Oberhalb des Minimums kommt der Einfluß der RGT-Regel zum Tragen, so daß die Aktivität zunimmt. Das Optimum liegt artspezifisch häufig zwischen 20 und $40\,°C$. Oberhalb des Optimums verläuft die Eiweißdenaturierung durch Hitze schneller als die Neusynthese von Enzymen. Das Maximum liegt bei etwa $50\,°C$. Erfahrungsgemäß werden vegetative Zellen (Bakterien und Pilzhyphen) durch Erhitzen auf etwa $80\,°C$ (Pasteurisieren) abgetötet. Ausnahmen mit aktivem Wachstum zwischen 70 und $105\,°C$ sind Bakterien und Blaualgen im heißen Wasser von Geysiren (Brown und Melling 1971, Schlegel 1992).

Psychrophile Pilze haben ihr Optimum unter $20\,°C$, mesophile zwischen 20 und $40\,°C$ und thermophile über $40\,°C$ (Maximum: $70\,°C$). Thermotolerante Pilze bevorzugen den mesophilen Bereich, tolerieren jedoch noch etwa $50\,°C$.

In Tabelle 13 sind für einige Holzpilze die im Labor ermittelten oder aus der Literatur (Cartwright und Findlay 1958, Cockcroft 1981, Mirić und Willeitner 1984, Schmidt und Kerner-Gang 1986, Thörnqvist et al. 1987, Viitanen und Ritschkoff 1991) entnommenen Temperaturminima, -optima und -maxima sowie Letalwerte für Mycelwachstum zusammengestellt. Hierbei können zwischen verschiedenen Stämmen einer Art beträchtliche Unterschiede bestehen. Temperaturversuche mit zahlreichen Moderfäulepilzen erfolgten u. a. von Kerner-Gang (1970).

Serpula lacrymans besitzt eine Besonderheit, die zur Identifizierung (Schwammdiagnose, Kapitel 8.3.3) verwendet werden kann: Mit dem Optimum von etwa $20\,°C$, geringem Mycelwachstum noch bei 26 bis $27\,°C$ und dem

Tabelle 13. Minimal-, Optimal-, Maximal- und Letaltemperaturen (°C) für das Mycel-wachstum. (Zusammengefaßt nach verschiedenen Autoren und ergänzt)

Pilz	letal	min.	opt.	max.	letal[a]
Armillaria mellea			25 – 26	33	
Aspergillus niger			35 – 37	45 – 47	
Aureobasidium pullulans			25	35	
Chondrostereum purpureum			27		
Coniophora puteana	– 20/ – 30	0 – 5	20 – 32	29 – 40	65
Daedalea quercina		5	23 – 30	30 – 44	
Fomes fomentarius			27 – 30	34 – 38	
Gloeophyllum abietinum		0 – 4	26 – 30	36 – 38	
Gloeophyllum sepiarium		5	28 – 36	32 – 44	70
Gloeophyllum trabeum			35	40	> 80
Heterobasidion annosum		2 – 4	22 – 25	30 – 34	
Laetiporus sulphureus			28 – 30	36	
Lentinus lepideus		4 – 8	27 – 33	37 – 40	60
Paxillus panuoides		5	23 – 32	29 – 30	70
Phaeolus spadiceus			28	32 – 35	55
Phellinus igniarius			28 – 30	38	
Phellinus pini			24 – 27	30 – 35	55
Phlebiopsis gigantea			28 – 35	36 – 40	55
Piptoporus betulinus			26 – 30	32 – 36	
Polyporus squamosus			24 – 25	30 – 38	60
Porenhausschwämme		3 – 5	25 – 31	35 – 38	80
Schizophyllum commune			30 – 36	44	60
Serpula lacrymans	– 6	0 – 5	17 – 23	26 – 28	55
Stereum sanguinolentum			20 – 22		
Trametes versicolor			24 – 33	34 – 40	55
Trichaptum abietinum			22 – 28	35 – 40	
Xylobolus frustulatus			25	35	

[a] bei 30 Minuten Einwirken

Wachstumsstopp bei 27 bis 28 °C unterscheidet sich der Pilz von den anderen Hausfäuleerregern (Kellerschwamm und Porenhausschwämme) sowie auch von anderen *Serpula*-Arten, da z. B. *S. himantioides* noch bei 31 °C wächst. Bei *Serpula lacrymans* tolerierten weiterhin auch die Monokaryonten 28 °C (Schmidt und Moreth-Kebernik 1990), so daß Angaben in der Literatur über Wachstum oberhalb von 27 °C (Wälchli 1977) vermutlich an Monokaryonten gemessen wurden. Weiterhin können Dikaryonten von *S. lacrymans* (und eini-gen anderen Basidiomyceten) durch Kultivierung bei relativ hoher Temperatur monokaryotisiert werden und dadurch oberhalb von 27 °C Wachstum zeigen (Schmidt und Moreth-Kebernik 1990).

Von der Speisepilzzucht (9.1.1) ist bekannt, daß die Optimaltemperaturen zur Fruchtkörperbildung (F) niedriger sein können als zum Mycelwachstum (M): *Lentinula edodes* F: 15 bis 20 °C, M: 25 °C (Schmidt 1990). Beim Anbau von *L. edodes* werden in Japan die von Mycel durchwachsenen Hölzer zur Stimulierung der Fruchtkörperentwicklung einem Kälteschock ausgesetzt und hierfür in kaltes Wasser getaucht. Dagegen fruktifiziert *Serpula lacrymans* in

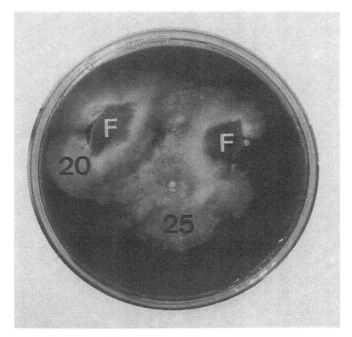

Abb. 23. Fruchtkörper von *Serpula lacrymans* in Laborkultur induziert durch eine Wärmebehandlung des Mycels. *25* Mycelzuwachs bei 25 °C, *20* Zuwachs bei 20 °C, *F* Fruchtkörper

Laborkultur relativ häufig, wenn das Mycel zunächst etwa 4 Wochen relativ warm bei 25 °C und dann 2 Wochen bei 20 °C kultiviert wird (Abb. 23; Schmidt und Moreth-Kebernik 1991 a). Bei einigen Pilzen wird die Sporenkeimung durch Wärmeeinwirkung aktiviert (Anderson 1978), in der Natur beispielsweise nach Waldbränden.

Die Temperaturkurven des Mycelzuwachses müssen nicht mit denen der Pilzaktivität korrelieren; so ist der Temperaturbereich für das Mycelwachstum in der Regel breiter als für den Holzabbau (Wälchli 1977). Weiterhin können die Temperaturoptima von aus Pilzen gewonnenen Enzymen *in vitro* deutlich (50 bis 60 °C) über denen des Mycelwachstums liegen.

Die Mycelien einiger Holzpilze tolerieren Extremwerte außerhalb von Minimum und Maximum durch Kälte- bzw. Hitzestarre. *Serpula lacrymans* überlebte 30 Minuten bei 50 °C, *Coniophora puteana* 1 Stunde bei 60 °C und *Gloeophyllum trabeum* 1 Stunde bei 80 °C (Mirić und Willeitner 1984; Tabelle 13).

Sporen sind häufig thermotoleranter als die entsprechenden Mycelien. *Serpula lacrymans*-Sporen waren erst durch 32 Stunden bei 60 °C oder 1 Stunde bei 100 °C abgetötet (Hegarty et al. 1986), welches bei der Heißluftbehandlung von schwammbefallenem Mauerwerk (Kapitel 8.3.4) zu berücksichtigen ist. Jedoch verringerten 4 Stunden bei 65 °C die Keimungsrate von 30 auf 8% (Hegarty et al. 1987). Da einige Bakterien im Sporenstadium 100 °C überleben

oder gar bei 105 °C wachsen, werden Nährmedien für Laborversuche bei
121 °C und 210 kPa Druck im Autoklaven sterilisiert.

Bei vielen Pilzen sind Sporen, z. T. auch Mycelien, kälteresistent, so daß Pilze
in größeren Stammsammlungen, außer durch Gefriertrocknen (Lyophilisation),
in flüssigem Stickstoff bei -196 °C konserviert werden und nicht mehr im Kühl-
schrank auf Agar (bzw. auch auf Holzklötzchen: Delatour 1991).

3.5 pH-Wert

Der pH-Wert wirkt sich allgemein auf Sporenkeimung, Mycelwachstum, Enzymaktivität, Holzabbau, Fruchtkörper- und Sporenbildung aus (Cochrane
1965, Wälchli und Vezér 1977). Seine wichtigste physiologische Bedeutung
dürfte in der Beeinflussung der Enzymaktivität liegen (Schwantes et al. 1976).
Enzyme werden aufgrund ihres Eiweißcharakters durch den Säuregrad bzw. die
Alkalinität des Substrates beeinflußt. Für viele Enzyme liegt das pH-Optimum
im neutralen (pH 7) bis schwach sauren Bereich. Häufig ist es ein scharf be-
grenzter Teil auf der pH-Skala. Bei hohen H^+-Konzentrationen erfolgt Säure-
denaturierung. Weiterhin wird die für eine Enzymreaktion nötige Entstehung
des Enzymsubstratkomplexes (Kapitel 4.1) beeinflußt. Reagiert z. B. ein negativ
geladenes Cellulaseenzym E^- mit einem positiv geladenen Cellulosesubstrat
S^+ zum Enyzmsubstratkomplex ES, so verliert E^- durch niedrige pH-Werte
seine negative Ladung: $E^- + H^+ \rightarrow E$.

Umgekehrt entsteht bei hohen pH-Werten: $S^+ + OH^- \rightarrow S$.

Eine Ausnahme mit dem Optimum im stark Sauren ist z. B. das Verdau-
ungsenzym Pepsin mit 1,5 bis 2,5.

Allgemein liegt bei Holzpilzen das Optimum im leicht sauren Milieu bei
pH 5 bis 6 (Bavendamm 1974), bei Bakterien bei etwa pH 7. Basidiomyceten
haben einen Optimalbereich von etwa pH 4 bis 6 bei einer Gesamtspanne von
ca. 2,5 bis 9 (Liese 1950, Thörnqvist et al. 1987). Ascomyceten, besonders Moderfäulepilze, tolerieren alkalischere Substrate bis etwa pH 11. Demnach sind
pH-Werte von 3,3 bis 6,4 im Holzkapillarwasser lebender Bäume und in wäßrigen Extrakten von Holz- und Rindenproben der gemäßigten Zonen und von
Handelshölzern (Sandermann und Rothkamm 1959, Fengel und Wegener
1989, Landi und Staccioli 1992, Roffael et al. 1992a, b) für beide Pilzgruppen
günstig. Über den Stammquerschnitt können pH-Unterschiede auftreten, indem beispielsweise bei Eiche und Douglasie das Kernholz saurer ist als der
Splint. Weiterhin kann der pH-Wert vor einem Pilzbefall im Rahmen einer Sukzession mikrobiell verändert werden, indem Bakterien durch ihre Stoffwechselprodukte zu Ansäuerung oder Alkalisierung führen (beispielsweise Fettsäure-
Ausscheidung bei dem sauren Naßkern oder Methan- bzw. Ammoniakbildung
beim alkalischen Naßkern; s. u.). Bei etwa pH 2 und 12 wird meist jegliche mikrobielle Aktivität verhindert. Bei dem Schwarzen Gießkannenschimmel,
Aspergillus niger, beträgt das saure pH-Extrem jedoch 1,5 (Reiß 1986).

Viele Pilze können mit ihrer Stoffwechselaktivität pH-Werte nahe den Extremen durch pH-Regulation (Rypáček 1966), auch pH-Drift (Schwantes et al.

1976) genannt, verändern. Alkalische Substrate werden hierbei durch Ausscheiden organischer Säuren angesäuert. Häufig, besonders bei Braunfäulepilzen, reichert sich Oxalsäure an (Micales 1992). Bei diesen Pilzen soll der Holzabbau durch Oxalsäure eingeleitet werden, indem die Säure die Hemicellulosen und die amorphe Cellulose angreift und somit die Porosität der Holzstruktur für Hyphen, Enyzme und niedermolekulare Abbaustoffe erhöht (Green et al. 1991 a, auch Bech-Andersen 1987 a, Shimada et al. 1991). Die intensive Produktion von Oxalsäure durch *Serpula lacrymans*, die sich in Nährmedien mit einer Ansäuerung bis pH 2,0 niederschlägt (Lee et al. 1992), wurde in Zusammenhang mit dem bevorzugten Vorkommen des Pilzes innerhalb von Gebäuden gesehen: Oxalsäure soll durch Calcium, das aus Mauerwerk stammt, als Ca-Oxalat oder durch Chelatbildung mit Eisen aus Metallträgern neutralisiert werden (Bech-Andersen 1987 b). Weiterhin löste der Pilz mittels Oxalsäure Eisenionen aus Steinwolle (Paajanen und Ritschkoff 1991) bzw. Nägeln oder eisernen Spiralen (Paajanen 1993), wodurch der enzymatische Kohlenhydratabbau im Holz gefördert wurde (Paajanen und Ritschkoff 1992). Die Porenhausschwämme sind wegen der Bildung von Cu-Oxalat resistent gegen kupferhaltige Holzschutzmittel (Da Costa 1959, Sutter et al. 1983). Der zunächst als Südlicher Schüppling, *Agrocybe aegerita*, fehlbestimmte Braunfäulepilz *Antrodia vaillantii* (Breitsporiger weißer Porenschwamm, Kapitel 8.3.1) verminderte in Chrom-Kupfer-Arsen-imprägniertem Holz die Schutzwirkung, indem infolge starker Oxalsäureproduktion Chrom und Arsen in Lösung gingen und ausgewaschen wurden (Göttsche und Borck 1990, auch Cooper und Ung 1992 a). Nährlösungen von *Schizophyllum commune* riechen nach Äpfelsäure. Bei *Lentinula edodes* wurden Bernstein- und Essigsäure nachgewiesen (Tokimoto und Komatsu 1978). Aerobe Bakterien alkalisieren ihre Substrate durch Ammoniakfreisetzung aus Eiweißen bzw. Aminosäuren (Schmidt 1986) und anaerobe Bakterien den Naßkern in Bäumen durch Methanbildung (Ward und Zeikus 1980, Schink und Ward 1984). Weniger intensiv untersucht ist, über welche Stoffwechselwege Pilze saure Medien alkalisieren (Verbrauch von Anionen oder Bildung von Basen wie Ammoniak aus Stickstoffverbindungen; Schwantes et al. 1976).

In Tabelle 14 ist für einige Holzpilze die pH-Wert-Regulation nach 3 Wochen Kultivierung in ungepufferter Malz-Pepton-Nährlösung dargestellt.

Tabelle 14. pH-Wert-Regulation durch einige Pilze. (Werte aus der Übung zur Vorlesung)

pH bei Kulturbeginn	2,2	3,6	5,0	5,8	6,9	7,1
pH nach Kultivierung von						
Coniophora puteana	2,2[a]	3,5	3,7	3,8	3,8	6,7[a]
Lentinula edodes	2,2[a]	3,3	3,6	3,8	4,3	6,8[a]
Schizophyllum commune	2,2[a]	6,8	7,7	7,8	7,8	7,5
Schizophyllum commune[b]	2,2[a]	3,0	4,9	6,1	[c]	[c]
Serpula lacrymans	2,2	2,2	2,9	2,7	3,1	6,7[a]

[a] kein Wachstum
[b] Malzlösung ohne Pepton
[c] nicht untersucht

Braunfäulepilze (*Coniophora puteana, Serpula lacrymans*) säuern ihr Substrat meist stärker an als Weißfäule-Erreger (*Schizophyllum commune*; u. a. Liese 1950, Peek et al. 1980). Verschiedene Basidiomyceten, darunter der Braunfäuleerreger *Tyromyces placenta* (Micales 1992) und die Weißfäulepilze *Phanerochaete chrysosporium* und *Trametes versicolor* (Akamatsu et al. 1993 a), synthetisieren Oxalsäure mittels Oxaloacetase aus dem Oxalacetat des Citratzyklus (Akamatsu et al. 1992, 1993 b), und beispielsweise wurden bei *Serpula lacrymans* glucosehaltige Medien bis pH 2 angesäuert, wobei Säuren die Hauptstoffwechselprodukte im Medien waren und zu 98% auf Oxalsäure entfielen (Jennings 1991). Weißfäulepilze bauen Oxalat jedoch mittels Oxalatdecarboxylase zu Ameisensäure ab (Shimazono 1955, Rypáček 1966). Tabelle 14 zeigt mögliche Ausnahmen, indem sich *Coniophora puteana* und der Weißfäulepilz *Lentinula edodes* praktisch nicht unterscheiden. Weiterhin wirken sich Konzentration und Zusammensetzung der Nährstoffe im Substrat (z. B. als Puffer wirkende Eiweiße) auf pH-Veränderungen aus. Der Einfluß des Nährsubstrates wird bei *Schizophyllum commune* erkennbar, indem im Malzpeptonmedium, trotz Geruchs nach Äpfelsäure, die Alkalisierung durch den Abbau von Eiweißverbindungen überwiegt, während das reine Malzmedium von pH 3,6 durch Säurebildung aus Zuckern auf pH 3,0 angesäuert wurde.

Die graphische Darstellung als pH-Regulationskurven (Abb. 24) ergibt, daß die pH-Veränderung von der Kultivierungsdauer abhängt, indem bei *Schizophyllum commune* der aus verschiedenen Anfangs-pH-Werten häufig eingestellte End-pH-Wert von etwa 7,5 erst nach 3 Wochen Kultivierung vorliegt (Schmidt und Liese 1978). Einige Pilze zeigen zwei pH-Optima (Abb. 24 rechts).

Während ungepufferte Medien den natürlichen Bedingungen der Holzpilze näherkommen und die stoffwechselphysiologisch eingestellten pH-Werte eines

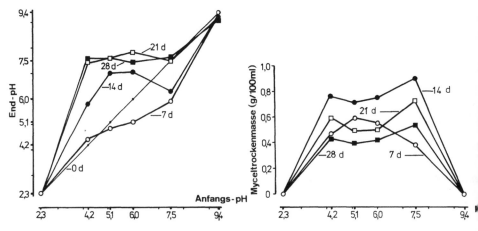

Abb. 24. pH-Wert-Regulationskurven bei *Schizophyllum commune* (lins) und Mycelerträge in Abhängigkeit vom pH-Wert (rechts) nach 7 bis 28 Tagen. (Aus Schmidt und Liese 1978)

Pilzes zeigen, ergibt ein Zwangsversuch in stark gepufferten Medien verschiedener Ausgangs-pH-Werte denjenigen pH-Bereich, in dem ein Pilz ohne Regulieren wachsen kann. Die in gepufferten und ungepufferten Medien erhaltenen pH-Optima können sich deutlich unterscheiden. Auf gepuffertem Agar wuchs z. B. *Schizophyllum commune* bei pH 4,7 bis 5,1 am besten und erreichte in ungepufferter Nährlösung die höchsten Mycelerträge bei pH 7,5.

Häufig unterscheiden sich Optimalwerte für Enzymaktivitäten von Enzymen aus Pilzen bei *in vitro*-Messungen beträchtlich von denen für das entsprechende Pilzwachstum.

3.6 Licht und Schwerkraft

Licht scheint für die vegetative Entwicklung weitgehend bedeutungslos zu sein. Mycel wächst in der Regel im Dunkeln, meist als Substratmycel in Erdboden oder Holz. Hierfür kommen vermutlich eher hygro-, hydro-, geo- und chemotropische Einflüsse anstelle negativen Phototropismus in Frage (Müller und Loeffler 1992). Oberflächen- und Luftmycel werden meist bereits bei geringer Lichtintensität gebildet, wie bei den Porenhausschwämmen und *Serpula lacrymans* in Gebäuden. Manche „Organe", wie Sporangienträger, streben jedoch zur Lichtquelle hin und schleudern Sporangien gezielt zum Licht (Tan 1978, Schlegel 1992).

Die Deuteromyceten *Aspergillus niger* und *Paecilomyces variotii* bilden sowohl bei Licht als auch im Dunkeln reichlich Konidien und ebenso der Ascomycet *Chaetomium globosum* fertile Perithecien. Bei einigen Ascomyceten wird die Konidienbildung durch Licht induziert, während bei Dunkelheit Ascosporen entstehen. Wechselnde Hell- und Dunkelphasen führen bei manchen Schimmelpilzen zur Zonierung des Mycels auf Näragar, indem in periodisch wiederkehrenden Abständen Sporen in konzentrischen Kreisen gebildet werden (Lysek 1978, Reiß 1986).

Dagegen erfolgt die Fruchtkörperbildung der Basidiomyceten meist im Licht an der Substratoberfläche mit der Folge, daß die Sporen leicht in den Luftstrom gelangen.

Der Hausschwamm fruktifiziert bevorzugt im Dämmerlicht; im Brutschrank genügt eine kurze Belichtung während der täglichen Wachstumskontrolle. Einige Holzpilze bilden bei Lichtmangel, z. B. an Grubenhölzern, abnorm geformte und häufig sterile Dunkelfruchtkörper, wie der Eichenwirrling, *Daedalea quercina*, der Tannenblättling, *Gloeophyllum abietinum, Lentinus lepideus* und *Paxillus panuoides* (Handke 1963, Bavendamm 1974).

Beim Anbau von *Lentinula edodes* auf Holz (Kapitel 9.1.1) wird zwischen 8 und 15 Stunden pro Tag belichtet (Schmidt 1990). Bei Lichtmangel entstehen lediglich Fruchtkörperanlagen (Primordien) oder unförmige Pseudofruchtkörper (Mohamed et al. 1992). Die Lichtintensität am Mycel reichte von 5 bis 240 Lux. Neben Tageslicht wurden Glühbirnen oder Leuchtstoffröhren verwendet. Besonders geeignete Wellenlängen waren 370 bis 420 nm sowie 620 bis 680 nm.

UV-Strahlen zwischen 240 und 280 nm wirken keimtötend (Reiß 1986), so daß Mycel und farblose Sporen durch Sonnenlicht geschädigt werden können. In der Bundesrepublik Deutschland darf jedoch lediglich der Keimgehalt von Verpackungsmaterialien und der Luft durch UV-Strahler vermindert werden. Hinsichtlich der Schwerkraft zeigen Basidiomyceten ein negativ gravitropes Verhalten, indem sich ihre Fruchtkörper entgegen der Schwerkraft ausrichten. Mit Ausnahme der krustenförmigen Fruchtkörper, bei denen das Hymenium vom Substrat wegweist und nach oben zeigen kann, ist es bei den Hut- und Konsolenpilzen positiv gravitrop nach unten gerichtet. Bei mehrjährigen Konsolenpilzen, wie dem Zunderschwamm, *Fomes fomentarius*, kann der Fruchtkörper die Ausrichtung der neu angelegten Hymeniumschichten um z. B. 90° ändern, indem die Hymenien am stehenden Baumstamm rechtwinklig zum Stamm nach unten zeigen und am gefallenen, im Wald liegengebliebenen Stamm die neuen Hymenien parallel zum Stamm verlaufen. Die physiologischen Grundlagen der Schwerkraftwahrnehmung bei Pilzen wurden durch Fruktifikationsversuche mit *Flammulina velutipes* unter Mikrogravitationsbedingungen während der deutschen D2-Spacelab-Mission 1993 untersucht (Kern et al. 1991).

3.7 Wechselwirkungen zwischen Organismen

Die vielfältigen Wechselwirkungen zwischen holzbewohnenden Pilzen wurden u. a. von Oppermann (1951), Eckstein und Liese (1970) und Leslie et al. (1976) aufgezeigt; ihre Wechselwirkungen bei der Besiedlung von Bäumen und Holz sind ausführlich bei Rayner und Boddy (1988) dargestellt.

Antagonismus (kompetitive Wechselwirkung), die gegenseitige Hemmung und im weiteren Sinne die Hemmung eines Organismus durch einen anderen, basiert auf der Ausscheidung toxischer Stoffwechselprodukte, Mykoparasitismus oder Nährstoffkonkurrenz (Hulme und Shields 1975). Er wird als Alternative zu chemischen und anderen Verfahren versuchsweise und vereinzelt auch in der Praxis zum Forst- und Holzschutz gegen Pilze eingesetzt (Übersichten bei Wälchli 1982, Bruce 1992).

Bereits 1934 wies Weindling die hemmende Wirkung von *Trichoderma* sp. auf verschiedene Pilze nach. Der Angebrannte Rauchporling, *Bjerkandera adusta*, und *Ganoderma* sp. waren antagonistisch gegen den Erreger der Platanenwelke (Grosclaude et al. 1990).

Wechselwirkungen zwischen verschiedenen Moderfäulepilzen sowie zwischen diesen und Bakterien sind bei Kerner-Gang (1970) beschrieben. Mittels Deckglaskulturen untersuchte v. Aufseß (1976) Mycelinteraktionen zwischen *Heterobasidion annosum* sowie *Stereum sanguinolentum* und antagonistischen Pilzen wie dem Großen Rindenpilz, *Phlebiopsis gigantea*, oder *Trichoderma viride* (auch Holdenrieder 1984a).

In England und Skandinavien wird die Ausbreitung der Rotfäule durch *Heterobasidion annosum* (Kapitel 8.1.4.2) in Kiefernbeständen durch sofortiges Einstreichen der freigelegten Stubbenschnittflächen mit einer wäßrigen Sporensuspension von *Phlebiopsis gigantea* eingedämmt (Rishbeth 1963, auch

Kallio 1971). Dieser Antagonist bewächst den Stubben, so daß ihn *H. annosum* nicht mehr aus der Luft mit Sporen besiedeln kann und somit ein Rotfäulebefall benachbarter Kiefern über Wurzelverwachsungen (Anastomosen) verhindert wird. Die Sporen für die Infektion werden sogar dem Schmieröl der Motorsägenkette zugefügt.

Verschiedene Bodenbakterien wie *Pseudomonas fluorescens* hemmten Mycelwachstum und Ausbildung der Rhizomorphen bei *Armillaria* spp. (Dumas 1992, auch Pearce 1990), *Trichoderma*-Arten töteten in den Rhizomorphen die zentralen Hyphen ab (Dumas und Boyonoski 1992), und verschiedene Mykorrhizapilze minderten die Virulenz des Hallimaschs (Kutscheidt 1992).

Im Laborversuch wurde ein Bläuepilz durch antibiotisch wirkende Substanzen aus *Coniophora puteana* (Croan und Highley 1990) und *Bjerkandera adusta* (Croan und Highley 1993) gehemmt. Die Bakterien *Bacillus subtilis* und *Pseudomonas cepacia* wurden auf ihre Eignung zur Verhinderung von Verblauen verschiedener Holzarten untersucht (Bernier et al. 1986, Seifert et al. 1987, Benko 1989, Florence und Sharma 1990, Kreber und Morrell 1993). Eine bakterielle Mischkultur (u. a. *Streptomyces* spp.) verminderte Verblauen (*Ceratocystis* sp.) und Verschimmeln (*Trichoderma* sp.) von Kiefernholzproben sowie den Abbau durch *Trametes versicolor* und *Tyromyces placenta* (Benko und Highley 1990). *Streptomyces rimosus* (Croan und Highley 1992 b) bzw. sein Kulturfiltrat (Croan und Highley 1992 c) verhinderten die Sporenkeimung von *Aspergillus niger*, *Penicillium* sp. und *Trichoderma* sp. sowie das Verblauen durch *Aureobasidium pullulans* und *Ceratocystis minor*.

Highley und Ricard (1988) zeigten die hemmende und z. T. auch mycelabtötende Wirkung von *Trichoderma*-Arten bei den Braunfäulepilzen *Gloeophyllum trabeum*, *Lentinus lepideus* und *Tyromyces placenta* (auch Murmanis et al. 1988); im „Erdeingrabetest" wurde der Holzabbau durch *L. lepideus* und *T. placenta* gehemmt, während die untersuchten Weißfäulepilze weniger sensibel reagierten (Highley und Ricard 1988, auch Giron und Morrell 1989). Verschiedene *Trichoderma*-Arten wirkten gegen *Serpula lacrymans* antagonistisch (Doi und Yamada 1992). Jedoch ergab ein Langzeitversuch von 7 Jahren, daß *Trichoderma* spp. den Abbau von Kiefernpfosten durch *Lentinus lepideus* nicht verhindern konnten (Morris et al. 1992).

Synergismus (mutalistische Wechselwirkung) bedeutet die gegenseitige Förderung und im weiteren Sinne die Förderung eines Organismus durch einen anderen. Zur Substratvorbereitung können der pH-Wert verändert, Vitamine ausgeschieden (Henningsson 1967) und hemmende Kerninhaltsstoffe abgebaut werden. Der Stickstoffgehalt wird durch N-fixierende Bodenbakterien erhöht (Baines und Millbank 1976), und Nährstoffe können verfügbarer werden (auch Levy 1975 a, Hulme und Shields 1975).

Neutralistische Wechselwirkungen, weder Hemmung noch Förderung, dürften seltener vorkommen.

Antagonismus und Synergismus beeinflussen die Aufeinanderfolge (Sukzession) verschiedener Organismen in einem Baum oder Holzsubstrat, wobei unterschiedliche Vorstellungen über die Abfolge der verschiedenen Organismengruppen (Bakterien, Nicht-Hymenomyceten, Holzzerstörer; Pionier-, Folgeorganismen) bei der Besiedlung bestehen (Shigo 1967, Käärik 1975, Boddy 1992). An einer Holzzersetzung sind in der Regel mehrere Pilzarten beteiligt. Beispielsweise fanden sich an einem nach Sturmbruch nicht aufgearbeiteten Rotbuchenstamm in den ersten 2 Jahren häufig der Violette Schichtpilz, *Chondrostereum purpureum*, und *Stereum hirsutum*, in den folgenden 5 bis 7 Jahren *Bjerkandera adusta* und *Trametes versicolor* und danach das Stockschwämmchen, *Kuehneromyces mutabilis*, sowie zwei Holzkeulen-Arten (Schales 1992, auch Jahn 1990, Röhrig 1991). Während die meisten auf Holz vorkommenden Pilze dem Substrat Nährstoffe entziehen, benutzen einige wenige das Holz lediglich als Auflage für eine Fruchtkörperbildung. Erstbesiedler von Holz, häufig Bakterien, Schleimpilze, Hefen und Schimmelpilze, bleiben überwiegend auf der Holzoberfläche bzw. in den äußeren Holzbereichen, wo sie als Holzbewohner (non-decay fungi) das Substrat für die tiefer über die Holzstrahlen eindringenden Bläue- und Rotstreifepilze (stain fungi) sowie für die holzzerstörenden Braun-, Moder- und Weißfäulepilze (decay fungi) vorbereiten können (Levy 1975 a).

Förderung und Hemmung sind weiterhin durch das Substrat selbst möglich. Eiweißreiche Holzarten, wie z. B. Ilomba, *Pycnanthus angolensis*, werden nach dem Einschlag und während der Trocknung von Bakterien besiedelt, die zu den unerwünschten Verfärbungen, Einlauf und „sticker stain" (5.3), führen (Bauch et al. 1985). Kerninhaltsstoffe, wie Pinosylvin, Quercetin und Thujaplicin (Scheffer und Cowling 1966, Wälchli und Scheck 1976, Fengel und Wegener 1989), bewirken die natürliche Dauerhaftigkeit mancher Holzarten gegen holzzerstörende Pilze. Beispielsweise hemmten Lignane (Hydroxymatairesinol) aus der Reaktionszone von Fichtenholz das Wachstum von *Heterobasidion annosum* (Shain und Hillis 1971, Rehfuess 1976) und Pinosylvin aus *Pinus strobus* das von *Armillaria ostoyae* (Mwangi et al. 1990, Yamada 1992).

Bei der Mykorrhiza (Pilzwurzel) handelt es sich um eine Symbiose zwischen einem Pilz und der Wurzel einer höheren Pflanze (Agerer et al. 1986, Willenborg 1990, Allen 1991). Nach Schätzungen sind mehr als 80% der Landpflanzen zur Mykorrhizabildung fähig (Schönhar 1989). Es können drei Hauptformen unterschieden werden (Hock und Bartunek 1984; Abb. 25): Die ektotrophe Mykorrhiza (Ektomykorrhiza) kommt vorwiegend bei Nadel- und Laubbäumen der kühlen und gemäßigten Zone vor, besonders bei Pinales, Fagales und Salicales. Bei vielen Nadelbäumen, Buche und Eiche ist die Assoziation obligat, bei anderen, wie Ulme, fakultativ (Müller und Loeffler 1992). Der überwiegende Anteil des Mycels wächst an der Oberfläche von Seitenwurzeln und bildet an den Wurzelspitzen einen dichten Mycelmantel. Die Hyphen dringen intercellulär in das äußere Wurzelgewebe ein, indem sie die Mittellamellen auflösen, und umhüllen die Zellen vollständig als Hartig'sches Netz (Kottke und Oberwinkler 1986). Die Pilzwurzeln besitzen keine Wurzelhaare; statt dessen strahlen Hyphen oder Rhizomorphen in den Erdboden aus. Bei der endotrophen Mykorrhiza (Endomykorrhiza) der Orchideen bildet sich lediglich ein lockeres Hyphennetz um die Wurzel, und die Hyphen siedeln sich intracellulär im Rindenbereich an. Als Zwischenform liegt die ektendotrophe Mykorrhiza

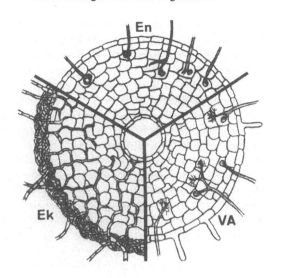

Abb. 25. Hauptformen der Mykorrhiza. *Ek* Ektotroph, *En* Endotroph, *VA* Vesikulär-arbuskulär. (Verändert nach Hock und Bartunek 1984)

besonders bei Wurzeln 1- bis 3jähriger Koniferen vor, wobei die in die Rindenzellen eindringenden Hyphen mit der Alterung degenerieren. Die ektendotrophe Mykorrhiza kommt weiterhin vermehrt bei ungünstigen Standortverhältnissen vor sowie z. B. an Fichten in Waldschadensgebieten (Schönhar 1989). Hier ist das „Kampfgleichgewicht" zwischen Pilz und Baum offensichtlich gestört; der Pilz kann zum reinen Parasiten werden, indem er durch die Endodermis bis in den Zentralzylinder vordringt, während bei intakter Mykorrhiza die Endodermis eine Barriere darstellt. Als dritte, häufigste Form kommt die vesikulär-arbuskuläre Mykorrhiza (VAM) weit verbreitet an über 200 000 Wild- und Kulturpflanzen der Angiospermen vor, aber auch an *Ginkgo biloba, Taxus baccata* und *Sequoia gigantea* und *S. sempervirens* (Werner 1987), sowie als überwiegender Mykorrhizatyp in Tropenwäldern. Bei der VA-Mykorrhiza erweitern sich die unseptierten Hyphen in den Wirtszellen blasenförmig (Vesikeln) oder verzweigen sich bäumchenartig (Arbuskeln).

Der Nutzen für die Bäume besteht in der verbesserten Nährstoff-, Mineralien- (N, P, K, Cu, Zn) aber auch Wasserversorgung aufgrund der erheblich größeren Absorptionsfläche (Söderström 1991). Böden mit häufig vorkommender Ektomykorrhiza sind meist durch ein schwaches bis mäßiges Nährstoffangebot gekennzeichnet, besonders durch geringe Stickstoffmobilisierung, und ohne Mykorrhiza wären die auf ihnen wachsenden Bäume nicht konkurrenzfähig (Schönhar 1989). Durch den Mycelmantel der Mykorrhizapilze und z. T. durch die Synthese antibiotischer Wirkstoffe wird die Wurzel weiterhin vor Pathogenen der Rhizosphäre geschützt (Strobel und Sinclair 1992), wie z. B. gegen *Armillaria mellea* (Kutscheidt 1992), sowie durch Filterwirkung gegen toxische Ionen (Meyer 1987). Die Pilze erhalten von den Bäumen Kohlenhydrate (Glucose, Saccharose; etwa 20% des assimilierten Kohlenstoffs) und Wirkstoffe, z. B. Thiamin, so daß die häufige Fruchtkörperentstehung im Herbst (s. o.) möglicherweise auch mit der Speicherphase der Bäume zusammenhängt.

Endotrophe Mykorrhizapilze sind meist Ascomyceten, ektotrophe meist Basidiomyceten wie Boviste, Knollenblätterpilz, Pfifferling, Täublinge und Steinpilz und die Trüffeln aus der Gruppe der Ascomyceten. Die VAM-Symbionten gehören alle zu den Zygomyceten (Kühn 1992).

Zahlreiche Bäume, wie Buche, Eiche, Fichte, Kastanie, Kiefer, Lärche und Weide, kümmern in Sterilkultur. Verschiedene oligate Mykorrhizapilze, wie der Steinpilz, fruktifizieren nur in Symbiose mit der Wurzel, z. T. wirtsspezifisch bzw. mit schmalem Wirtsspektrum, wie der Lärchenröhrling überwiegend an Lärche oder der Kaiserling an Eiche, meist jedoch kaum wirtsspezifisch, indem z. B. der Fliegenpilz bei Birke, Eukalyptus, Fichte und Douglasie vorkommt (Werner 1987). Die Bäume sind in der Regel wenig spezifisch: *Pinus sylvestris* mykorrhiziert mit mindestens 155 Pilzarten und *Picea abies* mit 118 (Korotaev 1991). Es besteht eine Artensukzession, die mit dem Alter der Wirtsbäume korreliert (Cherfas 1991; s. u.). In alten Waldböden treten Mykorrhizapilze sehr zahlreich auf. Dagegen kann in Erstaufforstungen ein Mangel an geeigneten Pilzpartnern bestehen, mit der Folge von Vitalitätsminderung und Wuchsstörung der Bäume.

Über die Bedeutung der Mykorrhiza und allgemein des Wurzelsystems im Zusammenhang mit den neuartigen Waldschäden liegen verschiedene Untersuchungen vor (Meyer 1985, Schönhar 1985, Flick und Lelley 1985, Agerer et al. 1986, Willenborg 1990, Weber et al. 1992). Für Europa zeichnet sich der Trend ab, daß junge Bäume bereits einen Pilzbesatz zeigen, der typisch für alte Bäume ist; die veränderte Mykorrhizaflora wurde als Signal für Baumschäden gewertet: „die Pilze verschwinden vor den Bäumen" (Cherfas 1991). Nach Schönhar (1989) soll die Veränderung der Mykorrhiza bei Fichte auf Immissionen, besonders auf dem Stickstoffeintrag durch Düngung, beruhen und weiterhin durch wurzelpathogene Pilze gefördert werden. Allgemein besteht eine negative Korrelation zwischen der Häufigkeit des Pilzvorkommens und dem Gehalt von Stickstoff- und Schwefelverbindungen sowie Ozon in der Atmosphäre; so kamen in einem bestimmten Areal in den Niederlanden in den Jahren 1912 bis 1954 noch 71 Pilzarten vor und in der Zeit von 1973 bis 1982 nur noch 38 Arten. Auch die Größe der Fruchtkörper nahm ab (Cherfas 1991).

Seit etwa Mitte der 80er Jahre werden Labor- und Freilanduntersuchungen durchgeführt, um das verminderte Mykorrhizavorkommen bzw. die Artenverschiebung der Mykorrhizapilzflora in Waldschadensgebieten durch künstliche Beimpfung zu regenerieren und dadurch den Gesundheitszustand dieser Bäume und auch von solchen auf anderen Problemstandorten (nährstoffarme Böden in Hochlagen und Steppengebieten) zu verbessern (Römmelt et al. 1987, Marx 1991, Schmitz 1991, Lelley 1992, Hilber und Wüstenhöfer 1992, Schmitz und Willenborg 1992, Göbl 1993 a, b). Zu bedenken ist jedoch, daß hierdurch lediglich an den Folgen der Waldschädigung eingegriffen wird und nicht an ihren Ursachen, so daß Neubeimpfungen ohne Verminderung der Immissionen auf Dauer erfolglos sein dürften. Zur Verbesserung der Stammeigenschaften von Mykorrhizapilzen erfolgten Kreuzungen zwischen verschiedenen Stämmen einer Art (Kahler Krempling: Strohmeyer 1992).

Als weitere Symbiosen bilden Asco- und seltener Basidiomyceten innige, stabile Lebensgemeinschaften mit meist Grün- oder Blaualgen als Flechten (Kappen 1993). Bei der mutualistischen Form der Flechte erhalten die Pilze von den Algen organische Nährstoffe und Vitamine und die Algen von den Pilzen wahrscheinlich Wasser und anorganische Salze. Diese symbiotische Assoziation ermöglicht die Pionierbesiedlung unwirtlicher Biotope wie Felsen oder Baumrinden mit oft nur Spuren von Nährstoffen. Bei der antagonistischen Form parasitieren die Pilze auf den Algen, und die Algen überleben im Flechtenkörper, indem sie sich schneller vermehren, als sie von den Pilzen abgetötet werden (Schubert 1991). Für die taxonomische Einordnung einer Flechte sind ihre Pilzkomponente und als Ordnungsprinzip das Pilzsystem maßgebend.

Pilzsymbiosen mit Tieren sind die Endosymbiosen von Pilzen in den Mycetomen von Insekten und die Ektosymbiosen in den Pilzgärten von Termiten bzw. Blattschneiderameisen sowie die Kultivierung der Ambrosiapilze in den Bohrgängen von beispielsweise Borkenkäfern, von denen diese ihre Larven ernähren (Francke-Grosmann 1958, Werner 1987). Die ökophysiologischen Aspekte der Vergesellschaftung von Pilzen und Insekten sowie mit den befallenen Bäumen sind bei Raffa und Klepzig (1992) beschrieben.

4 Enzymatischer Holzabbau

4.1 Einführung

Unter den Bedingungen in biologischen Systemen (wäßriges Milieu mit pH-Werten von etwa 4 bis 9 und Temperaturen von rund 10 bis 50 °C) würden die meisten chemischen Umsetzungen im Stoffwechsel lebender Zellen nur sehr langsam ablaufen. Bevor eine Reaktion erfolgen kann, muß zunächst Aktivierungsenergie zugefügt werden. Enzyme setzen den Betrag dieser Aktivierungsenergie als Biokatalysatoren herab (u. a. Kula 1986). Weiterhin wird die nunmehr mögliche Reaktion durch Substrat- und Wirkungsspezifität gelenkt. Bisher sind etwa 3000 Enzyme beschrieben. Als Eiweiße wird ihre Biosynthese durch den Zellkern gesteuert.

Wegen ihres Eiweißcharakters aus 20 Aminosäuren mit ca. 16% Stickstoff stellen Enzyme für die Zelle kostbare Substanzen dar, so daß sie meist nicht die vielen hundert verschiedenen Enzyme und auch nicht in größerer Menge enthält. Stets vorhandene konstitutive Enzyme bilden die Ausnahme; häufig wird die Biosynthese der induzierbaren Enzyme erst bei Bedarf durch einen Induktor, oft das Substrat oder auch ein anderes Molekül, induziert (Reese 1977, Schlegel 1992). Auf den ersten Blick problematisch erscheint in diesem Zusammenhang, wenn Makromoleküle, die außerhalb der Hyphe enzymatisch gespalten werden, als Induktor in Frage kommen. Eine mögliche Erklärung liefert die Vorstellung einer „Basis-Synthese", indem auch bei induzierbaren Enzymen eine geringe Enzymmenge bereits konstitutiv vorliegt.

Vergleichbar dem Schloß-Schlüssel-Prinzip besitzt ein Enzym ein aktives Zentrum, in welches das Substrat passen muß, und das somit die Umsetzung des richtigen Substrates kontrolliert (Substratspezifität). Der Eiweißanteil des Enzyms entscheidet über die Art der Reaktion (Wirkungsspezifität).

Enzyme können nur aus Eiweiß bestehen oder zusätzlich Cofaktoren (u. a. Mg^{2+}, Mn^{2+}) bzw. Coenzyme (z. B. Vitamin B_1) enthalten:

Apoenzym (Eiweißanteil) + Cofaktor (Coenzym) $\rightarrow$ Holoenzym.

Vor der Umsetzung des Substrates entsteht zunächst der Enzymsubstratkomplex:

Enzym E + Substrat S $\rightarrow$ Enzymsubstratkomplex ES
$\rightarrow$ Enzym E + Produkt P.

Zur Benennung von Enzymen wird häufig an den Wortbeginn des Substrates „ase" angehängt (Amylon = Stärke, Amylase = stärkeabbauendes Enzym), oder es wird die Art der enzymatischen Reaktion genannt (Hydrolasen bewirken eine hydrolytische Spaltung); bei einigen Enzymen, wie z.B. Pepsin, ist zusätzlich der Trivialname gebräuchlich.

Laut Enzyme Commission der International Union of Biochemistry werden Enzyme nach ihrer Funktion in sechs Klassen und dort jeweils in weitere Untergruppen gegliedert: Oxidoreduktasen katalysieren Oxidations- und Reduktionsreaktionen durch Übertragen von Wasserstoff und/oder Elektronen, Transferasen die Übertragung verschiedener Gruppen. Hydrolasen hydrolysieren Glykoside, Peptide usw. Lyasen katalysieren nicht-hydrolytische Spaltungen, Isomerasen bewirken u. a. reversible Umwandlungen isomerer Verbindungen, und Ligasen katalysieren die kovalente Verknüpfung von zwei Molekülen mit gleichzeitiger ATP-Spaltung. Jedes Enzym erhält eine EC-Nummer, aus der sich sein Wirkungsmechanismus ergibt. Xylanase mit EC 3.2.1.8 und β-Xylosidase mit EC 3.2.1.37 (Kapitel 4.3) sind demnach Hydrolasen, die Glykosidbindungen spalten (Bergmeyer 1984).

Ein Enzymmolekül kann bis zu 10^8 Umsetzungen pro Minute durchführen (Reese 1977).

Holz besteht zu etwa 45% aus Cellulose und je nach Holzart aus 20 bis 30% Hemicellulosen und 20 bis 30% Lignin. Mit Ausnahme des im Zusammenhang mit den holzbewohnenden Bakterien wichtigen Pektins in der Mittellamelle werden im folgenden weitere Komponenten wie Parenchymzelleninhalt, Harze, Kerninhaltsstoffe u. a. (Fengel und Wegener 1989, Magel und Höll 1993) weniger berücksichtigt. An der primären enzymatischen Holzzersetzung sind demnach relativ wenige Enzyme beteiligt.

Die Enzyme für den Abbau der Cellulose und Hemicellulosen des Holzes gehören überwiegend zu den Hydrolasen, die glykosidische Bindungen unter Einbau von Wasser spalten. Die Cellulose wird von Glucanasen und Glucosidasen abgebaut; die Hemicellulosen Xylan und Mannan werden von Xylanasen und Mannanasen sowie Xylosidasen und Mannosidasen gespalten. Die Lignin-Peroxidasen (Ligninasen) sind Oxidoreduktasen, die Lignin mittels H_2O_2 oxidativ angreifen. Der Wissensstand zum enzymatischen Holzabbau wurde von Eriksson et al. (1990) zusammenfassend dargestellt (auch Schmidt und Kerner-Gang 1986, Umezawa 1988, Fengel und Wegener 1989, Lewis und Paice 1989, Higuchi 1990, Evans 1991, Schoemaker et al. 1991).

Cellulose, Hemicellulose und Lignin sind als Makromoleküle (Polymere) für eine Aufnahme in die Hyphe zu groß. Sie werden daher zunächst durch ausgeschiedene Ektoenzyme extracellulär in kleinere Bruchstücke gespalten, die aufgenommen und von den zahlreichen intracellulären Enzymen weiter zu Energie und Pilzbiomasse umgeformt werden. Dagegen bedeutet die Bezeichnung Exoenyzm ein am Ende eines Moleküls angreifendes Enzym, während ein Endoenzym mittig arbeitet. Verschiedene Autoren verwenden zusätzlich und dadurch verwirrend „Exo- und Endoenzym" auch für die extra- und intracellulären Enzyme.

Vorkommen und Verteilung von Enzymen und Stoffwechselprodukten in Hyphen und im angegriffenen Holzgewebe werden seit einiger Zeit mittels Antikörpern nach Immunogoldmarkierung im Licht- und Elektronenmikroskop (Transmission und Raster) dargestellt (Goodell et al. 1988, Srebotnik et al. 1988a, Blanchette et al. 1989, 1990, Daniel et al. 1989, Srebotnik und Messner 1990a, Kim et al. 1990, 1991, Green et al. 1991b, Lackner et al. 1991, Blanchette und Abad 1992).

Zum Nachweis eines Enzyms sowie zur Berechnung seiner Aktivität gibt es verschiedene Möglichkeiten (Bergmeyer 1984). Häufig, besonders für orientierende Screenings, werden einfache Methoden angewendet: Beispielsweise werden im Pilzkulturfiltrat enthaltene cellulolytische Enzyme mit Cellulose versetzt und bilden Glucose. Als reduzierend wirkender Zucker reduziert Glucose eine Testlösung, die in oxidierter Form zugegeben wird und durch die Reduktion farblich umschlägt. Bei spezifischer Wellenlänge wird im Photometer die Menge der umgesetzten Testlösung und somit der entstandenen Glucose gemessen und daraus die Enzymaktivität berechnet. Bei einer weiteren relativ einfachen Methode wird in Agar an das abzubauende Makromolekül Cellulose oder Hemicellulose ein Farbstoff, wie z.B. Remazol Brillant Blau, gebunden, wobei die Bindung mikrobiell relativ inert ist; bei Vorliegen von cellulolytischen oder hemicellulolytischen Mikroorganismen bzw. ihren Enzymen werden die enzymatischen, weiterhin gefärbten Spaltprodukte freigesetzt, und um die aktive Kolonie entstehen Aufhellungszonen, die auch quantitativ auswertbar sind (Schmidt und Kebernik 1988, Takahashi et al. 1992).

Für detailliertere Untersuchungen sind in der Regel verschiedene Reinigungs- und Anreicherungsschritte nötig (Chromatographie, Elektrophorese etc.; u.a. Schopfer 1986).

Während die Enzymaktivität früher in U (International Units) ausgedrückt wurde, wird sie derzeit als Katal (kat, katalytische Aktivität) wiedergegeben:

1 kat = 1 mol Produkt pro Sekunde (1 U = 16,67 nkat) .

Der mikrobielle Holzabbau ist von verschiedenen Grundvoraussetzungen abhängig. Die Erreichbarkeit der einzelnen Holzkomponenten in der Zellwand für die abbauenden Enzyme wird von den ultrastrukturellen Verhältnissen im Holz beeinflußt (Liese 1981). Innerhalb des komplexen Substrates „verholzte Zellwand" sind die Hauptkomponenten Cellulose, Hemicellulose und Lignin eng miteinander vergesellschaftet (Abb. 26). Ein Großteil des Strukturelementes Cellulose ist durch Wasserstoffbrücken zu übergeordneten, kristallinen Einheiten („kristalline Cellulose"), den Elementarfibrillen, gebündelt (siehe Abb. 28 unten). Mehrere Elementarfibrillen ergeben durch Verknüpfung mit den Hemicellulosen als nächstgrößere Einheit die Mikrofibrille. Die Kristallinität der Cellulose wirkt sich auf das Abbauverhalten der verschiedenen Mikroorganismen aus und führt in der Regel zu einer Erschwernis des Abbaues. An der Oberfläche der Mikrofibrillen bilden Hemicellulosen als Matrix weiterhin die Brücke zum inkrustierenden Lignin, indem chemische Bindungen zwischen Lignin und Hemicellulosen, möglicherweise auch zwischen Lignin und Cellulose, bestehen (Lignin-Polysaccharid-Komplex: Fengel und Wegener 1989).

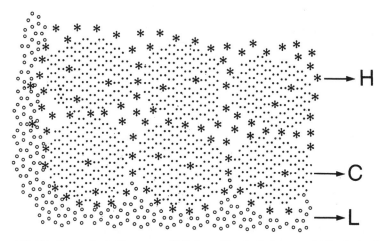

Abb. 26. Vergesellschaftung von Cellulose, Hemicellulosen und Lignin in der verholzten Zellwand (schematisch). *H* Hemicellulosen, *C* Cellulose, *L* Lignin

Tabelle 15. Die verholzte Zellwand als Kohlenstoffquelle für Mikroorganismen

Organismengruppe	Abbau von			Abbau	
	Hemi-cellulose	Cellulose	Lignin	nach Isolierung	in der Zellwand
Bakterien	+	+	−	+	−[a]
Hefen	−	−	−		
Schimmelpilze	+	+	−	+	−
Bläuepilze	+	−	−	+	−
Moderfäulepilze	+	+	−	+	+
Braunfäulepilze	+	+	−	−(+)	+
Weißfäulepilze	+	+	+	+	+

[a] siehe aber Abb. 36 und 37

Die Zusammensetzung des mikrobiellen Enzymapparates und seine Regelung wirken sich auf den Fäuletyp aus. Lignin (siehe Abb. 30) wird effektiv lediglich von den Weißfäulepilzen abgebaut und bildet für alle anderen Mikroorganismen eine Barriere beim Abbau von Holz.

Tabelle 15 faßt das Verhalten der verschiedenen Organismengruppen gegenüber dem Nährstoff „verholzte Zellwand" zusammen. Innerhalb der Bakterien, Hefen und Schimmelpilze sind jeweils lediglich wenige Arten zum Abbau der Zellwandbestandteile befähigt.

4.2 Pektinabbau

Pektine umfassen Galacturane, Galactane und Arabinane als komplexe, stark verzweigte Polysaccharide mit Molekulargewichten im Bereich von 10^6 (Siau 1984, Fengel und Wegener 1989). Galacturane sind als Kittsubstanzen Bestandteil des Mittellamellen/Primärwandbereiches. Ihr Gehalt im Holz liegt unter 1%. Sie bestehen überwiegend aus α-1,4-glykosidisch verknüpften Galacturonsäure-Einheiten, teils als Methylester und teils als Calciumsalz, und werden von Hydrolasen (und anderen Enzymen) bis zur Galacturonsäure gespalten.

Zum Pektinabbau sind verschiedene pflanzenpathogene Pilze (Fruchtfäulen) und Bakterien (Weichfäulen) und zahlreiche Boden- (*Bacillus* spp.) und Wasserbakterien (*Clostridium* spp.) befähigt (Schlegel 1992). Holzbewohnende Bakterien führen durch den Abbau des Torus von Splintholzhoftüpfeln (Kapitel 5.3) während der Naßlagerung zu stellenweiser Erhöhung der Wegsamkeit im Holz (Liese 1970a) mit resultierender Überaufnahme (Hof 1971, Willeitner 1971).

4.3 Hemicelluloseabbau

Die wichtigste Hemicellulose (Polyose) bei Laubhölzern ist das *O*-Acetyl-(4-*O*-methylglucurono)-xylan, auch Glucuronoxylan oder kurz Xylan genannt, begleitet von einem geringen Anteil Glucomannan. Der Xylangehalt bei Laubhölzern der nördlichen Hemisphäre reicht von 15 bis 35%. Buchenholzxylan besteht aus ca. 200 β-1,4-glykosidisch verknüpften Xylose-Einheiten (Xylopyranosen), wobei pro zehn Xyloseeinheiten etwa fünf bis sieben Acetylgruppen (am C-2 oder C-3 gebunden) und ein 4-*O*-Methylglucuronsäurerest (α-1,2) vorkommen (Fengel und Wegener 1989, Eriksson et al. 1990, Puls 1992).

Über den Mechanismus des Hemicelluloseabbaus (Abb. 27) liegen zahlreiche Untersuchungen vor. Bei Xylanen spalten die Ektoenzyme Xylanasen (Endo-1,4-β-xylanase, EC 3.2.1.8, A in Abb. 27) innerhalb der Xylankette (Endoenzym-Mechanismus) bis zu Xylo-Oligomeren, Xylobiose und Xylose

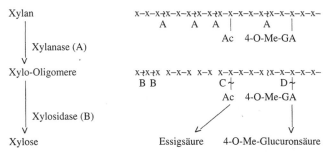

Abb. 27. Fließschema des enzymatischen Xylanabbaus. *C* Acetylesterase, *D* α-Glucuronidase, *x* Xylose-Rest, *4-O-Me-GA* 4-O-Methylglucuronsäure-Rest, *Ac* Essigsäure-Rest

(Eriksson 1990, Eriksson et al. 1990). Intracelluläre und/oder membrangebundene β-D-Xylosidasen (Exo-β-D-xylosidase, EC 3.2.1.37, B) setzen von den Bruchstücken am nicht-reduzierenden Ende (Exoenzym) Xylose frei. Acetylesterasen (EC 3.1.1.6, C) spalten die Acetylgruppen und α-Glucuronidasen (EC 3.2.1, D) die Methylglucuronsäurereste ab (Puls 1992). Die Struktur verschiedener Xylane und ihr enzymatischer Abbau sind zusammenfassend bei Bastawde (1992) beschrieben.

Die überwiegend aus der Hexose Mannose aufgebauten Mannane (Galactoglucomannane) der Nadelhölzer werden ähnlich durch Endo-1,4-β-mannanasen (EC 3.2.1.78), β-Mannosidasen (EC 3.2.1.25) und weitere Enzyme hydrolysiert (Eriksson et al. 1990, Takahashi et al. 1992).

Bei Braunfäulepilzen soll ausgeschiedene Oxalsäure zuerst einen Abbau der Seitenketten der Hemicellulose bewirken, dadurch den Pilzen Zugang zu Arabinose und Galactose verschaffen und dann die Hemicellulosehauptkette (und amorphe Cellulose) depolymerisieren (Green et al. 1991 a, auch Bech-Andersen 1987 b).

Hemicelluloseabbau ist bei Holzpilzen verbreitet, bei Bakterien seltener. Der Moderfäule-Erreger *Paecilomyces variotii* scheidet reichlich Xylanase aus (Schmidt et al. 1979); α-Glucuronidase wird u. a. von *Agaricus bisporus* gebildet (Puls et al. 1987, auch Bastawde 1992).

Bei *Tyromyces placenta* sind die Xylanasen im Bereich der Hyphenhüllen lokalisiert (Green et al. 1991 b).

Basidiomyceten, die in der Natur Nadelholz bevorzugen, bauten ein Fichtenholzmannan stärker ab als ein Birkenxylan, und umgekehrt zeigten Laubholzpilze stärkere Aktivität gegenüber dem Xylan (Lewis 1976).

4.4 Celluloseabbau

Cellulose ist das häufigste organische Material, erscheint in allen Landpflanzen, ist immer fibrillär und besteht aus β-1,4-glykosidisch verknüpften Glucosebausteinen (Glucopyranosen; Abb. 28 oben). Je nach Holzart reicht der Polymerisationsgrad DP nativer Cellulose von 10000 bis 15000 Glucoseanhydrid-Einheiten. Bei „nativer Cellulose" bestehen Wasserstoffbrücken zwischen den OH-Gruppen benachbarter Glucoseeinheiten und benachbarter Cellulosemoleküle. Verschiedene Modelle zur Anordnung der Cellulosemoleküle in den Fibrillen ergeben gemeinsam einen Wechsel geordneter Bereiche (kristallin) mit Bereichen geringerer Ordnung (amorph bzw. parakristallin) (Siau 1984, Fengel und Wegener 1989; Abb. 28 unten).

Der enzymatische Celluloseabbau ist nicht geklärt, und es bestehen Unterschiede zwischen den verschiedenen Mikroorganismengruppen. Nach dem C_1-C_x-Modell von Reese et al. (1950) wird kristalline (native) Cellulose zunächst von C_1-Cellulase für den Abbau durch C_x-Cellulase vorbereitet, indem C_1-Cellulase die kristallinen Bereiche durch Spalten von Wasserstoffbrücken für den weiteren Abbau durch C_x-Cellulase auflockert. Aufgrund ergänzender Befunde ist die C_x-Komponente aus verschiedenen Endo- und Exoglucanasen

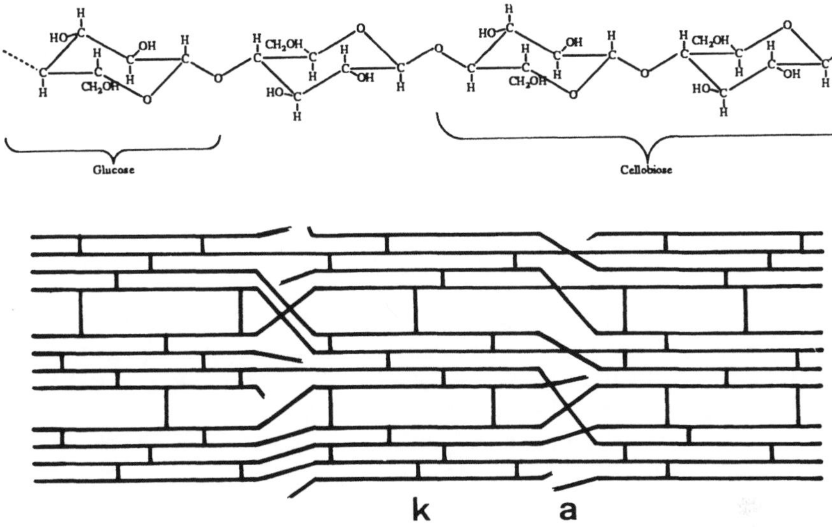

Abb. 28. Celluloseaufbau (schematisch). Oben: Cellulosemolekül (Ausschnitt) (Aus Betts et al. 1991); unten: Anordnung von Cellulosemolekülen innerhalb von Fibrillen mit kristallinen (*k*) und amorphen (*a*) Bereichen

zusammengesetzt, die in komplexer Wirkung Gluco-Oligomere und Cellobiose ergeben. β-Glucosidasen (Cellobiasen) hydrolysieren dann die Bruchstücke zu Glucose (Reese 1975, 1977).

Laut jüngeren Untersuchungen wird Cellulose durch einen Cellulase-Komplex aus drei synergistisch wirkenden Enzymgruppen abgebaut. Abweichend vom C_1-C_x-Modell erfolgt hierbei der primäre Angriff auf native Cellulose mit C_x-Wirkung mittig an den amorphen Bereichen, indem Endoglucanasen (= Endo-1,4-β-glucanase, EC 3.2.1.4, β-1,4-Glucanglucanohydrolase, synonym mit CMCase und C_x-Cellulase) die Celluloseketten innerhalb des Moleküls spalten. Wasserlösliche Cellulosepräparate, wie Carboxymethylcellulose (CMC), sind daher geeignete Substrate zur Messung von Endoglucanaseaktivität. Dann spalten Exoglucanasen (β-1,4-Glucancellobiohydrolase, EC 3.2.1.91, synonym mit Avicelase und C_1-Cellulase, sowie 1,4-β-D-Glucanglucanohydrolase) am nicht-reduzierenden Ende Cellobiose (und auch Glucose) ab, die schließlich von 1,4-β-Glucosidasen (EC 3.2.1.21, synonym mit Cellobiase) zu Glucose hydrolysiert wird (Knowles et al. 1987, Eriksson 1990, Eriksson et al. 1990, Dart und Betts 1991, Philipp und Stscherbina 1992; Abb. 29). Von den Enzymen existieren multiple Formen, die sich in ihrer Aktivität gegenüber verschiedenen Substraten sowie in ihrem synergistischen Verhalten unterscheiden.

$$\text{Cellulose} \xrightarrow[\text{Exoglucanasen}]{\text{Endoglucanase}} \text{Cellobiose} \xrightarrow{\beta\text{-Glucosidase}} \text{Glucose}$$

Abb. 29. Fließschema des enzymatischen Celluloseabbaues

Bei dem hinsichtlich Celluloseabbau intensiv bearbeiteten Schimmelpilz *Trichoderma viride* (*T. reesei*) wurden drei Endoglucanasen, zwei Exoglucanasen und mehrere β-Glucosidasen nachgewiesen (Eriksson et al. 1990). Die Untersuchungen von Eriksson und Mitarbeitern an dem Weißfäulepilz *Sporotrichum pulverulentum* (Teleomorph von *Phanerochaete chrysosporium*) ergaben fünf Endoglucanasen, eine Exoglucanase und zwei β-Glucosidasen, die zusammen mit oxidierenden Enzymen (Laccase und Cellobiose: Chinon-Oxidoreduktase) einen kombinierten Abbau von Cellulose und Lignin (Kapitel 4.5) bewirken. Uemura et al. (1992) isolierten sechs Exoglucanasen.

Reine kristalline Cellulosesubstrate, wie Baumwolle oder Avicel, werden von Weiß- und Moderfäulepilzen abgebaut. Die meisten Braunfäuleerreger zeigen kaum Enzymaktivität gegenüber kristallinen Cellulosen und greifen lediglich vorbehandelte Cellulosederivate an (Highley 1988, auch Enoki et al. 1988). Es scheint, als würden Braunfäulepilze nicht über das synergistisch arbeitende Endo-Exo-Glucanase-System, sondern lediglich über Endoglucanasen verfügen (Highley 1987, Ritschkoff et al. 1992a). Innerhalb der verholzten Zellwand depolymerisieren sie Cellulose jedoch sehr rasch, so daß die Anwesenheit eines nicht-enzymatischen Agens (oder von Lignin bzw. einfachen Zuckern) gefordert wurde (Fengel und Wegener 1989) und die Vorstellungen über den Celluloseabbau im Holz durch Braunfäulepilze sowohl oxidative, nicht-enzymatische Vorgänge als auch enzymatische Mechanismen beinhalten (u. a. Highley und Illmann 1991, Micales 1992, Ritschkoff et al. 1992b).

Die Molekulargewichte von Cellulasen reichen von 13 000 bis 61 000 Dalton (Fengel und Wegener 1989). Eine Cellulase von 40 000 Da kann z. B. einen Durchmesser von etwa 4 nm und eine Länge von 18 nm aufweisen (Messner und Srebotnik 1989). Häufig werden etwa 8 nm Größe genannt (Reese 1977, Messner und Stachelberger 1984, Murmanis et al. 1987). Somit ist die Mehrheit der Cellulasen für ein Eindiffundieren in die Kapillarräume der Zellwand von 0,5 bis 4 nm Porenweite (Mittelwert bei Fichte: 1 nm: Reese 1977, auch Kollmann 1987) zu groß (Keilisch et al. 1970, Flournoy et al. 1991).

Als vorgeschaltetes nicht-enzymatisches Agens wurde daher von Liese und Mitarbeitern als präcellulolytische Phase (Bailey et al. 1968) ein $H_2O_2 - Fe^{2+}$-System (Fenton-Reaktion: $Fe^{2+} + H_2O_2 \rightarrow Fe^{3+} + OH^- + OH^\circ$: Koenigs 1974) für den primären Angriff auf die Zellwand zum Durchdringen der Ligninbarriere (Kapitel 4.5) und zur Unterstützung beim Celluloseabbau postuliert (Eriksson et al. 1990, Highley 1991, Illmann 1991, Kirk et al. 1991, Srebotnik und Messner 1991).

Zahlreiche Untersuchungen betonen in diesem Zusammenhang die Beteiligung von Oxalsäure (u. a. Green et al. 1991a, 1993, Micales 1992), indem die Säure Fe^{3+} zu Fe^{2+} reduziert, das aus H_2O_2 das reaktive Hydroxylradikal bildet, welches dann die Cellulose depolymerisiert. Durch Verwenden empfindlicher Nachweismethoden ist bei verschiedenen Braunfäulepilzen, wie *Coniophora puteana, Serpula lacrymans* und *Tyromyces placenta* extracelluläres H_2O_2 nachgewiesen worden (Ritschkoff et al. 1990, 1992b, Ritschkoff und Viikari 1991, Backa et al. 1992, Tanaka et al. 1992). Nach Enoki et al. (1990)

durchdringt ein niedermolekulares Glykoprotein die Tertiärwand und bildet in der Sekundärwand reduzierte Sauerstoffspezies.

Cellulolytische Enzyme bzw. die abbauenden Agentien wurden mittels Immunogoldmarkierung in den Hyphen, in der umgebenden Schleimschicht und in der Sekundärwand der Holzzellen nachgewiesen (Sprey 1988, Kim 1991, auch Kim et al. 1991).

Serpula lacrymans löste mittels Oxalsäure Eisen aus Steinwolle, das zusammen mit H_2O_2 Pilzwachstum und Holzabbau förderte (Paajanen und Ritschkoff 1992). Bei mit Chrom-Kupfer-Arsen imprägnierten Holzproben in Kontakt mit rostendem Eisen erhöhten sich die Grenzwerte beim Abbau durch einen Braunfäulepilz, indem vermutlich in das Holz diffundierende Eisenionen den Holzabbau verstärkten (Morris 1992), und Eisensulfat-reduzierende Bodenbakterien erhöhten den Eisengehalt in Holzproben sowie den Mycelzuwachs von *Gloeophyllum trabeum* und *Tyromyces placenta* (Ruddick und Kundzewicz 1991). Anorganische Chelatbildner und eisenbindende Siderophore verminderten Wachstum und Holzabbau durch Braunfäulepilze (Viikari und Ritschkoff 1992, aber Jellison et al. 1991).

Nach anderen Befunden (Illman et al. 1988 a, b, Messner und Srebotnik 1989 a) bauen Braunfäulepilze die Cellulose in der verholzten Zellwand durch ein System aus Mn(II) und OH-Radikalen ab, indem die Cellulose ausschließlich durch das Radikalsystem in kurze Bruchstücke zerlegt wird. Nach Srebotnik und Messner (1991) erfolgt bei Braunfäule nicht nur die initiale Depolymerisierung der Cellulose durch ein niedermolekulares Agens: Der Pilz bildet niedermolekulare Substanzen ($< 16,5$ kDa), die in die Zellwand diffundieren und Cellulose und Hemicellulose zu löslichen Abbauprodukten depolymerisieren; diese erreichen die Lumenoberfläche und werden dort durch Hydrolasen gespalten. Vergleichbar soll auch die Ligninmodifizierung durch Braunfäulepilze erfolgen.

Die Zugänglichkeit der Cellulose für Cellulasen kann durch verschiedene Vorbehandlungen von Holz verbessert werden (Kapitel 9): beispielsweise vergrößert Quellen die Porenräume, und chemische Vorbehandlungen vermindern den Ligningehalt.

Kommerzielle Cellulasepräparate (auch C_1-Komponente) werden häufig aus *Trichoderma viride* gewonnen.

4.5 Ligninabbau

Lignin ist im Gegensatz zu Kettenmolekülen, wie Cellulose, ein dreidimensionales polyphenolisches Makromolekül (Abb. 30) aus den drei vom Phenylpropan ableitbaren Bausteinen *p*-Cumaralkohol (p-C), Coniferylalkohol (C) und Sinapinalkohol (S) (Betts et al. 1991, Dean und Eriksson 1992, Dence und Lin 1992, Faix 1993; Abb. 31). Es inkrustiert die interzellulären Hohlräume und andere Öffnungen in der Zellwand, bindet die Zellen zusammen, verleiht der Zellwand Härte, Resistenz gegen Mikroorganismen und reduziert die Hygroskopizität von Holz. Sein Gehalt beträgt bei Nadelhölzern 24 bis 34% (Druck-

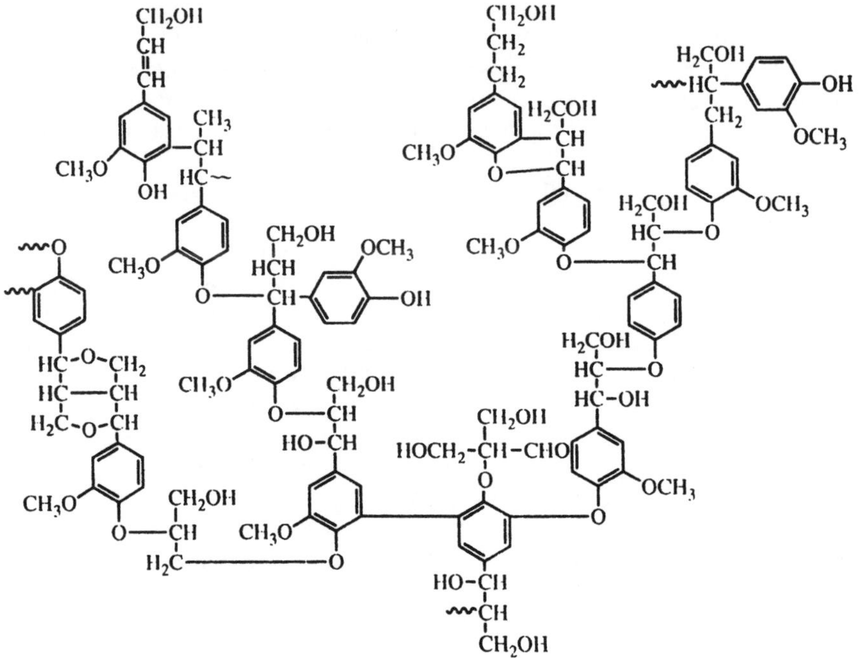

Abb. 30. Strukturformel eines Nadelholzlignins (Ausschnitt). (Aus Betts et al. 1991)

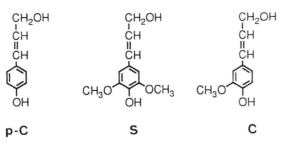

p-C S C

Abb. 31. Ligningrundbausteine. *C* Coniferylalkohol, *S* Sinapinalkohol, *p – C* p-Cumaralkohol. (Aus Betts et al. 1991)

holz 35 bis 40%), bei Laubhölzern der gemäßigten Zone 19 bis 28% (Zugholz 15 bis 20%) und bei tropischen Laubhölzern 26 bis 35%.

Die meisten Nadelholzlignine (Abb. 30) sind als Guaiacyllignine (G-Lignine) Polymerisate aus überwiegend Coniferylalkohol (Fichte: C:S:p–C = 94:1:5). Laubholzlignine werden als Guaiacyl-Syringyl-Lignine (GS-Lignine) bezeichnet und bestehen überwiegend aus C und S (Buche: C:S:p–C=56:40:4) (Fengel und Wegener 1989, Higuchi 1990). Weiterhin variiert die Ligninmenge und -zusammensetzung in Abhängigkeit von Baumal-

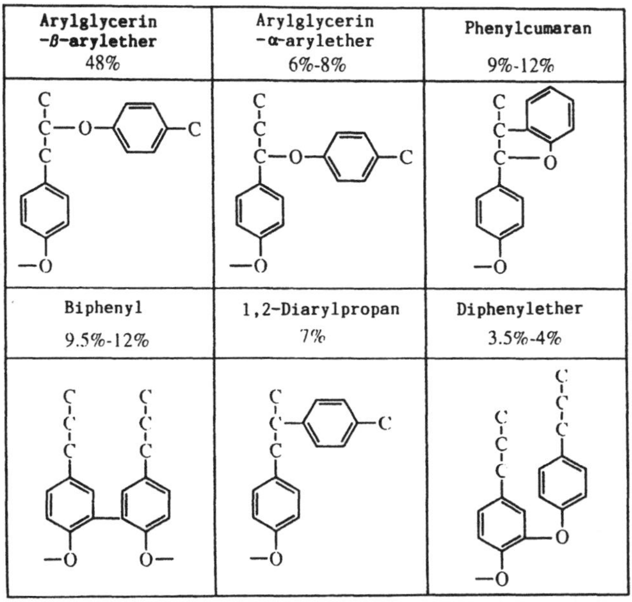

Arylglycerin -β-arylether 48%	Arylglycerin -α-arylether 6%-8%	Phenylcumaran 9%-12%
Biphenyl 9.5%-12%	1,2-Diarylpropan 7%	Diphenylether 3.5%-4%

Abb. 32. Häufige Bindungstypen in Fichtenholzlignin. (Aus Betts et al. 1991)

ter, zwischen Wurzel- und Stammholz, Kern und Splint, Holz und Rinde, Früh- und Spätholz, Zellarten und Zellwandschichten. Im Lignin sind die Grundbausteine über verschiedene Bindungen miteinander verknüpft, wobei die Arylglycerin-β-arylether-Bindung (C_β-O4) (Abb. 32) mit etwa 50% (Fichte) bis 65% (Buche) bei weitem der häufigste Typ ist (Fengel und Wegener 1989, Dence und Lin 1992).

Lignin stellt für die meisten Mikroorganismen eine kaum angreifbare Substanz dar. Innerhalb der verholzten Zellwand schützt Lignin die enzymatisch leichter zugänglichen Kohlenhydrate vor mikrobiellem Abbau (Kapitel 9; siehe Tabelle 35), indem es in Vergesellschaftung mit den Hemicellulosen (Bindung an Arabinose, Xylose und Galaktose) die Cellulose umhüllt, wobei verschiedene Modellvorstellungen über die Anordnung der drei Komponenten vorliegen (Fengel und Wegener 1989; siehe Abb. 26).

Ursachen für die Resistenz von Lignin gegenüber mikrobiellen Enzymen sind: Aromatische Ringe sind allgemein schwieriger abbaubar und die Bindungen zwischen den Grundbausteinen enzymatisch schwer zugänglich (Abb. 32).

Die sich aus der nur langsamen mikrobiellen Zersetzung des Lignins ergebende Bedeutung für die Humusbildung ist u. a. bei Haider (1988) und Schlegel (1992) beschrieben (siehe auch archäologisches Holz, Kapitel 5.3). Die Eignung von Ligninen als Düngemittel und Bodenverbesserer nennt Faix (1992) im Rahmen einer zusammenfassenden Darstellung zur Ligninverwendung (auch Fengel und Wegener 1989).

Ein effektiver Abbau (Übersicht u. a. bei Härtig und Lobeer 1991) von na-
türlichem Lignin (Lignin innerhalb der verholzten Zellwand) mit Veratmung
der C-Atome aus dem aromatischen Ring erfolgt ausschließlich durch Weißfäulepilze (Kapitel 7.2). Moderfäulepilze (Kapitel 7.3) bewirken hauptsächlich
eine Demethylierung der aromatischen Ringe. Braunfaules Lignin (Kapitel 7.1)
zeigt eine Abnahme der Methoxylgruppen und eine Zunahme der Carbonyl-
und Carboxylgruppen infolge Demethylierung und oxidativer Depolymerisierung. Einige Bakterien (Kapitel 5.3) demethylieren oder spalten innerhalb der
alkoholischen Seitenkette, besonders bei synthetischen Ligninen mit geringen
Molekulargewichten (Dehydropolymeren, DHP's) und Ligninmodellbausteinen (Fengel und Wegener 1989). Für die „Tunnelling-Bakterien" wird Ligninabbau innerhalb der verholzten Zellwand postuliert.

Der Bavendamm-Test (Bavendamm 1928) wird seit langem zum raschen
Erkennen von Weiß- und Braunfäulepilzen im Labor eingesetzt und bildet in
Bestimmungsschlüsseln für Holzpilze das erste Unterscheidungsmerkmal
(Stalpers 1978): Hierzu wird ein Malzagar-Nährboden mit einem Ligninmo-
dellbaustein (Davidson et al. 1938, Lyr 1958, Käärik 1965, Rösch und Liese
1970, Tamai und Miura 1991), wie Tannin, versetzt und mit dem unbekannten
Pilz beimpft. Scheidet der Pilz die Phenoloxidase Laccase (EC 1.10.3.2) aus,
wird Tannin oxidiert (Braunfärbung), und es handelt sich in der Regel um
einen Weißfäulepilz. Die meisten Braunfäuleerreger oxidieren Tannin nicht, da
sie meist nur über intracelluläre Tyrosinase verfügen. Diese kann jedoch durch
Verletzen des Mycels beim Überimpfen freigesetzt werden und dann zu Fehl-
deutungen führen (Rösch 1972). Weiterhin können auch einige intensive
Ligninabbauer, wie z. B. *Phanerochaete chrysosporium*, negative oder nur
schwache Reaktion bewirken (Eriksson et al. 1990). Die hauptsächliche Bedeutung der Laccase wird in der Polymerisierung von Phenolen gesehen (Literaturübersicht bei Dean und Eriksson 1992). Andererseits wurde ihre indirekte,
aber nötige Beteiligung beim Ligninabbau (Oxidation von Phenolen zu Phen-
oxiradikalen: Ander und Eriksson 1976) durch das „synergistische Cellulose-
Lignin-Abbaumodell" von Eriksson bestätigt. Im Gegensatz zu den Lignin-
Peroxidasen (s. u.) entstehen durch Laccase aus nicht-phenolischen Ligninmo-
dellsubstanzen jedoch keine Kationenradikale (Muheim et al. 1992). Weiterhin
spaltete die Laccase von *Trametes versicolor* die C_α-C_β-Bindung von Lignin-
modell-Dimeren (Kawai et al. 1988). Im Zusammenhang mit dem Zellwandabbau dürfte die Bedeutung der Phenoloxidasen eher in einer regulierenden
Funktion bei den kohlenhydratabbauenden Enzymen liegen (Eriksson et al.
1990). Die Literatur zur Bedeutung der Laccase wurde von Higuchi (1990) referiert.

Über positive Bavendamm-Reaktion bei verschiedenen Ascomyceten (mit
Moderfäuleaktivität) berichteten Butin und Kowalski (1992) im Zusammenhang mit Untersuchungen über die Pilzflora bei der natürlichen Astreinigung.

Die Isolierung des ersten ligninolytischen Enzyms erfolgte gleichzeitig
durch zwei Arbeitsgruppen (Glenn et al. 1983, Tien und Kirk 1983) aus Kultur-
filtraten des Weißfäulepilzes *Phanerochaete chrysosporium* (Anamorph: *Sporotrichum pulverulentum*). Dieser Pilz war bereits längere Zeit als intensiver

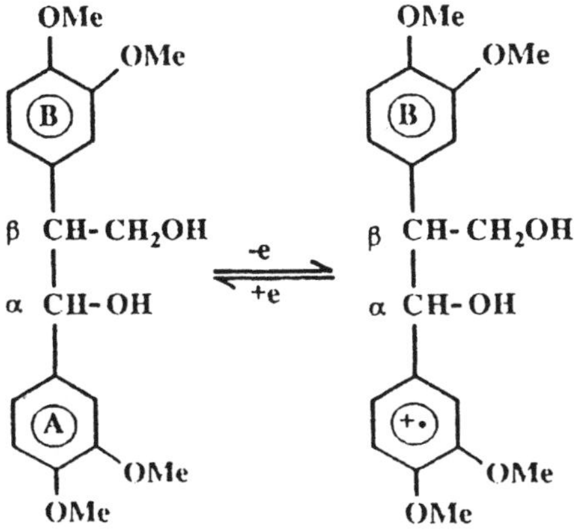

Abb. 33. Enzymwirkung der Lignin-Peroxidase: Ein-Elektronen-Oxidation eines methoxylierten aromatischen Ringes zum Kationenradikal. (Aus Schoemaker et al. 1991)

Ligninzersetzer bekannt, da er ^{14}C-markierte Lignine zu CO_2 sowie DHP's und Modellbausteine abbaut (Kirk 1988). Bei dem Enzym handelt es sich um ein Glykoprotein (mit Kohlenhydratkomponente) mit einem Molekulargewicht von 42000 Da (auch Srebotnik et al. 1988 b), das Häm (Porphyrin mit Eisen als Zentralatom) enthält und extracelluläres H_2O_2 benötigt, und es ist somit eine Peroxidase, Lignin-Peroxidase oder kurz Ligninase. Zusammenfassende Beschreibungen finden sich bei Umezawa (1988), Higuchi (1990), Evans (1991) und Schoemaker et al. (1991).

Die Schlüsselreaktion der Ligninase besteht in einer Ein-Elektronen-Oxidation der aromatischen Ringe zu unstabilen Kationen-Radikalen, indem die Ligninase zwei Elektronen an Wasserstoffperoxid abgibt, die sie dann je einem Phenylpropanbaustein wieder entzieht (Kirk 1985, Higuchi 1990; Abb. 33). Angegriffen werden phenolische und nicht-phenolische Ligninunterstrukturen, aber nicht das intakte Ligninmolekül.

Die entstandenen Radikale reagieren spontan mittels verschiedener nicht-enzymatischer Reaktionen weiter, so daß die Ligninase folgende Reaktionen einleitet: Spalten der C_α-C_β-Bindung der Seitenkette, der C_β-04-Bindung zwischen Seitenkette und nächstem Ring sowie Spalten des aromatischen Ringes (Eriksson et al. 1990, Schoemaker et al. 1991; Abb. 34); weiterhin können Phenole oxidiert und demethoxyliert werden. Von der Ligninase existieren zahlrei-

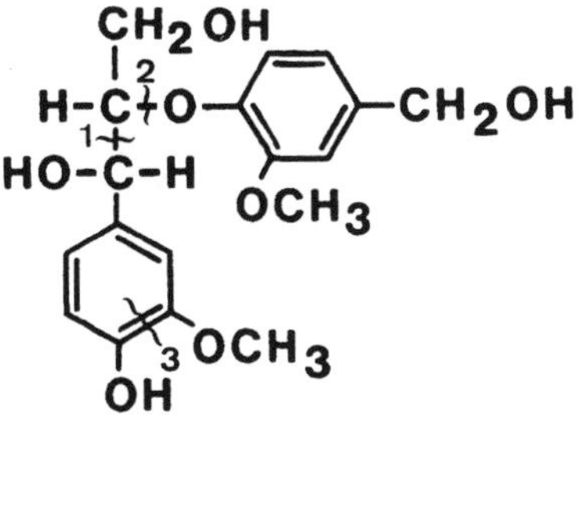

Abb. 34. Schema der durch Lignin-Peroxidase eingeleiteten Reaktionen an einem β-04-Ligninmodell. 1 C_α-C_β-Spaltung, 2 C_β-04-Spaltung, 3 Ringspaltung

che Isomere mit Molekulargewichten von 40 bis 47 kDa, die sich im Kohlenhydratanteil des Proteins unterscheiden (Evans 1991).

Die Enzymaktivität eines Ligninasepräparates wird über die C_α-Oxidation von Veratrylalkohol (bei Anwesenheit von H_2O_2) zu Veratrylaldehyd bestimmt, dessen Menge im Photometer bei 310 nm gemessen und daraus die Aktivität berechnet wird (Faison und Kirk 1985, Schoemaker et al. 1991).

Ligninase wird von *Phanerochaete chrysosporium* im Sekundärstoffwechsel gebildet, wenn N-Mangel im Nährmedium vorliegt. Lignin kann nicht als einzige C-Quelle verwertet werden, sondern nur im Cometabolismus mit Cellulose oder Hemicellulose. Eine hohe O_2-Konzentration (100% besser als 21%) ist günstig (Kirk 1988). Ligninasen wurden von alten, autolysierenden Hyphen, jedoch nicht von Arthro- oder Chlamydosporen ausgeschieden (Lackner et al. 1991).

Ligninase wurde auch bei anderen Weißfäulepilzen nachgewiesen, wie bei *Trametes versicolor* (Dodson et al. 1987) und *Bjerkandera adusta* (Muheim et al. 1990).

Das zum Ligninabbau nötige H_2O_2 könnte durch verschiedene Oxidasen aus Produkten des Cellulose- und Hemicelluloseabbaus, z. B. aus Glucose durch Glucose-1-Oxidase oder Glucose-2-Oxidase (Eriksson et al. 1986, 1990), entstehen, die jedoch intracellulär vorkommen, oder durch die extracelluläre Glyoxaloxidase (Evans 1991).

Am Ligninabbau sind weiterhin Mangan-II-Peroxidasen beteiligt, die freie Phenolgruppen am aromatischen Ring benötigen und z. B. Veratrylalkohol nicht oxidieren. Das beispielsweise bei *Armillaria*-Arten, *Lentinula edodes*, *Phanerochaete chrysosporium, Pleurotus ostreatus* und *Trametes versicolor* nachgewiesene Enzym oxidiert Mn(II) zu Mn(III), welches mittels Ein-Elektronen-Oxidation Phenolstrukturen oxidiert (Perez und Jeffries 1992, Kofugita et al. 1992, Robene-Soustrade et al. 1992).

Einfachere aromatische Verbindungen, wie z. B. die im Steinkohlenteeröl vorkommenden polyzyklischen Kohlenwasserstoffe Anthracen und Phenanthren, werden besonders von Bakterien häufig zu Brenzkatechin abgebaut (Abb. 35). Liegt nur ein Hydroxylgruppe vor, entsteht zunächst eine benachbarte Hydroxylgruppe, indem Monoxygenasen, z. B. in Phenol, ein Sauerstoffatom aus molekularem Sauerstoff einbauen. Die Spaltung des aromatischen Ringes im Brenzkatechin erfolgt dann mittels Dioxygenasen durch Einbau von zwei Sauerstoffatomen (Nozaki 1979, Schlegel 1992; Abb. 35). Die entstandene Muconsäure und ähnliche Spaltprodukte münden über bekannte Abbauwege

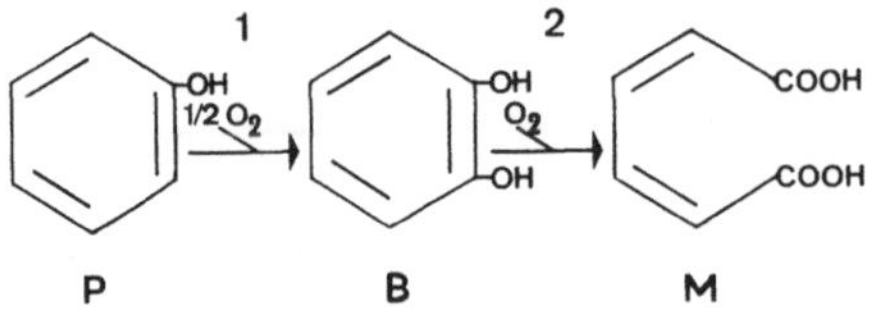

Abb. 35. Monoxy- und Dioxygenase-Reaktion. *P* Phenol, *B* Brenzkatechin, *M cis, cis*-Muconsäure

in den Grundstoffwechsel, wo sie zu CO_2 und H_2O veratmet werden. Die Befunde zum mikrobiellen Abbau von Aromaten wurden von Hopper (1991) zusammengefaßt.

Für den Abbau von nativem Lignin muß ein Pilz über Enzyme verfügen, die sowohl phenolische als auch nicht-phenolische Ligninkomponenten abbauen. Vermutlich sind die Ligninasen überwiegend für den Abbau der nicht-phenolischen Bestandteile und die Laccasen und Mangan-Peroxidasen für die Oxidation der phenolischen Teile zuständig (Evans 1991). Obwohl die drei Enzymgruppen verschiedene Ligninmodelle angreifen, ist ihre exakte Beteiligung beim Ligninabbau unklar.

Vorkommen und Verteilung der Lignin-Peroxidase in Hyphen und weißfaulem Holzgewebe wurden mittels Immunogoldmarkierung untersucht (Srebotnik et al. 1988a, Blanchette et al. 1989, Daniel et al. 1989, 1990, Blanchette und Abad 1992, Kim et al. 1993). Das Enzym findet sich besonders in den Hyphen und in der extracellulären Schleimschicht, weniger in der Holzzellwand und dann in Hyphennähe. In der Zellwand liegt es nennenswert erst in späten Abbaustadien vor. Aus dieser Verteilung wurde geschlossen, daß die Ligninase eher aus der Zellwand freigesetzte Ligninfragmente angreift, als daß sie innerhalb der intakten Wand am polymeren Lignin bindet. Der primäre Abbau müßte dann durch ein niedermolekulares Agens, wie das Kationenradikal des Veratrylalkohols, erfolgen, das in die Wand diffundiert, dort Ligninfragmente bildet, die dann von der Ligninase abgebaut werden (Evans 1991). Weiterhin könnte der lokalisierte Zellwandabbau vom Lumen her im Nahbereich der Hyphe direkt durch die Ligninase an eng benachbartem Lignin erfolgen und damit in Übereinstimmung mit den frühen Ergebnissen über den Zellwandabbau durch Weißfäulepilze stehen (Erosion: Liese 1966; auch Abb. 44 rechts).

5 Schäden durch Viren und Bakterien

5.1 Viren und Viroide

Da Viren lediglich aus Desoxyribonukleinsäure (DNS) oder RNS und einer Eiweißhülle bestehen, sind sie ohne eigenen Stoff- und Energiewechsel, ohne Atmung und Reizbarkeit keine selbständigen Organismen, sondern werden nur in Wirtszellen vermehrt und sind somit obligate Parasiten (Schwerdtfeger 1981, Butin 1983, Nienhaus 1985 a, Lindner 1991). Wie echte Lebewesen besitzen sie jedoch die Fähigkeit zur Mutation und Rekombination. Gegen Antibiotika sind sie unempfindlich. Ihre Größe beträgt 10 bis 450 nm und erreicht 800 nm Länge bei dem fadenförmigen Pappelmosaikvirus. Die nur aus einem ringförmig geschlossenen RNS-Molekül (120 kDa) bestehenden Viroide (virusähnliche Partikeln) sind die kleinsten bisher bekannten Erreger von Pflanzenkrankheiten, wie Triebstauchungen, Vergilbungen und Chlorosen (Lindner 1991, Schlegel 1992) u. a. bei Gurken, Hopfen, Kartoffeln, Kokospalmen und Tomaten. Die meisten Pflanzenviren wurden bisher in Angiospermen und nur wenige bei Gymnospermen und Farnen nachgewiesen. Allein bei Obstgehölzen sind über 100 Viruserkrankungen bekannt. Pflanzenviren gelangen durch Verletzungen in den Keimling, das Blattgewebe bzw. in die Wurzel oder werden durch Vektoren (saugende Insekten, besonders Blattläuse und Zikaden) übertragen. Durch Beeinflussung des Wirtsstoffwechsels kommt es im Blatt zu stellenweiser Aufhellung des Chlorophylls als eckige, ringförmige (Mosaik) oder diffuse Chlorosen (Scheckung). Weiterhin können Blattverkleinerungen und -deformationen auftreten, so daß Virusbefall bei Bäumen zuwachsmindernd wirkt.

Chlorosen mit Zuwachsminderung liegen beim Eschenmosaik (*Fraxinus excelsior*), Pappelmosaik (*Populus euro-americana, P. nigra, P. deltoides*) und Robinienmosaik (*Robinia pseudoacacia*) vor. Bei der Eichenfleckung an *Quercus petraea* und *Q. robur* kommt es zu eckigen Chlorosen unterschiedlicher Dichte, bei der Eichenscheckung an *Q. robur* zu diffusen Chlorosen, Blattdeformation und Zuwachsrückgang. Ulmenscheckung findet sich an *Ulmus minor* und *U. glabra*. Weitere Virosen sind die Ringfleckigkeit der Eberesche, *Sorbus aucuparia*, und das Ahornbandmuster bei *Acer pseudoplatanus*. Holzwucherungen, wie die Maserknollen bei Eiche und die spindelförmigen Zweigverdickungen der Roßkastanie, sowie die Hexenbesen an Buche und Robinie werden vermutlich ebenfalls unter Mitwirken von Viren ausgelöst.

Als obligate Zellparasiten reagieren Viren empfindlich auf Umwelteinflüsse, die meisten sterben in freier Natur rasch ab. Bis auf wenige Ausnahmen wirken Temperaturen über 60 °C, Röntgenstrahlen und UV-Licht von 200 bis 300 nm oder Ultraschall in kurzer Zeit inaktivierend. Zur Desinfektion sind häufig Formaldehyd, Peressigsäure und H_2O_2 geeignet (Lindner 1991).

5.2 Rickettsien und Mykoplasmen

Rickettsien-ähnliche Organismen (RLO's) in Pflanzen (100 bis 800 nm) sind obligat intracellulär vorkommende, Gram-negative Bakterien mit weitgehend reduzierten Stoffwechselleistungen, die durch Arthropoden, besonders Zikaden, übertragen werden und sich in den Vektoren sowie im Leitbündel vermehren. Bei Roteichen und Platanen führen sie zu Blattrandnekrosen, bei der Lärchenerkrankung zum Trauerwuchs (Butin 1983, Nienhaus 1985a, Linn 1990, Lindner 1991).

Mykoplasmen und Mykoplasmen-ähnliche Organismen (MLO's) sind die kleinsten (100 bis 600 nm) selbständig vermehrungsfähigen Bakterien. Statt einer Zellwand besitzen sie lediglich eine mehrschichtige Membran (Schlegel 1992), so daß sie gegen Bakterienzellwände-angreifende Antibiotika resistent sind. Sie sind pleomorph, kapsel- und sporenlos, unbeweglich, filtrierbar und ohne feste Gestalt. Die pflanzenpathogenen Arten werden durch saugende Insekten, in denen sie sich vermehren, in die Siebröhren des Phloems übertragen und bewirken Vergilben, Nekrosen, Wuchsstörungen oder Absterben bei der Rotlaubigkeit von Weißdorn, dem Vergilben von Erle und Esche, dem Hexenbesen der Weide, Palmensterben und der Sandelholztriebsucht (Nienhaus 1985a, Linn 1990, Sinclair et al. 1990, Lindner 1991, Lederer und Seemüller 1991).

Im Zusammenhang mit den neuartigen Waldschäden dürften Viren, Rickettsien und Mykoplasmen nicht Verursacher (Manion 1981, Kandler 1983), sondern eher, neben anderen Einflüssen (Emissionen, Klima, Standort), prädisponierende Faktoren (Nienhaus 1985a, Linn 1990; s. u.) darstellen.

5.3 Bakterien und Actinomyceten

Die Prokaryonten gliedern sich in Archaebakterien (Archaea) und in die Eubakterien (Echte Bakterien, Bakteriobioten, Bacteria). Zu den Archaebakterien mit nur ca. 20 Arten gehören die Methanbakterien, die in konzentrierten Salzlösungen lebende Gattung *Halobacterium* und extrem thermophile Bakterien wie *Pyrodictium* in Vulkanen bei 80 bis 110 °C. Die echten Bakterien umfassen die Bakterien mit ca. 1600 Arten, die Cyanobakterien (Blaualgen) mit etwa 2000 Arten und Prochlorobakterien mit ungefähr 10 Arten (Jakob et al. 1987, Lindner 1991). Nach Anonym. (1993a) sind etwa 10000 Prokaryonten identifiziert, charakterisiert und in Sammlungen deponiert, die jedoch höchstens 10% der tatsächlich vorkommenden Arten ausmachen sollen.

Die Eubakterien sind der Form nach meist entweder gerade oder gebogene Stäbchen (0,4 bis 3 µm×0,6 bis 200 µm), Kugeln (Kokken; 0,5 bis 1,5 µm) oder

Schrauben (Spirillen) mit Abweichungen von den Grundformen, die einzeln, in Doppelform oder in Ketten bzw. Haufen oder ähnlichem vorliegen. Als Prokaryonten besitzen sie keinen echten Zellkern, sondern die genetische Information befindet sich auf einem ringförmig geschlossenen, nicht von einer Kernmembran umhüllten DNS-Strang sowie außerhalb des Chromosoms in Plasmiden. Ihre Ribosomen sind vom 70S-Typ (Eukaryonten: 80S-Typ). Die klassische Trennung aller Lebewesen in Prokaryonten und Eukaryonten wurde 1984 durch die Isolierung eines bakterienähnlichen Einzellers „verwässert", der aufgrund elektronenmikroskopischer Befunde bezüglich Größe, Struktur des Kernmaterials und Fehlen von Organellen einem Bakterium entspricht, bei dem die genomische DNS jedoch von einer Membran umhüllt ist (Anonym. 1992c). Aufgrund unterschiedlichen Zellwandaufbaues (Mureinanteil) wird zwischen Gram-positiven und Gram-negativen Arten (Claus 1992) unterschieden, hinsichtlich der Beziehung zum Sauerstoff zwischen aeroben oder mikroaerophilen, anaeroben und fakultativ anaeroben. Viele Bakterien sind mittels Geißeln in wäßrigen Medien beweglich; bei Spirillen rotieren die Geißelfäden bis zu 3000 U/min. Bei einigen Gattungen (*Bacillus, Clostridium*) kann die stäbchenförmige Zelle eine Endospore bilden, die hohe Resistenz gegen Hitze, Strahlung und Chemikalien besitzt (Schlegel 1992). Bei vielen Bakterien sind der Zellwand Kapseln und Schleimhüllen aus Polysacchariden aufgelagert (Glycocalyx), andere haben als Scheiden bezeichnete Hüllen. Die Vermehrung erfolgt durch Zweiteilung, wobei Generationszeiten im Extrem von nur 20 min möglich sind.

Bei den zu den Bakterien gehörenden „Actinomycetales und verwandten Organismen" (Buchanan und Gibbons 1974) kommen pleomorphe Wuchsform (mehrgestaltig) und mycelähnliches Wachstum mit reichlich Luftsporenbildung vor, wobei der Zelldurchmesser mit etwa 1 µm jedoch geringer ist als bei den meisten Pilzhyphen.

Die Wechselbeziehungen zwischen Bakterien und Pflanzen reichen von Nährstofffreisetzung, Nitrifikation, Stickstoffbindung, Humifizierung, Steigerung der Bodenfruchtbarkeit über Symbiosen in den Wurzelknöllchen bis zum Parasitismus als Erreger von Krankheiten. Verglichen mit Pilzen spielen Bakterien als Erreger infektiöser Pflanzenkrankheiten eine untergeordnete Rolle; insgesamt sind etwa 200 bakterielle Pflanzenkrankheiten bekannt (Lindner 1991).

Agrobacterium tumefaciens ist der Erreger des Wurzelkropfes der Obstgehölze. Bei dem Bakterienkrebs der Pappel durch *Aplanobacter populi* und dem Bakterienkrebs der Esche durch *Pseudomonas syringae* ssp. *savastanoi* pv. *fraxini* handelt es sich wie bei der Rindennekrose der Fichte durch *Erwinia cancerogena* (Schönhar 1989) um Rindenschäden (Schwerdtfeger 1981, v. Dam und v. d. Voet 1991).

Aus dem Xylem von Bäumen und aus lagerndem Holz lassen sich u. a. Gram-negative aerobe (häufig *Pseudomonas* spp.) oder fakultativ anaerobe Stäbchen (*Erwinia* spp.) sowie fakultativ anaerobe (*Bacillus* spp.) oder obligat anaerobe Sporenbildner (*Clostridium* spp.) isolieren (Schmidt 1985).

Verschiedene Bakterien bauen im Labor Pektin, Hemicellulosen, Cellulose (Schmidt und Dietrichs 1976) und Ligninderivate bzw. DHP's bis 1000 Da ab

(Vicuña 1988). Im Holz ernähren sie sich bevorzugt von löslichen Zuckern, Inhaltsstoffen der Parenchymzellen und greifen nicht-lignifizierte Tüpfelmembranen (Liese 1970a) an. Nach einer milden delignifizierenden Vorbehandlung
von Holzproben bewirkten Bakterien durch den nunmehr möglichen Kohlenhydratabbau bis zu 70% Masseverlust (Schmidt 1978). Bei längerer Einwirkung (Minimum etwa 3 Monate) und unter natürlichen Bedingungen, wie in
Erdboden oder Wasser, wird die verholzte Zellwand durch Mischpopulationen
abgebaut (J. Liese 1950, Liese und Karnop 1968, Schmidt et al. 1987; Abb. 36)
und hierbei die Ligninbarriere offensichtlich überwunden. Je nach Abbaumu-
ster der Zellwand werden cavity-, erosion- und tunnelling-Bakterien unterschieden (u. a. Singh und Butcher 1991, Nilsson et al. 1992, Singh et al. 1992). Die
beiden ersten Muster ähneln den Moderfäuletypen 1 bzw. 2 (Kapitel 7.3). Die
tunnelbildenden Bakterien sind mittels Schleimhüllen zu gleitender Bewegung
innerhalb der von ihnen geschaffenen Zellwandhöhlungen befähigt. Die von
Holz abgeimpften Aggregate der tunnelling-Bakterien bestehen aus mindestens fünf verschiedenen Bakterientypen, die sich jedoch noch nicht zu Reinkulturen bringen ließen (Nilsson und Daniel 1992, Nilsson et al. 1992).

Ein aus Teichwasser isoliertes stäbchenförmiges Bakterium bewirkte an Mikrotomschnitten von Kiefernsplintholz bei einem Monat Kultivierung vereinzelt Erosionen in der Sekundärwand, so daß bakterieller Holzabbau offensichtlich auch durch Reinkulturen unter Laborbedingungen erfolgt (Schmidt
und Moreth-Kebernik 1994; Abb. 37).

Über bakterielle Schäden an archäologischem Holz in Erde oder Wasser
berichten u. a. Kim (1987), Blanchette et al. (1991) und Kim und Singh (1993).
Dagegen zeigten sich bei fossilen Hölzern (bis zu 65 Mio Jahre) im polaren Klima, die intensiv vermutlich durch einfache Hydrolyse abgebaut worden waren,
keine Hinweise auf bakterielle (oder pilzliche) Aktivität; das Material bestand
bis zu 86% aus Lignin, und der Rest entfiel überwiegend auf kristalline Cellulose (Obst et al. 1991, auch Meyers et al. 1980).

Bakterieller Holzabbau ist oft mit Moderfäulepilzen vergesellschaftet (Willoughby und Leightley 1984, Singh et al. 1991, Singh und Wakeling 1993).

Häufig treten Bakterien im Rahmen einer Sukzession in Bäumen und Holz
synergistisch mit Pilzen auf, oft als Erstbesiedler (Shigo 1967, Cosenza et al.
1970, Shigo und Hillis 1973, Shortle und Cowling 1978, Rayner und Boddy
1988): Der Vitamingehalt (Thiamin) des Holzes kann erhöht (Henningsson
1967, Cartwright und Findlay 1969) und Stickstoff gebunden werden.

In den Baum dringen Bakterien durch Wunden in den Splint ein. In nicht
verthyllten oder durch andere Wundreaktionen verschlossenen Laubholzgefä-
ßen werden sie mit dem Kapillarwasser über größere Entfernungen verbreitet;
in Nadelholzproben wurden wegen der geringen Freiräume der Hoftüpfelmem-
branen nur wenige Tracheiden passiert (Liese und Schmidt 1986).

Der Naßkern (wetwood) verschiedener Baumarten, besonders bei Tanne,
Hemlock, Pappel, Ulme, auch Buche, Eiche, bedeutet jegliches wassergesättig-
te, nicht lebende Holz in lebenden Bäumen. Weitere Merkmale können ein un-
angenehmer Geruch nach Buttersäure u. a., dunkle Verfärbungen und Gasaus-
tritt bei einer Bohrkernentnahme aus dem Stamminneren sein. Die genauen

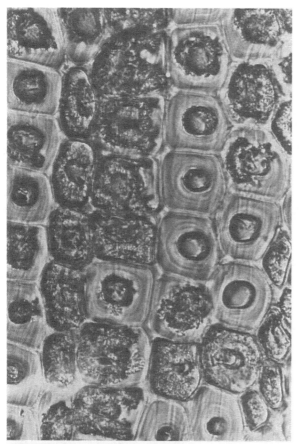

Abb. 36. Bakterieller Holzabbau. Oben: Querschnitt
durch abgebaute Kiefern-
holztracheiden eines
Rammpfahles (Aufnahme
15. April 1944/J. Liese,
aus Liese 1950); unten:
Zellwandabbau in 3 Mona-
te wassergelagertem Kie-
fernsplintholz. *L* Lumen,
S Sekundärwand, *ML* Mit-
tellamelle/Primärwände,
B Bakterium, *R* Zellwandreste, *C* Erosion.
(TEM 22000×, aus
Schmidt et al. 1987)

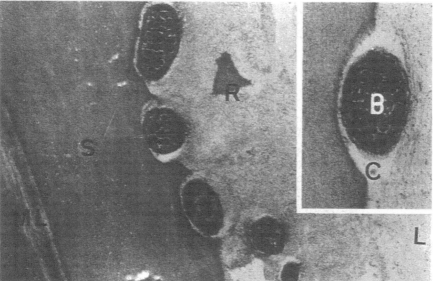

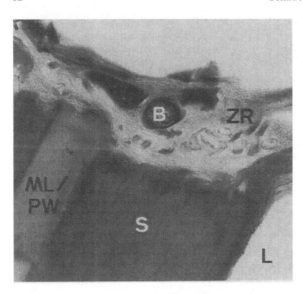

Abb. 37. Abbau der verholzten Zellwand von Kiefernsplintholz (Querschnitt) durch eine bakterielle Reinkultur. *L* Lumen, *S* Sekundärwand, *ML/PW* Mittellamelle/Primärwände, *B* Bakterium, *ZR* Zellwandreste. (TEM 18 600×)

Ursachen des Naßkerns, ob Bakterien oder nekrotische Veränderungen in den Parenchymzellen, sind nicht geklärt. Er entsteht im Zusammenhang mit mechanischen Wunden, Astabbrüchen, Stockfäule, Frostrissen, Insektenangriff und häufig Bakterien und findet sich offensichtlich auch in gesunden Bäumen. Der saure Naßkern, überwiegend bei Nadelbäumen, enthält verschiedene organische Säuren (Butter-, Essig-, Propionsäure) von (fakultativ) anaeroben Bakterien. Der alkalische Naßkern, vorwiegend bei Laubbäumen, entsteht unter Beteiligung von obligat anaeroben Methan-bildenden Bakterien. Die Bakterien können Tüpfel angreifen oder zu deren Inkrustierungen führen, Verfärbungen bewirken, ihre Stoffwechselprodukte können für den Baum Stressoren darstellen, und das im saftfrischen Zustand unwegsame Holz (Bauch 1973) neigt beim Trocknen verstärkt zu Rißbildung (Carter 1945, Hartley et al. 1961, Wilcox und Oldham 1972, Knutson 1973, Bauch et al. 1975, Tiedemann et al. 1977, Ward und Pong 1980, Ward und Zeikus 1980, Schütt 1981, Brill et al. 1981, Schink et al. 1981, Murdoch und Campana 1983, Schink und Ward 1984, Kučera 1990, Klein 1991, Walter 1993).

Frische Fichtenholzproben aus Waldschadensgebieten enthielten vermehrt verschiedene aerobe Bakterien (Schmidt 1985, v. Aufseß 1986), die im Labor den pH-Wert des Kapillarwassers bis zu 2,8 senken und über diesen Mechanismus möglicherweise auch den lebenden Baum stressen, vermutlich jedoch als Sekundärschädlinge einzustufen sind (Schmidt 1986; s. u.).

Aus Stammholz, das zur Konservierung trocken gelagert (v. Aufseß 1986, Schmidt et al. 1986) bzw. berieselt oder wassergelagert wurde (Karnop 1972a, b, Berndt und Liese 1973, Schmidt und Dietrichs 1976, Schmidt und Wahl 1987), wurden zahlreiche Bakterienstämme isoliert, die innerhalb weniger Wochen die im Splint nicht lignifizierten Margofäden der Hoftüpfel ab-

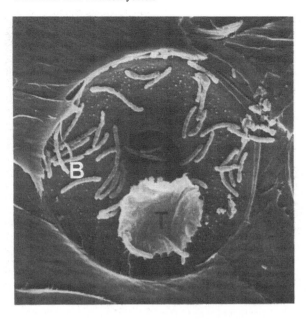

Abb. 38. Bakterielle Zerstörung eines Splintholz-Hoftüpfels bei 3 Jahre berieseltem Kiefernholz. Ablösung des Torus (*T*) durch bakteriellen (*B*) Abbau der Margofäden. (REM 3500×, aus Peek und Liese 1979)

bauen (Abb. 38), dadurch die Wegsamkeit erhöhen und später auch verholzte Zellwände angreifen (Liese 1955). Die Folgen sind ungleichmäßige Überaufnahme von Schutzmitteln oder Farbanstrichen (Willeitner 1971) und Holzrisse während einer Kammertrocknung.

Verbautes Holz wird von Bakterien besiedelt, wenn das Holz naß und somit wegen des verringerten Sauerstoffgehaltes für eine Pilzaktivität weniger geeignet ist. Frühe Berichte (Liese 1950; siehe Abb. 36) über bakteriellen Abbau liegen vor bei Holz in langdauerndem Erdkontakt (Levy 1975b), wie bei Gründungspfählen, Bahnschwellen, oder bei Holz im Wasser, wie bei Kühlturmholz, Hafenbauten, Booten und zur Konservierung naßgelagertem Holz (Liese 1955). Zellwandabbau erfolgt sogar in Chrom-Kupfer-Arsen-getränkten Pfählen und Masten (Willoughby und Leightley 1984, Singh und Wakeling 1993). Hier können Bakterien weiterhin toxische Bestandteile des Schutzsalzes in Lösung bringen und somit einen Holzabbau durch Moderfäule (Kapitel 7.3) begünstigen (Daniel und Nilsson 1985).

Verschiedene Befunde zeigen eine Beteiligung von Bakterien an Holzverfärbungen auf. Das Rundholz des hellen westafrikanischen Ilomba, *Pycnanthus angolensis*, wird nach dem Einschlag während Lagerung und Verschiffung von Bakterien besiedelt, die, sich stammaufwärts ausbreitend, eine rötlich-braune Verfärbung (Einlauf) bewirken. Die Verfärbungen entstehen zusätzlich während der Lufttrocknung der Bretter im Bereich der Stapelleisten (sticker-stain). Als Ursache wurden Bakterien, u. a. *Pseudomonas fragi* (Abb. 39), nachgewiesen, die in den nassen Holzteilen (Kontakt mit Stapelleisten) aktiv bleiben können, dort den pH-Wert von etwa 5,5 auf 7,5 bis 8,5 anheben, indem sie aus dem Protein der eiweißreichen Holzart Ammoniak freisetzen. Durch diese Alkali-

Abb. 39. Bakterielle Verfärbung von Ilomba-Holz im Labor. Eine Reinkultur von *Pseudomonas fragi* wurde strichförmig auf das helle Holz geimpft

sierung kommt es zu chemischen Reaktionen (Phenoloxidation und Polymerisation im Alkalischen) von akzessorischen Bestandteilen, wie (−)-Epicatechin und (+)-Catechin (Yazaki et al. 1885), in den Parenchymzellen, welche die Braunfärbung bewirken (Bauch et al. 1985). Ähnlich verfärbte *Pseudomonas aeruginosa* Sambaholz (*Triplochiton scleroxylon*: Hansen 1988; siehe auch Bergahorn: Zimmermann 1974). Bei wassergelagertem Kiefernrundholz setzten Bakterien Flavonoide aus Flavonoidglucosiden frei, die bei Trocknen der Sägeware an die Holzoberfläche diffundierten und dort durch Oxidation und Kondensation zu dauerhaft braunen Verfärbungen führten (Hedley und Meder 1992).

Aus Buchen mit ausgeprägtem Spritzkern wurden zahlreiche Bakterien isoliert, die *in vitro* helles Buchenholz und Holzkapillarflüssigkeiten braun verfärbten, indem sie, wie bei Ilomba-Holz, den pH-Wert auf über 7,3 anhoben (Schmidt und Mehringer 1989, auch Mahler et al. 1986, Walter 1993).

Die durch Bakterien ausgelöste Verfärbung von Ilomba-Schnittholz während der Lufttrocknung konnte durch Bestreichen der Bretter direkt nach dem Einschnitt mit einer wäßrigen Lösung aus je 5% Ameisensäure und Propionsäure nahezu völlig verhindert werden (v. Hundt 1985).

Meist reagieren Bakterien empfindlich auf die im Holzschutz gegen Pilze verwendeten Chrom-Kupfer- und weiteren Schutzsalze, und die dort eingesetzten Konzentrationen reichen in der Regel zur Verhinderung von Bakterienaktivität aus (siehe aber CKA-getränkte Masten) (Schmidt und Liese 1974, 1976, Liese und Schmidt 1975, Schmidt et al. 1975, Liese 1992 b).

Verschiedene Bakterien, wie *Bacillus* sp. *Pseudomonas* spp. und *Streptomyces* spp., wurden versuchsweise auf ihre antagonistische Wirkung gegen pilzliche Parasiten (*Armillaria* spp.: Dumas 1992), holzverfärbende Pilze (Bernier et al. 1986, Seifert et al. 1987, Benko 1989, Florence und Sharma 1990) und holzabbauende Pilze (Benko und Highley 1990) untersucht. Praxisreife Verfahren liegen jedoch nicht vor.

6 Holzverfärbungen durch Schimmel-, Bläue- und Rotstreifepilze und Schutzmaßnahmen

Die Wertminderung von Holz durch Pilze erfolgt im wesentlichen durch den enzymatischen Abbau der Zellwand, der die Festigkeitseigenschaften herabsetzt und die Verwendungsmöglichkeiten erheblich mindert, jedoch auch durch von ihnen verursachte Verfärbungen (u. a. Grosser 1985, Sutter 1986).

Verfärbungen im Holz lebender Bäume, in Rund- und Schnittholz sowie bei der Holzverwendung sind altbekannte Probleme und beruhen auf verschiedenen biotischen und abiotischen Ursachen (Sandermann und Lüthgens 1953, Bauch 1984, 1986; Tabelle 16).

Die holzverfärbenden Schimmel- und Bläuepilze leben von Nährstoffen, die in den Zellen des Splintholzes gespeichert sind und in seinem Kapillarwasser vorkommen. Befallen werden Nadel- und Laubbäume, Rohholz, Schnittholz, verarbeitetes Holz und Holzwerkstoffe. Die Pilze verursachen keinen bzw. lediglich geringen Zellwandabbau. Die Wichtung der Farbschäden hängt vom Einsatzbereich des Holzes ab. Verschimmeltes Holz und Holzprodukte lassen sich schlechter vermarkten, auch wenn die Festigkeitseigenschaften nicht merklich beeinträchtigt sind. Für dekorative Zwecke, wie z.B. bei Profilbrettern (siehe Abb. 40 unten), ist verschimmeltes Holz unbrauchbar und erfährt dadurch eine erhebliche Wertminderung. Befallenes Holz genügt nicht den hygienischen Ansprüchen, die für viele Verwendungszwecke gelten, wie z.B. bei Verpackungen. Auch technologische Eigenschaften, wie beispielsweise die Verleimbarkeit von Sperrholz, können durch Schimmelpilzbefall beeinträchtigt sein (Wolf und Liese 1977). Die Fruchtkörper (Perithecien, siehe Abb. 17 Mitte) und Mycelanhäufungen verschiedener Bläuepilze führen zum

Tabelle 16. Biotische und abiotische Holzverfärbungen. (Verändert nach Bauch 1984, 1986)

mikrobielle Verfärbungen
  (nach Verwundung des Stammes, Schimmelbefall, Bläue, Rotstreife, Holzfäulen)
physiologische Reaktionen lebender Parenchymzellen
  (z.B. „Ersticken" bei Buche und Eiche)
biochemische Reaktionen durch Enzyme des Holzes („Einlauf")
chemische Reaktionen
  (Eisen-Gerbstoff-Reaktion bei Eiche, Verfärbung von Hemlockschnittware durch
  Zinkbänder)
kombinierte Reaktionen
  (Braunfärbung bei Ilomba durch Bakterieneinwirkung und chemische Reaktionen,
  Abb. 39)

Abblättern von Lackanstrichen (u. a. Horvath et al. 1976, Weber 1986). Bei Anstrichbehandlung nimmt Holz mit Pilzbefall Flüssigkeiten leichter auf, so daß es bei der Behandlung mit pigmentierten Lasuren zu fleckigen Farbunterschieden kommt, ähnlich wie bei der durch Bakterien verursachten Überaufnahme nach Naßlagerung von Holz.

Die Rotstreifigkeit ist der häufigste und wirtschaftlich wichtigste Farbfehler an lagerndem Nadelholz (siehe Abb. 42). Rotstreifepilze stellen als langsam wachsende Weißfäuleerreger einen Übergang von den Farbfehlern zu den Holzfäulen dar (v. Pechmann et al. 1967). Zunächst sind mit der Rötung keine Festigkeitsverluste verbunden; bei längerem Befall entsteht jedoch eine intensive Weißfäule mit erheblichen Masse- und Festigkeitsverlusten.

6.1 Verschimmeln

Der aus dem täglichen Leben stammende Begriff Schimmelpilz ist keine taxonomische Bezeichnung einer systematischen Gruppe (Wolf und Liese 1977), sondern umfaßt eine Vielzahl von Pilzen, die den Zygomyceten, Ascomyceten und Deuteromyceten (Fungi imperfecti) angehören. Zygomyceten sind z. B. die Köpfchenschimmel auf faulenden Früchten oder wichtige Bodenpilze (Reiß 1986).

Die verschiedenen Schimmelpilze verfügen über ein breites Spektrum an physiologischen Fähigkeiten (Temperatur, pH, Feuchtigkeit) und können somit verschiedenste Materialien besiedeln und schädigen (Verschimmeln). Der Vorratsschutz befaßt sich mit Schimmelpilzen auf Lebensmitteln und Getreide, der Materialschutz mit dem Verschimmeln von Leder, Büchern, Textilien oder Tapeten. Schimmelpilze haben ihre Bedeutung u. a. für Humanmediziner (Dermatologen, Allergologen), Tierärzte, Phytopathologen, Biochemiker und die Hersteller von Antibiotika (von etwa 3200 bekannten Antibiotika stammen 772 aus Pilzen: Müller und Loeffler 1992), organischen Säuren (u. a. Citronen- und Äpfelsäure: Rehm 1980), Enzymen (u. a. Amylasen, Proteasen, Lipasen, Cellulasen, Pektinasen: Reiß 1986) oder Käse (*Penicillium camemberti, P. roqueforti*) und Wurst („Schimmelsalami"). Sogar synthetische Fußbodenbeläge, Flugzeugkraftstoffe, Öle, Leime, Lacke und optische Gläser können von Schimmelpilzen bewachsen und geschädigt werden.

Aus dem Bereich Lignocellulosen können Saatgut, Keimlinge und junge Baumwurzeln befallen werden (Schönhar 1989b) und stehende Bäume (Schmidt 1985), lagerndes und verbautes Holz (Wolf und Liese 1977, Bues 1993), Hackschnitzel der Zellstoffindustrie (Hajny 1966), lagernde Einjahrespflanzen, wie Zuckerrohrbagasse (Schmidt und Walter 1978, Liese und Walter 1980), Zellstoff und Papier (Kerner-Gang und Nirenberg 1980, Reiß 1986) Schimmelpilzwachstum aufweisen. An der gelblichen Verfärbung von Eichenholz während Lagerung und Trocknung ist ursächlich *Paecilomyces variotii* beteiligt (Bauch et al. 1991), der bereits im Kernholz stehender Eichen vorkommt (Davidson et al. 1942).

Häufig zeigt sich Schimmel durch schnelles Wachstum von Oberflächenmycel, an dem rasch Konidienbildung erfolgt (Abb. 40 oben). Wegen der art-

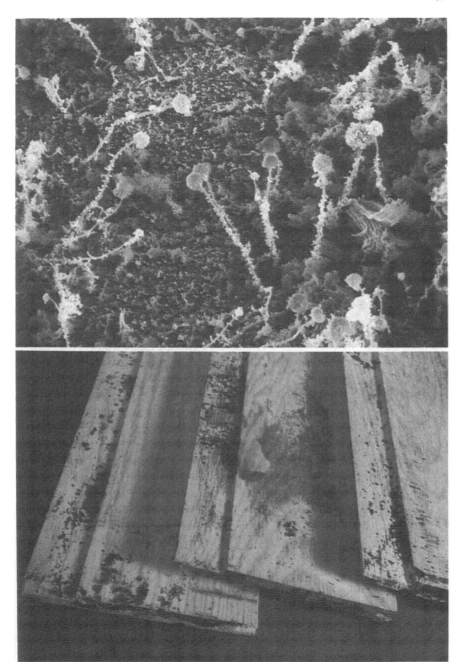

Abb. 40. Schimmelpilzbefall. Oben: Substratoberfläche mit verschiedenen Schimmelpilzen (REM 110×, Aufnahme W. Kerner); unten: Verschimmeln nicht genügend getrocknet folienverschweißter Profilbretter

spezifischen Konidienfärbung kann von mehreren Pilzen befallenes Holz einen bunten Gesamteindruck machen, oder es überwiegt z. B. schwarz infolge *Aspergillus niger*- bzw. grün nach *Penicillium* spp.- (beide zusammen: „Schwarzschimmel") oder *Trichoderma* spp.-Befall.

Trichoderma viride und eine weitere *Trichoderma*-Art waren die häufigsten Pilze in Fichtenwurzeln aus Waldschadensgebieten (Kattner 1990, Schönhar 1992). Lagernde Buchenstämme werden häufig von *Bispora antennata* besiedelt, die durch schwarze Konidien auf den frischen Hirnflächen zu radial angeordneten, elliptischen Streifen führt (Schwarzstreifigkeit).

Schimmel wird begünstigt durch hohe Substratfeuchte (optimale Wasseraktivität 0,9 bis 1,0), hohe Luftfeuchtigkeit um 95%, Wärme und geringe Luftbewegung, wie in Kellerräumen und in Wohnräumen mit übertriebener Wärmedämmung.

Schimmel entwickelt sich auf frischen Schnittflächen nach dem Einschlag, besonders am nassen Splintholz, auf unsachgemäß gelagertem Schnittholz, ungenügend getrocknetem Holz unter Luftabschluß, wie folienverschweißte Profilbretter (Abb. 40 unten), während des Seetransportes von Rundholz oder Holzprodukten unter Deck und in Hackschnitzelhaufen.

Die nur wenige Millimeter in das Holz eindringenden Hyphen ernähren sich von Zellinhaltsstoffen (Zucker, Stärke, Eiweiß). Einige Arten bauen Pektin, Hemicellulosen und Cellulose ab, jedoch nicht verholzte Zellwände, so daß die Holzfestigkeiten unbeeinflußt bleiben. Da sich jedoch die von der Sporenfarbe herrührende Holzverfärbung beispielsweise durch Abbürsten nicht völlig entfernen läßt und bei Lasuren durchschlägt, handelt es sich bei den zurückbleibenden Stockflecken um einen Farbfehler. Abhängig z. B. von der Holzart gibt es weiterhin einen fließenden Übergang von Verschimmeln über Verblauen zu mäßiger Moderfäuleaktivität (Käärik 1974, Seehann et al. 1975).

Etwa 200 verschiedene Pilzarten scheiden z. T. hochgiftige Mykotoxine (ca. 100) verschiedener Stoffklassen aus, von denen die Aflatoxine aus *Aspergillus flavus* in Lebensmitteln die bekanntesten sind (Reiß 1986). Weitere Gesundheitsschäden können durch Allergien infolge eingeatmeter Sporen (Schimmelpilzasthma in der Holzindustrie mit hohem Staubanfall; „Bagassosis" bei der Bagasseverarbeitung) sowie durch Sporen entstehen, die auf Schleimhäuten (Fingernagelbett, Lippen, Augen) auskeimen. Benko (1992) listete 24 holzbewohnende Pilze auf, die als pathogen für den Menschen gelten (auch Müller und Loeffler 1992).

Besonders verschiedene *Trichoderma*-Arten wirken antagonistisch und auch abtötend (Mykoparasitismus) gegen pilzliche Parasiten und Saprophyten (v. Aufseß 1976, Highley und Ricard 1988, Murmanis et al. 1988, Giron und Morrell 1989, Doi und Yamada 1991, Dumas und Boyonoski 1992).

6.2 Bläue

Bei der Bläue handelt es sich um eine blaue bis grauschwarze, radialstreifig orientierte Holzverfärbung, die durch etwa 100 Pilze aus den Gruppen Asco-

und Deuteromyceten verursacht werden kann. Häufig, wie bie *Ceratocystis*-Arten, ist die Hauptfruchtform ein Perithecium (siehe Abb. 17). Bläue kommt an Nadelholz und hier besonders an Kiefer, aber auch an Fichte, Tanne und Lärche, an Laubholz, wie Buche, und Tropenholz, wie Ramin, vor (Bavendamm 1954). Bei Kernholzarten verblaut ausschließlich der Splint, da Bläuepilze sich von den Inhaltsstoffen der lebenden Parenchymzellen ernähren und nicht in das Kernholz eindringen.

Die durch Melanin braunen (Zink und Fengel 1989) und relativ dicken Hyphen dringen von Schnittflächen oder durch Mantelrisse radial über die Holzstrahlen ein. Nährstoffe (Zucker, Kohlenhydrate, Eiweiße, Fette) werden hauptsächlich aus den Parenchymzellen der Holzstrahlen und bei Nadelhölzern auch von den Harzkanalzellen aufgenommen. Die Zellwand wird enzymatisch praktisch nicht angegriffen, so daß die gelegentlich verwendete Bezeichnung „Blaufäule" falsch ist. Die blauschwarze Farbe entsteht als optischer Effekt infolge Lichtbrechung. Vom Holzstrahl dringen die Hyphen mit mechanischem Druck durch den Torus der Hoftüpfel in die Längstracheiden ein (dünne Hyphen durch die Margo) und wachsen dort durch die Hoftüpfel von Zelle zu Zelle. Obwohl durch die spezielle Hyphenform des Transpressoriums (Liese und Schmid 1964, Schmid und Liese 1966; siehe Abb. 6) auch die verholzte Zellwand, vorwiegend mit mechanischem Druck und vermutlich weniger enzymatisch, durchbrochen werden kann, werden die Holzfestigkeiten kaum beeinflußt. Die statische Festigkeit bleibt unverändert, die dynamische wird von einigen Pilzen herabgesetzt.

Das Temperaturminimum liegt bei 0 bis $-3\,°C$, das Optimum je Art zwischen 18 und $29\,°C$ und das Maximum zwischen 28 bis $40\,°C$. Die Feuchtigkeitsspanne reicht von Fasersättigung bis nahe an u_{max}; bei vielen Arten liegt das Optimum zwischen 30 und 120% (u. a. Käärik 1980, Schumacher und Schulz 1992). Für einen Stammholzbefall genügt ein Feuchteverlust des Baumes von 10 bis 15%.

Je nach Vorkommen wurden Bläuepilze in verschiedene ökologische Gruppen gegliedert (Butin 1965, 1983, v. Aufseß 1980): Bei der Stammholzbläue (primäre Bläue) werden Sporen u. a. verschiedener *Ceratocystis*-Arten (Feuchteoptimum 50 bis 130%), besonders *Ceratocystis piceae*, und von *Discola pinicola* durch Wind in Rindenverletzungen (Waldarbeit oder Holztransport) sowie durch Borkenkäfer besonders auf im Walde liegende, berindete, langsam austrocknende Stämme übertragen; seltener werden stehende, geschwächte Bäume befallen. Befallskennzeichen sind Sporen unter der Rinde und radiale Streifen auf dem Querschnitt.

Die Schnittholzbläue (sekundäre Bläue), u. a. durch *Cladosporium*-Arten (Feuchte-Optimum 50 bis 100%), tritt nach dem Aufschneiden auf Lagerplätzen an nicht ausreichend trockenen oder schlecht gestapelten Bohlen und Brettern durch Sporenbefall auf.

Die klassische Unterscheidung in Stamm- und Schnittholzbläuepilze wurde jedoch durch ein häufiges Vorkommen von *Discola pinicola* sowohl in gelagertem Kiefernstammholz als auch in Kiefernbohlen nicht bestätigt (Schumacher und Schulz 1992).

Anstrichbläue (tertiäre Bläue; Feuchte-Optimum 30 bis 80%) entsteht häufig durch *Aureobasidium pullulans* an verarbeitetem und maltechnisch behandeltem Holz, wie an Fenstern, Türen und Gartenmöbeln, wenn es erneut feucht wird. Über Lackschäden an Nadelholzfenstern durch Nägel oder durch nichtelastische Fugenmassen wird Wasser aufgenommen, verteilt sich im Holzkörper und kann durch die Lackschicht nicht verdunsten; Pilzwachstum wird möglich, und die auf der Holzoberfläche wachsenden Mycelien, Sporenmassen oder Perithecien führen zum Abblättern des Lackfilmes mit weiterer Feuchtezunahme und Fäulnis (Sell 1968, Sutter 1986, Weber 1986). Bei *Aureobasidium pullulans* durchwuchsen einzelne Hyphen Anstriche auf Alkydharzbasis (Sharpe und Dickinson 1992). Anstrichbläuepilze stammen nicht aus verblautem Stamm- oder Schnittholz, sondern es handelt sich um Neuinfektionen. Der Stamm *A. pullulans* P 268 ist Prüfpilz in der Norm EN 152.

Bei der Innenbläue (Abb. 41) von Rund- und Schnittholz bleiben die äußeren Holzbereiche unverblaut, da sie entweder für eine Pilzentwicklung bereits zu trocken waren oder indem im Inneren vorhandene Bläuepilze infolge eines nachträglichen chemischen Außenschutzes nicht nach außen vordringen. Luftbläue bezeichnet die Verbreitung von Bläuepilzen durch Wind oder Regen, Insektenbläue meint mit Borkenkäfern vergesellschaftete Pilze (u. a. Käärik 1975, Solheim 1992).

Nach Beobachtungen der Praxis sowie aufgrund von Pilzisolierungen (Fichte: Schmidt 1985, Schmidt et al. 1986; Buche: v. Aufseß 1986), jedoch nicht im Laborversuch (Liese 1986a, Saur et al. 1986), neigt Holz aus Waldschadensgebieten stärker zum Verblauen als solches aus gesunden Beständen. Dagegen waren gelagerte Bohlen aus geschädigten Kiefern geringfügig

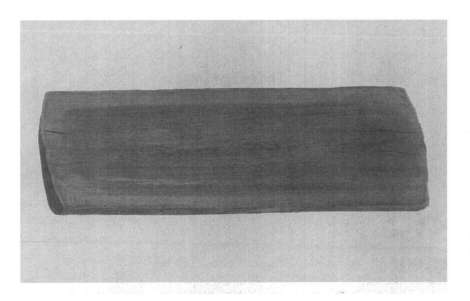

Abb. 41. Innenbläue bei Koto (*Pterygota*)

weniger verblaut als das Holz aus gesunden Bäumen (Schumacher und Schulz 1992).

6.3 Rotstreifigkeit

Bei der Rotstreifigkeit oder Rotstreife handelt es sich um einen Lagerschaden von Nadelrundholz (Fichte, Kiefer, Tanne) mit gelben bis rötlichbraunen, streifen- und auch fleckenförmigen Verfärbungen (Abb. 42), meist in radialer Richtung. Ursächlich sind verschiedene Basidiomyceten, bei Fichte besonders *Stereum sanguinolentum* (Zycha und Knopf 1963) und der Braunfilzige Schichtpilz, *Amylostereum areolatum*, (v. Pechmann et al. 1967) und bei Kiefer hauptsächlich *Trichaptum abietinum* (Butin 1983). Nach Kreisel (1961) kommen *S. sanguinolentum* und *T. abietinum* oft gemeinsam an lagernden Stämmen vor. Das Holz wird vorwiegend über Hirnflächen und Mantelrisse infiziert, und die Verfärbung breitet sich axial tief ins Holz aus. Rundholz kann bei Überseetransport rotstreifig werden, und in wiederbefeuchteter Schnittware werden Rotstreifepilze wegen ihrer Fähigkeit zur Trockenstarre erneut aktiv.

Das Feuchteoptimum der meisten Rotstreiferreger liegt zwischen 50 und 120%.

Rotstreifepilze sind langsam wachsende Weißfäuleerreger, so daß mit beginnender Rötung zunächst keine gravierenden Festigkeitsverluste verbunden

Abb. 42. Rotstreifigkeit bei Fichtenholz. Aus dem fehlenden Teil wurden *Stereum*-Arten isoliert. (Aus Schmidt und Kerner-Gang 1986)

sind; zudem kommen für die Holzverwendung ausreichende Sicherheitszuschläge und die Einordnung in schlechtere Güteklassen hinzu. Bei längerem Befall entsteht jedoch eine intensive Weißfäule, u. a. durch *Trichaptum abietinum*, mit erheblichen Masse- und Festigkeitsverlusten, so daß Rotstreife einen Übergang von den Farbfehlern zu den Holzfäulen darstellt. Beispielsweise verringerten sich bei *Pinus radiata* in den ersten 6 Monaten Lagerung die Rohdichte um etwa 3%, die Schlagbiegefestigkeit um 33%, die Biegefestigkeit um 21% und die Druckfestigkeit um 0,2%; nach 1 Jahr Lagerung betrugen die entsprechenden Festigkeitsabnahmen 15, 47, 31 und 21% (Peredo und Inzunza 1990, auch v. Pechmann et al. 1967).

Es sind Sekundärinfektionen durch Braunfäuleerreger möglich, und rotstreifiges Holz wurde im Laborversuch stärker von Braunfäulepilzen abgebaut als Holz ohne Vorinfektion (v. Pechmann et al. 1967). Bei Isolierungen aus überwiegend rotstreifigem Fichtenholz wurden 26 Basidiomyceten (Weiß- und Braunfäule) und zahlreiche Bläue- und Schimmelpilze nachgewiesen (v. Pechmann et al. 1967). Aus rotstreifigem *Pinus radiata*-Holz wurden verschiedene Schimmelpilze, Bläueerreger, *Stereum* sp. und die Weißfäulepilze *Ganoderma* sp., *Schizophyllum commune* und *Trametes versicolor* isoliert (Peredo und Inzunza 1990).

Fichtenholz aus Waldschadensgebieten enthielt im Vergleich zu Proben aus gesunden Beständen vermehrt *Amylostereum areolatum* und *Stereum sanguinolentum* (v. Aufseß 1986, Schmidt et al. 1986).

Stereum sanguinolentum (Alb. et Schw.: Fr.) Fr. (*Haematostereum sanguinolentum*), Blutender Schichtpilz; kleine, dünne, überwiegend krustenförmige und auf vertikalen Flächen mit etwa 1 cm abstehender Hutkante, weichledrige, oben filzige und konzentrisch gezonte, gelbbraune, schüsselförmige (Bestimmungsmerkmal) Fruchtkörper mit weiß-welligem Zuwachsrand. Das hell bis graubraune Hymenium färbt sich bei Verletzung blutrot (Name!, Merkmal). Der Pilz hat ein dimitisches Hyphensystem (Breitenbach und Kränzlin 1986) und ist homothallisch (Nobles 1965). Neben der saprophytischen Lebensweise kommt er nach Eindringen durch Wunden auch parasitisch vor und ist die wichtigste Pilzart bei der Wundfäule der Fichte (Kapitel 8.1.4.1). Verbautes Holz wird nicht befallen. Die Gattung *Stereum* besitzt Wirtelschnallen (Kreisel 1969).

Trichaptum abietinum (Pers.: Fr.) Ryv. (*Hirschioporus abietinus*), Tannentramete, Gemeiner Violettporling; Saprophyt an Stubben, lagernden Stämmen und verarbeitetem Holz, ausnahmsweise an lebenden Bäumen (Kreisel 1961); an vertikalen Flächen dachziegelartig übereinander weißgraue, dünne, ledrige, kleine Konsolen und auf horizontalen Flächen Krusten. Das zunächst rötliche Hymenium, mit zerschlitzten violetten Poren (Name!) am Rand, nimmt eine braunviolette Altersfarbe an (Merkmal). Der Pilz ist dimitisch (Breitenbach und Kränzlin 1986) und tetrapolar (Nobles 1965). Bei hoher Holzfeuchtigkeit kommt es zu intensiver Weißlochfäule.

Weitere biotische Holzverfärbungen können durch Bakterien, die holzzerstörenden Pilze (Kapitel 7) und durch Algenbewuchs (Krajewski und Ważny

1992a) entstehen, wobei die beiden Grünalgen *Chlorhormidium flaccidum* und *Chlorococcum lobatum* sogar geringen Zellwandabbau (Erosion) bewirkten (Krajewski und Ważny 1992b).

Der Kleinsporige Grünspanbecherling *Chlorociboria aeruginascens* verfärbt feucht lagerndes Laubholz grün bis blaugrün („Grünfäule"). Die besonders in den Holzstrahlparenchymzellen abgelagerten gelben bis grünen Farbstoffe sind derart stabil, daß vor etwa 500 Jahren zu Intarsien verarbeitetes grünfaules Pappelholz noch immer einen dekorativen Eindruck macht (Blanchette et al. 1992).

6.4 Möglichkeiten zur Vermeidung von Verfärbungen

Zur Vermeidung dieser Schäden kommen die allgemein gegen Pilze bekannten Schutzverfahren in Frage (u. a. v. Pechmann et al. 1967, Liese und Karstedt 1971, Liese et al. 1973, Liese 1986b, Liese und Peek 1987, Groß und Mahler 1991; Tabelle 17).

Optimale Trocknung wird durch möglichst schnelles künstliches Trocknen des Holzes erzielt (jedoch Trockenrisse!). Auch Konditionierung im Freien in gut durchlüfteten Stapeln mit Schutz gegen Niederschläge bietet ausreichenden Schutz vor Pilzen.

Bei der Naßlagerung zum Schutz gegen Pilze können sich u. a. Tüpfelabbau durch anaerobe Bakterien (Willeitner 1971, Karnop 1972a, b, Adolf et al. 1972, Schmidt und Dietrichs 1976, Peek und Liese 1979), oxidative Verfärbungen nach außen diffundierender phenolischer Holzinhaltsstoffe (Höster 1974) und Braunfärbungen der äußeren Stammholzteile durch von der Rinde eindiffundierende Gerbstoffe (Peek and Liese 1987, Bues 1993) negativ auf die Holzqualität auswirken.

Allgemein sind verfärbende Pilze und speziell Schimmelpilze relativ tolerant gegenüber vielen Fungiziden, die Fäulepilze hemmen. Zahlreiche Schutzmittel wurden auf ihre Wirksamkeit gegen Schimmel- und Bläuepilze untersucht: Fougerousse (1959), Ammer (1965), Savory (1966), Seehann (1967), Wallhäußer und Schmidt (1967), Karstedt et al. (1971), Roff et al. (1974), Cserjesi und Roff (1975), Wolf und Liese (1977), Dickinson und Henningsson (1984), Cserjesi et al. (1984), Drysdale (1986), Leightley (1986), Paajanen (1986), Troya und Navarette (1991), Nunes et al. (1991), Laks et al. (1993) und Wakeling et al. (1993). In der Praxis werden zur prophylaktischen Behandlung

Tabelle 17. Maßnahmen zur Vermeidung mikrobieller Verfärbungen

Wintereinschlag
sachgerechte Lagerung
   des frischen Holzes durch optimale Abstimmung zwischen Forst- und Holzwirtschaft
Trocknung
Naßlagerung
chemischer Schutz

in einigen Ländern noch wäßrige Lösungen von Natriumpentachlorphenolat (PCP-Na) im Tauch- und Sprühverfahren eingesetzt (auch Willeitner et al. 1986); die Verwendung sowie der Import entsprechend behandelter Hölzer in die Bundesrepublik Deutschland sind jedoch wegen Verunreinigungen im PCP, insbesondere polychlorierte Dibenzodioxine und Dibenzofurane, sowie deren Entstehung bei der Verbrennung von PCP-haltigen Materialien durch die PCP-Verbotsverordnung vom 12. 12. 1989 (Bundesgesetzblatt 1989 Nr. 59: 2235) untersagt (auch Leiße 1992, Schneider 1992). Wegen der Gesundheitsgefährdung sollten statt dessen, je nach Material und Verwendungszweck, u. a. Borverbindungen, quaternäre Ammoniumverbindungen oder Dithiocarbamate benutzt werden.

Gegen Verfärbungen von trocknendem Eichenholz durch *Paecilomyces variotii* wurde eine Behandlung des frischen Holzes mit 5 bis 10%iger Propionsäure empfohlen (Bauch et al. 1991). Bei Freilandversuchen auf Trinidad mit lagernder Zuckerrohrbagasse, die dort zur Herstellung von Platten verwendet wird, wurde das Wachstum von Schimmelpilzen und weiteren Mikroorganismen durch organische Schwefelverbindungen und in geringerem Umfang durch Propionsäure unterdrückt (Liese und Walter 1980). Hohe Konzentrationen von Polyoxin, das die Chitinsynthese hemmt, bewirkten bei verschiedenen Schimmelpilzen und Bläueerregern eine geringere Sporenkeimung und langsameres Hyphenwachstum (Johnson 1986). *Streptomyces rimosus* (Croan und Highley 1992 b) und sein Kulturfiltrat (Croan und Highley 1992 c) verhinderten auf Holzproben die Sporenkeimung von *Aspergillus niger*, *Penicillium* sp. und *Trichoderma* sp.

Obwohl Bläuepilze die Holzfestigkeiten nicht wesentlich mindern, gilt Verblauen als erheblicher Schönheitsfehler und ist ein Dauerproblem der Rund- und Schnittholzlagerung.

Bei Berücksichtigung des Aspektes Borkenkäfer sind der sicherste Schutz vor Stammholzbläue: Fällung in der kalten Jahreszeit, rasche Aufarbeitung des Stammes, Erhalten des Rindenmantels als Schutz gegen Austrocknen und Infektion, kühle, schattige Lagerung und Naßhalten oder Wasserlagerung bzw. Berieselung berindeter Stämme.

Trotz Fällen und Einschnitt während der kalten Jahreszeit sowie luftiger Stapelung der Schnittware entstehen dennoch nach wie vor Schäden durch Bläuepilze. Ein zweijähriger Praxisversuch am Holz von 154 Kiefern zum Infektionsverlauf und zur Entwicklung von Innenbläue bei verschiedenen Fällterminen, Entrindungs- und Lagerungsvarianten zeigte, daß eine Infektion des Rundholzes in der Regel vermeidbar ist und der raschen Schnittholztrocknung die größte Bedeutung zukommt (Schumacher und Schulz 1992, auch v. Aufseß 1980).

Die Schnittholzbläue auf Lagerplätzen an Bohlen und Brettern wird außer durch sachgemäße Lagerung durch wäßrige Schutzmittel gemindert; nach dem Verbot von PCP stehen jedoch noch keine gleichwertigen Ersatzpräparate zur Verfügung. Wertvolles Kiefernschnittholz läßt sich durch technische Trocknung schützen.

Zur Minderung von Schäden durch Anstrichbläue werden fungizide Grundierungen verwendet.

Ein nicht zufriedenstellend gelöstes Problem ist das Verfärben von hellen Tropenhölzern (Bavendamm et al. 1963), wie *Pycnanthus, Virola, Aningeria* oder *Pterygota* (Bauch et al. 1985), nach dem Einschlag, bei der Verschiffung oder während des Trocknens der Sägeware (Fougerousse 1959, 1965, 1985, Karstedt et al. 1971, Willeitner und Liese 1992; siehe Abb. 39). Derartige Verfärbungen entstehen durch oxidative Reaktionen der akzessorischen Inhaltsstoffe mit Luftsauerstoff und Phenoloxidasen (u. a. Neger 1911, Karstedt et al. 1971, Oldham und Wilcox 1982), durch chemische Reaktionen der Inhaltsstoffe mit Metallen (Eisen, Zink: u. a. Bauch 1984) oder durch Mikroorganismen, besonders Bläuepilze, und bei einigen Holzarten, wie Ilomba, durch kombinierte Einflüsse [Bakterien und chemische Reaktionen (Bauch 1986; siehe Abb. 39, Tabelle 16)]. Die praktische Durchführung von Holzschutz in den Tropen gegen Verfärbungen und auch gegen Fäulnis ist bei Willeitner und Liese (1992) zusammenfassend dargestellt (auch Findlay 1985).

Im Laborversuch wurde ein Bläuepilz durch eine antibiotisch wirkende Substanz aus *Coniophora puteana* gehemmt (Croan und Highley 1990). In mehreren Arbeiten wurde die Eignung verschiedener Bakterien (*Bacillus subtilis, Pseudomonas cepacia, Streptomyces* spp.) zum biologischen Schutz gegen Verblauen untersucht (Bernier et al. 1986, Seifert et al. 1987, Benko 1989, Benko und Highley 1990, Florence und Sharma 1990, Croan und Highley 1991, 1992 b, c, Kreber und Morrell 1993).

Umfangreiche Untersuchungen zur Rotstreifigkeit von lagerndem Fichtenholz hinsichtlich der beteiligten Pilze, der Beeinträchtigung der Holzqualität und geeigneter Lagerungsformen sind bei v. Pechmann et al. (1967) beschrieben. Obwohl es bei Rotstreifepilzen von etwa 4 °C an auch in der kühlen Jahreszeit zur Ausbreitung kommt, sind, ähnlich wie bei der Bläue, im Herbst und Frühwinter eingeschlagene Stämme bei Einschnitt im folgenden Frühjahr kaum geschädigt. Da die Pilzschäden in den ersten Monaten meist nur oberflächlich sind, können wertmindernde Verfärbungen auf ein praktisch bedeutungsloses Ausmaß beschränkt werden, wenn das Stammholz in der warmen Jahreszeit nicht länger als einige Monate im Wald verbleibt. Insgesamt sollten entweder durch geeignete Waldlagerung (Bodenfreiheit, belüftet, unter Schirm) der feuchte bis halbfeuchte Zustand des Holzes rasch durchlaufen oder, bei unverletzter Rinde, die Holzfeuchtigkeit im Splint hochgehalten werden. Wie bei allen Schäden durch Basidiomyceten sind Wasserlagerung und Berieseln zur Verhütung geeignet (v. Pechmann et al. 1976). Als vorbeugende chemische Schutzbehandlung noch im Wald kommen die gegen Bläue angewendeten Möglichkeiten in Frage. Bestehender Befall kann durch künstliche Trocknung bei hohen Temperaturen abgetötet werden.

7 Holzfäulen, Erreger und Schutzmaßnahmen

Es werden die drei Fäuletypen Braunfäule, Weißfäule und Moderfäule (siehe Abb. 43 – 45) unterschieden. Alle weiteren Bezeichnungen sind entweder ältere Namen, Spezifikationen oder Fehlbenennungen (siehe Grosser 1985, Sutter 1986). Eine Pilzart kann nur einen Fäuletyp bewirken, und Arten mit verschiedenen Fäuletypen sollen nicht mehr in derselben Gattung erscheinen [z. B. *Lentinus lepideus*: Braunfäule; *Lentinula* (früher *Lentinus*) *edodes*: Weißfäule].

7.1 Braunfäule

Braunfäule wird durch Basidiomyceten hervorgerufen, die die Kohlenhydrate Cellulose und Hemicellulosen der verholzten Zellwand abbauen und das Lignin nahezu unverändert zurücklassen (Abb. 43), wodurch die Braunfärbung entsteht. Über eine „Metabolisierung" von Lignin in der verholzten Zellwand durch Braunfäulepilze liegen nur sehr vereinzelte Berichte vor (Messner und Stachelberger 1984, Messner et al. 1985). Von etwa 1700 holzzerstörenden Basidiomyceten Nordamerikas waren lediglich 120 Arten (7%) Braunfäuleerreger und von diesen 79 (65%) Porlinge (Gilbertson und Ryvarden 1986, Eriksson et al. 1990), während Weißfäuleerreger stärker über die verschiedenen Gruppen der Basidiomyceten verteilt und einige auch Ascomyceten sind (Rayner und Boddy 1988). Die meisten Braunfäulepilze greifen Nadelholz an (82%: Gilbertson und Ryvarden 1986), während Weißfäulepilze häufiger auf Laubholz vorkommen. Braunfäule kommt am stehenden und geschlagenen Holz sowie im Splint und Kern vor und ist der wichtigste Fäuletyp in Holz im Außen- und Innenbau. Braunfäule ist meist gleichmäßig über das Substrat verteilt; selten tritt sie unregelmäßig verteilt und von „gesundem" Holz umgeben als Braunlochfäule auf. Braunfäule kann zusammen mit Weißfäule vorkommen, indem z. B. ein stehender Baum von *Picea engelmannii* im Kern Weißlochfäule durch *Phellinus pini* (Kapitel 8.1.4.1) aufwies und nach Windwurf die „gesunden" Holzbereiche braunfaul wurden (Blanchette 1983). Braunfaule Holzreste sind aufgrund ihres überwiegenden Gehaltes an leicht modifiziertem Lignin sehr stabil und können im Erdboden Jahrhunderte überdauern; in den oberen Schichten von Forstböden erreicht ihr Anteil bis 30 Vol% (Gilbertson und Ryvarden 1986, auch Hering 1982, Hintikka 1982, Swift 1982). In Tabelle 18 sind einige wichtige Braunfäuleerreger zusammengestellt.

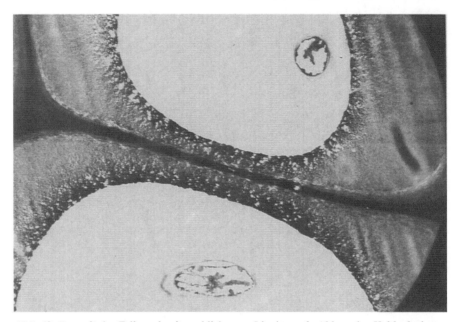

Abb. 43. Braunfäule. Zellwand mit verbliebenem Lignin nach Abbau der Kohlenhydrate. In den Lumina Hyphen, die infolge der Präparation nicht mehr der Tertiärwand anliegen. (TEM 13000×, Aufnahme W. Liese, aus Schmidt und Kerner-Gang 1986) (Würfelbruch: siehe Abb. 56 oben)

Die Pilze besiedeln das Holz zunächst über die Holzstrahlen und verbreiten sich im Längsgewebe durch die Tüpfel sowie mittels Mikrohyphen. Braunfäulepilze wachsen hauptsächlich in den Zellumina (Abb. 43) und dort in engem Kontakt mit der Tertiärwand (Liese 1966, 1970a). Die nicht-enzymatischen Agentien der präcellulolytischen Phase bzw. die cellulolytischen Enzyme durchdringen die relativ resistente Tertiärwand und diffundieren in die Sekundärwand, wo sie die Kohlenhydrate völlig abbauen (Abb. 43). Braunfäulepilze bewirken meist keine Lysiszonen um ihre Hyphen, wie dies für Weißfäulepilze charakteristisch ist; ausnahmsweise wurden jedoch auch bei Braunfäulepilzen Erosionen in der Zellwand beobachtet (Kim et al. 1992). Die Hyphen sind, wie bei Bläue-, Weiß- und Moderfäulepilzen, von glatten Schleimschichten aus eiweiß- und kohlenhydrathaltigem (α-Glucan, β-Glucan) Material bzw. aus kristallinen bis membranartigen oder fibrillären Strukturen umgeben (Liese und Schmid 1963, Liese 1966, Schmid und Baldermann 1967, Green et al. 1989, Toft 1992). Für die Hüllschichten wurden verschiedene Funktionen vorgeschlagen (Schmid und Liese 1965, Sutter et al. 1984, Green et al. 1991b, auch Kim 1991; Tabelle 19).

Im Frühstadium kommt es zu rascher Depolymerisierung der Kohlenhydrate. Bei *Serpula lacrymans* z. B. ist bei nur 10% Masseverlust die Druckfestigkeit bereits um 45% vermindert (Liese und Stamer 1934, auch Reinprecht 1992).

Tabelle 18. Einige wichtige Braunfäulepilze

Pilz	Hauptsächliches Vorkommen				
	lebender Baum	Holz außen	Holz innen	Nadel- holz	Laub- holz
Laetiporus sulphureus	×				×
Phaeolus spadiceus	×			×	
Piptoporus betulinus	×				×
Sparassis crispa	×			×	
Gloeophyllum spp.		×		×	
Daedalea quercina		×			×
Lentinus lepideus		×		×	
Paxillus panuoides		×		×	
Coniophora puteana			×	×	
Antrodia vaillantii und					
Tyromyces placenta			×	×	
Serpula lacrymans			×	×	

Tabelle 19. Mögliche Funktionen von pilzlichen Hüllschichten

Erkennen und Anheften am Substrat
Konditionieren des Holzsubstrates für den Abbau, wie Veränderung des extracellulären
   Ionengehaltes und des pH-Wertes
Konzentrierung, Speicherung und Transport der holzabbauenden Agentien
Regulieren des Abbauvorganges
Transport der Abbauprodukte zur Hyphe
Vergrößerung der Oberfläche und der Sauerstoffatmung
Speicherung von Nährstoffen
Schutz gegen Austrocknen und widrige Umweltbedingungen
bei dem kupfertoleranten *Tyromyces placenta* Anreicherung von Kupfer

Der Hemicelluloseabbau verläuft bis zu etwa 20% Masseverlust schneller als
die Veratmung der Spaltprodukte. Durch den Kohlenhydratabbau nimmt der
relative Ligningehalt stark zu, der absolute Ligningehalt wird geringfügig vermindert. Wegen des Celluloseabbaus nimmt die Dimensionsstabilität besonders axial stark ab, und durch Schwinden beim Trocknen entstehen Quer- und
Längsrisse mit dem charakteristischen würfelförmigen Zerfall (Würfelbruch;
siehe Abb. 52, 56 oben), welches zu der früher gebräuchlichen Bezeichnung
Destruktionsfäule geführt hat. Besonders in älterer Literatur wird Braunfäule
fälschlicherweise auch unter dem Begriff Rotfäule geführt, der jedoch die spezielle Weißfäule durch *Heterobasidion annosum* meint. Im Endstadium des
Abbaus läßt sich braunfaules Holz mit den Fingern zu Pulver zerreiben. Hausfäule umfaßt Pilzschäden durch Braunfäulepilze in gedeckten Gebäuden, besonders durch *Serpula lacrymans, Coniophora puteana* und die Porenhausschwämme *Antrodia vaillantii* und *Tyromyces placenta* sowie *Gloeophyllum
abietinum* als Fensterholzzerstörer und vereinzelt durch *Daedalea quercina,
Lentinus lepideus* und *Paxillus panuoides*.

7.2 Weißfäule

Weißfäule bezeichnet den Abbau von Cellulose, Hemicellulosen und Lignin meist durch Basidiomyceten und vereinzelt auch durch Ascomyceten (Eriksson et al. 1990). Es werden zwei Typen unterschieden: Simultanfäule und sukzessive Weißfäule (Liese 1970a, Blanchette et al. 1985).

Abhängig von Pilzart und Zersetzungsgrad werden bei der Simultanfäule (auch Korrosionsfäule) Kohlenhydrate und Lignin annähernd gleichzeitig und mit gleichen Raten abgebaut. Typische Pilze mit Simultanfäule sind *Fomes fomentarius*, der Feuerschwamm, *Phellinus igniarius*, der Eichenfeuerschwamm, *Phellinus robustus*, und *Trametes versicolor* in stehendem und lagerndem Laubholz (Blanchette 1984a; Abb. 44 oben links). Bei *Fomes fomentarius*, *Trametes versicolor* u. a. zeigt weißfaules Holz schwarze Demarkationslinien (Abb. 44 oben links), durch die sich verschiedene Pilzarten oder genetisch unverträgliche Mycelien derselben Art voneinander oder Mycelien gegen das noch unbefallene Holz abgrenzen (Marmorfäule). Die Linien entstehen durch pilzliche Phenoloxidasen, wobei pilz- oder auch wirtseigene Stoffe in Melanine umgewandelt werden (Li 1981, Butin 1983). In Abhängigkeit von der Feuchteverteilung im Stammholz und zwischen verschiedenen Pilzarten oder inkompatiblen Genotypen einer Art kann eine Kompartimentierung einzelner Abbauherde durch schwarze pseudosklerotische Schichten aus feststrukturiertem Pilzmycel entstehen (Rayner und Boddy 1988, Eriksson et al. 1990).

Der Zellwandabbau kann mit Löchern in der Sekundärwand durch Mikrohyphen (Schmid und Liese 1966) beginnen, die mit fortschreitender Zerstörung zu größeren Wandhöhlungen zusammenfließen. Meist jedoch liegen die im Lumen wachsenden Hyphen dicht der Tertiärwand an. Die von einer Schleimschicht umgebene Hyphe scheidet die abbauenden Enzyme aus, die lediglich in unmittelbarer Nähe der Hyphe aktiv sind. Durch die entstehende Lysiszone gräbt sich die Hyphe, ähnlich einem Fluß durch Erosion, in die Sekundärwand (Abb. 44 oben rechts), die intensiver abgebaut wird als Tertiärwand und Mittellamelle/Primärwand (Schmid und Liese 1964, Liese 1970b).

Bei der sukzessiven Weißfäule, wie bei *Heterobasidion annosum*, (Rotfäule in Fichte), dem Mosaik-Schichtpilz, *Xylobolus frustulatus*, (Rebhuhnfäule in stehenden und gefällten Eichen: Otjen und Blanchette 1984, 1985) verläuft der Ligninanbau mit Beginn der Zersetzung schneller, so daß sich Cellulose zunächst relativ anreichert. Häufig, u. a. durch *Phellinus pini* (Liese 1970a) im Kernholz lebender Nadelbäume sowie bei *Bjerkandera adusta* und verschiedenen anderen Pilzen (Blanchette 1984a, Otjen et al. 1987), finden sich innerhalb einer Holzprobe, umgeben von „gesundem" Gewebe, Bereiche, in denen in der Sekundärwand „selektiv" Lignin (selektive Delignifizierung; siehe Biopulping) und Hemicellulosen abgebaut werden und der größte Teil der Cellulose verbleibt (Weißlochfäule, Wabenfäule; Abb. 44 unten). Hierbei kommt es durch den Abbau des stark lignifizierten Mittellamelle/Primärwandbereiches zu einer Auflösung des Gewebeverbandes. Der Flache Lackporling, *Ganoderma lipsiense*, kann innerhalb einer Holzprobe sowohl Weißlochfäule als auch Simultanfäule oder, holzartenabhängig, bei Birke und Eiche Weißlochfäule

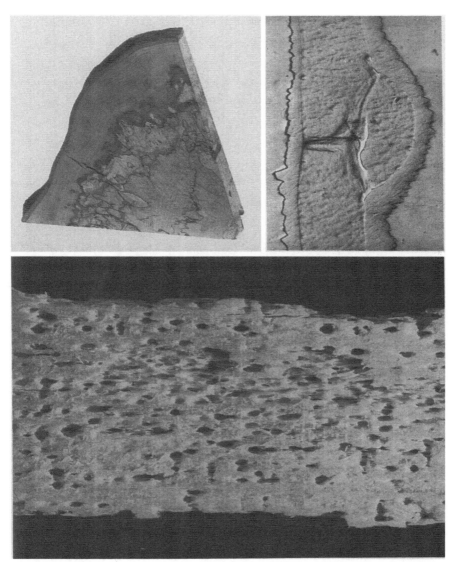

Abb. 44. Weißfäule. Oben, links: Simultanfäule durch *Trametes versicolor* in Buchenholz; rechts: Hyphen (mit Schnalle) von *Trametes versicolor* und erosionsförmiger Zellwandabbau (TEM 9000×, aus Schmid und Liese 1964); unten: Weißlochfäule (Aufnahme W. Liese)

und bie Pappel Simultanfäule verursachen (Blanchette 1984 a, Dill und Krepelin 1986).

Viele Weißfäulepilze, wie z. B. *Heterobasidion annosum* (Hartig 1874), bewirken im abgebauten Holz schwarze Flecken aus Mangandioxid-Ablagerungen auf der Tertiärwand und an den Hyphen (Blanchette 1984b), möglicher-

Tabelle 20. Einige wichtige Weißfäulepilze

Pilz	Hauptsächliches Vorkommen			
	lebender Baum	Holz außen	Nadelholz	Laubholz
Armillaria mellea	×		×	×
Fomes fomentarius	×			×
Heterobasidion annosum	×		×	
Meripilus giganteus	×			×
Phellinus pini	×		×	
Polyporus squamosus	×			×
Rotstreife-Erreger		×	×	
Schizophyllum commune		×		×
Trametes versicolor		×		×

weise im Zusammenhang mit der am Ligninabbau beteiligten Mangan-Peroxidase.

Weißfäulepilze greifen überwiegend Laubbäume an, entweder als Pionierorganismen oder später im Rahmen einer Sukzession, so daß sich Weißfäulepilze nur selten in Gebäuden finden. In Tabelle 20 sind einige wichtige Weißfäulepilze aufgeführt.

Bei der Simultanfäule nimmt der Polymerisationsgrad der Kohlenhydrate langsam und gleichmäßig ab, Hemicellulose wird kaum akkumuliert. Bei allen Weißfäuletypen verringern sich die Holzfestigkeiten weniger stark als bei Braunfäule, da bei gleichem Masseverlust weniger Cellulose abgebaut wird. Ebenso ist hier die Dimensionsstabilität weniger stark herabgesetzt, und es kommt nicht zu Rißbildung oder Würfelbruch. Bei fortgeschrittenem Befall ist das Holz sehr leicht (im Labor 87% Masseverlust an Buchenholz durch *Trametes versicolor* nach 7 Monaten Abbau: Schmid und Liese 1964), weich und faserig oder schwammig.

7.3 Moderfäule

Als eigenständiger Fäuletyp wurde Moderfäule erstmals in den 50er Jahren beschrieben (Findlay und Savory 1954, Liese 1955), als Riesellatten (Abb. 45 oben) in Kühltürmen trotz Wassersättigung verfaulten und Masten abbrachen, obwohl sie gegen Fäulnis durch Basidiomyceten geschützt waren. Als Erreger kommen etwa 300 Pilze (Seehann et al. 1975, auch Kerner-Gang 1970) aus den Gruppen Ascomyceten und Deuteromyceten, wie z. B. *Chaetomium globosum* (Takahashi 1978) und *Paecilomyces* spp., in Frage.

Von den braun- und weißfäuleerregenden Basidiomyceten unterscheiden sie sich, indem sie hauptsächlich innerhalb der verholzten Zellwand wachsen (Abb. 45 Mitte). Das Holz wird über die Holzstrahlen und Gefäße besiedelt, und die Pilze durchdringen, ausgehend von den Tracheidenlumina, mittels dünner Perforationshyphen (Liese 1966) von weniger als 0,5 µm Durchmesser

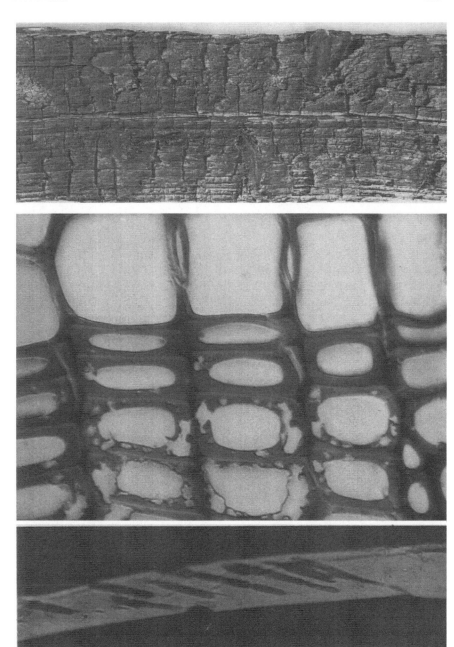

Abb. 45. Moderfäule. Oben: Rieselbrett aus einem Kühlturm mit Würfelbruch; Mitte: loch-
förmiger Abbau der Sekundärwände in Spätholztracheiden von Kiefernsplintholz (LM
1000×, Aufnahme M. Rütze); unten: Kavernen in einer Faser (Polarisationsmikroskopische
Aufnahme W. Liese)

Tabelle 21. Mögliche Ursachen für die Kavernenbildung durch Moderfäulepilze

- der chemische und morphologische Aufbau der Zellwand allgemein (Liese 1964)
- die Anhäufung von toxischen phenolischen Substanzen aus dem Ligninabbau (Liese 1970a)
- periodische Unterschiede in der Cellulaseaktivität durch die entstandenen Zucker (Katabolitrepression: Nilsson 1974)
- ein ungleichmäßig verteilter chemischer Faktor der Kohlenhydratkomponente in der Zellwand (Nilsson 1982)
- Zusammensetzung und Mikroverteilung des Lignins in der Wand (siehe Text)
- durch die Kavernenbildung erhaltene, aber mengenmäßig begrenzte Nährstoffe ermöglichen der Feinhyphe Längenwachstum lediglich über kürzere Entfernung
- die schmale Durchbohrung der Zellwand zwischen zwei Kavernen entsteht durch besonders intensive apikale Enzymausscheidung der Feinhyphe und sehr geringe Aktivität am älteren Ende (Eriksson et al. 1990)

die Tertiärwand und wachsen als Feinhyphen nach L-förmiger Kurve in einer Richtung oder nach T-förmiger Verzweigung in beiden Richtungen parallel zu den Mikrofibrillen longitudinal in der Sekundärwand (Moderfäuletyp 1, Nilsson 1976).

In Längsschnitten, im polarisierten Licht deutlich erkennbar, bewirken die Hyphen in der Sekundärwand rautenförmige Kavernen unterschiedlicher Form und Anordnung (Courtois 1963, Levy 1966, Butcher 1975), die wie Perlschnüre aufgereiht sind (Abb. 45 unten): Die Feinhyphe stoppt ihr Wachstum und scheidet längs ihrer Hyphe Enzyme aus, welche die Entstehung der Kaverne bewirken. Innerhalb der Kaverne nimmt der Hyphendurchmesser auf etwa 5 µm zu. Von der Spitze der Kaverne wächst eine neue Feinhyphe aus, welche die nächste Kaverne ergibt (Eriksson et al. 1990).

Für das oszillierende Hyphenwachstum mit Kavernenbildung werden verschiedene Ursachen diskutiert (Tabelle 21).

Die in Querschnitten lochförmig erscheinenden Kavernen („Initialstadium") vergrößern sich mit fortschreitendem Abbau zu größeren Wandöffnungen (Abb. 45 Mitte), schließlich kommt es zu ringförmigem Ablösen der Tertiärwand („fortgeschrittenes Stadium"), und wegen ihres hohen Ligningehaltes werden Tertiär- und Primärwand zum Schluß angegriffen („spätes Stadium"). Es verbleibt ein lückenhaftes Skelett aus Mittellamellen („Zerstörungszone").

Beim Moderfäuletyp 2, der besonders bei Laubholz vorkommt (siehe Zabel et al. 1991), erodieren die Hyphen vor allem vom Lumen her die Tertiärwand und dringen bis zur Mittellamelle/Primärwand vor.

Als seltene Variante wurden diffuse, irreguläre Kavernen in der Sekundärwand beschrieben (Anagnost et al. 1992).

Moderfäule entwickelt sich auch in Monokotyledonen (Bambus: Liese 1959, Sulaiman und Murphy 1992).

In einer breiteren Definition wurde für Moderfäule jeder deutliche, pilzbedingte Zellwandabbau durch Nicht-Basidiomyceten vorgeschlagen, was jedoch im Gegensatz zu den weißfäulebewirkenden Ascomyceten (s. o.) steht.

Da die Tertiär- und Mittellamelle/Primärwand aufgrund starker Lignifizierung über längere Zeit gegen den Pilzangriff resistent sind (Abb. 45 Mitte), wird Holz mit Moderfäule häufig mit bloßem Auge zunächst nicht als verfault erkannt. Auch bei der „Hammerprobe" ergibt es nicht den hohlen Klang von zerstörtem Holz (Liese 1959), so daß früher bei Reparaturarbeiten an Leitungen aus Unkenntnis der Bediensteten mehrfach Unfälle durch Mastbrüche auftraten. Moderfäule dringt langsam von außen zur Holzmitte vor. Feuchtes Holz färbt sich dunkel und wirkt an der Oberfläche modrig-weich (Name!); trockenes Holz zeigt Würfelbruch mit feinrissiger, holzkohleähnlicher Oberfläche (Abb. 45 oben). Weitere Befallssymptome sind stumpfes Bruchgefüge und kurzfaseriges Ausbrechen von Spänen beim Anstechen.

Innerhalb der Zellwand bauen Moderfäulepilze Cellulose und Hemicellulosen ab. Verglichen mit den Braunfäulepilzen diffundieren die cellulolytischen Agentien jedoch nicht so weit in die Zellwand, sondern bleiben in unmittelbarer Nähe der Hyphe (Liese 1964). Lignin wird zumindest im Anfangsstadium nicht oder kaum angegriffen, hauptsächlich durch Demethylierung, so daß Moderfäule vom Typ her der Braunfäule ähnelt. Isolierte Lignine und DHP's werden nicht demethyliert. An Ligninmodellbausteinen wurden die C_β-04-Bindung und der aromatische Ring gespalten (Eriksson et al. 1990, auch Bauch et al. 1976).

Eine insgesamt hemmende Wirkung von Lignin ergibt sich u.a. aus dem Befund, daß eine delignifizierende Vorbehandlung den Kohlenhydratabbau verstärkt (Zainal 1976). Der Holzabbau durch Moderfäulepilze wird weiterhin von Menge und Typ des Lignins beeinflußt: Das in der Regel ligninreichere Nadelholz mit Lignin überwiegend aus Coniferylbausteinen ist allgemein resistenter als das ligninärmere Laubholz aus Sinapyl-Coniferyl-Bausteinen (Nilsson et al. 1988, Eriksson et al. 1990). Bei Nadelholz erfolgt der Abbau bevorzugt im Spätholz (Abb. 45 Mitte) mit seinem prozentual geringen Lignin- und hohen Cellulosegehalt.

Wegen des intensiven Kohlenhydratabbaues bewirkt Moderfäule, ebenso wie Braunfäule, bei nur 5% Masseverlust bereits auf die Hälfte verminderte Bruchschlagarbeit (Liese und v. Pechmann 1959), und durch die Abnahme der Dimensionsstabilität kommt es zur Rißbildung.

Moderfäule entsteht an lagerndem sowie außen verbautem Holz. Moderfäulepilze können Holz unter extremen ökologischen Bedingungen abbauen, die für Basidiomyceten ungeeignet sind: ständig nasses Holz bis nahezu Wassersättigung, wie in Hafenbauten und Schiffen, jedoch nicht permanent unterhalb des Wasser- bzw. Grundwasserspiegels, sowie Holz in Erdkontakt, wie Masten, Pfosten, Schwellen (Liese 1959). Bei Untersuchungen über die „natürliche Astreinigung" fanden sich zahlreiche Moderfäuleerreger an vermorschenden Ästen (Butin und Kowalski 1992). Über Moderfäulepilze (und Basidiomyceten) unter marinen Bedingungen siehe u.a. Kohlmeyer (1977), Leightley und Eaton (1980) und Troya et al. (1991). Die Holzfeuchtetoleranz der Pilze reicht von Trockenstarre bis zum Abbau bei nahezu Wassersättigung. Beispielsweise zeigten *Chaetomium globosum* und *Paecilomyces* sp. in Buchenholzproben mit 200% Holzfeuchtigkeit keinerlei Hemmung ihrer Zersetzungsaktivität

(Liese und Ammer 1964). Bei insgesamt relativ geringem Sauerstoffbedarf erhalten Moderfäulepilze den nötigen Sauerstoff für den Abbau wassergesättigten Holzes in Kühltürmen durch den Sprüheffekt von Wasser, der Sauerstoff
in Lösung bringt. Thermophile Arten und solche mit der Fähigkeit der Hitzestarre zerstören Holz im Inneren von Hackschnitzelhaufen (Hajny 1966, auch
Smith 1975). *Chaetomium globosum* kann Nährlösungen mit Ausgangs-
pH-Werten von 3 bis 11 bewachsen. Einige Moderfäulepilze bauen Hölzer mit
natürlicher Dauerhaftigkeit ab, wie Bongossi oder Teak. Nach einem 21jähri-
gen Freilandversuch in Erdboden wies das Kernholz verschiedener Laubhölzer
in etwa 3/4 aller Proben Moderfäule, zu etwa 1/4 Weißfäule und lediglich 3%
Braunfäulebefall auf (Johnson und Thornton 1991). Moderfäulepilze sind
tolerant gegen Chrom-Fluor-Salze, die gegen Braun- und Weißfäuleerreger
wirksam sind, reagieren jedoch empfindlich auf Kupfer. Holz in Erdkontakt
muß daher mit einem Schutzmittel behandelt sein, das eine Kupferformulie-
rung enthält, falls nicht Steinkohlenteeröl verwendet wird. Große wirtschaftliche Verluste entstanden dennoch z. B. in Australien, als Hunderttausende von
Masten aus Eukalyptus, die mit Chrom-Kupfer-Arsen getränkt waren, aufgrund ungleicher Schutzmittelverteilung im Holz vorzeitig durch Moderfäule
ausfielen (Dickinson et al. 1976, Liese und Peters 1977, Greaves und Nilsson
1982, Willoughby und Leightley 1984, Hedley und Drysdale 1986). Zahlreiche
Moderfäuleerreger wurden aus CKA-behandelten (Zabel et al. 1991, Wong et
al. 1992) und Steinkohlenteeröl-imprägnierten Masten (Lopez et al. 1990,
Dickinson et al. 1992) isoliert.

7.4 Möglichkeiten zur Vermeidung von Fäulnis und Prinzipien des Holzschutzes gegen Pilze

Tabelle 22 nennt die Voraussetzungen für die Entwicklung von Holzpilzen und
daraus abzuleitende Schutzprinzipien (Willeitner 1981 a, auch Wälchli 1985,
Willeitner und Liese 1992).

Das Prinzip des Holzschutzes besteht darin, wenigstens eine der drei Le-
bensvoraussetzungen im Holz so zu verändern, daß die Entwicklung von Holzpilzen unmöglich oder zumindest stark gehemmt wird.

Tabelle 22. Voraussetzungen für die Entwicklung von Holzpilzen und daraus abzuleitende
Schutzprinzipien. (Verändert nach Willeitner 1981 a)

Voraussetzung	Gegenmaßnahme	Schutzprinzip
geeigneter Feuchtigkeitsbereich	vermindern, fernhalten	Holztrocknung, baulicher Holzschutz
geeignete Nahrung	ungenießbar machen	chemischer Holzschutz
ausreichendes Sauerstoffangebot	fernhalten	Naßlagerung

Tabelle 23. Gefährdung des Holzes durch Pilze in Abhängigkeit vom Einsatzbereich. (Verändert nach Willeitner 1981a)

Einsatzbereich	Holzfeuchtigkeit	Gefährdung
Holz im Erdkontakt	ständig hoch	besonders stark
Holz im Spritzwasserbereich	wechselnd, häufig hoch	stark
Holz im Freien ohne Erdkontakt		
allgemein	wechselnd	mäßig-gering
Fugen	wechselnd, häufig hoch	stark
Holz im Tauwasserbereich ohne ausreichende		
konstruktive Gegenmaßnahmen	hoch	sehr stark
mit ausreichenden Maßnahmen	gering	gering
Fenster		
falsche Konstruktion	hoch	sehr stark
zweckmäßige Konstruktion	gering	sehr gering
Dachstuhl (soweit nicht Tauwasserbereich)	gering	gering

Tabelle 24. Grundprinzipien des baulichen Holzschutzes. (Nach Willeitner 1981b)

Auswahl geeigneter Holzarten und Hilfsstoffe
zweckmäßige Konstruktionen
entsprechende Einschnittsformen

Die Feuchtigkeitsverhältnisse im Holz sind von entscheidender Bedeutung für die Entwicklung der Schadorganismen (s. o.). In Tabelle 23 sind die Gefährdungen von Holz in Abhängigkeit vom Einsatzbereich genannt (Willeitner 1981a, Orsler 1992).

Neben dem Fernhalten von Feuchtigkeit durch baulichen Holzschutz (konstruktiv/technischer Schutz, wie z. B. Vermeiden von Kondenswasser in holzverkleideten Bädern oder bei der Dachdämmung, Ableiten von Niederschlägen, stärker überstehende Dächer: u.a. Anonym. 1988) und organisatorischen Schutz (z. B. kurze und sachgemäße Lagerung) kann ein Pilzangriff durch Einsatz von dauerhaften Holzarten (natürliche Methoden: Willeitner 1981b) oder durch chemische Holzschutzmittel verhindert werden (Willeitner 1981c, Leiße 1992, auch Sutter 1986).

Die Grundprinzipien des baulichen Holzschutzes sind in Tabelle 24 genannt (Willeitner 1981b, auch Scheidemantel 1986).

Natürliche Dauerhaftigkeit meint „die dem Holz eigene Widerstandsfähigkeit gegen den Angriff durch holzzerstörende Organismen" (Pilze, trockenholzzerstörende Käfer, Termiten und Schädlinge im Meerwasser) (EN 350-1 1994, EN 460 1994; u.a. Scheffer und Cowling 1966, Kumar 1971, Wälchli 1973, 1976, Da Costa 1975, Willeitner und Schwab 1981, Seehann 1991). Sie beruht auf der Anwesenheit von akzessorischen Bestandteilen, bei denen es sich um zahlreiche Verbindungen aus verschiedenen Stoffklassen (s. o.) handelt

(Fengel und Wegener 1989). Sie werden im lebenden Baum beim Übergang vom Splint- zum Kernholz produziert und im Kern abgelagert, so daß nur das Kernholz natürlich dauerhaft sein kann, während der Splint bei allen Holzarten nur wenig oder nicht dauerhaft ist. Holzarten mit hoher natürlicher Dauerhaftigkeit gegen Pilze (Dauerhaftigkeitsklasse 1: sehr dauerhaft) sind z. B. Greenheart (dauerhaft auch gegenüber Termiten und Schädlingen im Meerwasser) und Teak; Eiche (*Quercus robur* und *Q. petraea*) ist dauerhaft (Klasse 2), Nußbaum mäßig dauerhaft (Klasse 3), Fichte wenig dauerhaft (Klasse 4) und Buche nicht dauerhaft (Klasse 5). Die Dauerhaftigkeit von 128 Holzarten ist in EN 350-2 1994 aufgelistet.

Chemischer Holzschutz wird angewendet, wenn bei einer erhöhten Gefährdung baulich-konstruktive Maßnahmen allein nicht genügen. Nicht ausreichend dauerhafte Holzarten und das Splintholz aller Hölzer können durch Imprägnieren mit geeigneten Holzschutzmitteln lang anhaltend widerstandsfähig gegen Schädlingsbefall gemacht werden. Voraussetzung ist, für den jeweiligen Einsatzbereich zweckmäßige und wirksame Präparate mit geeigneten Verfahren in ausreichender Menge genügend tief in das Holz einzubringen (Willeitner 1981 c, Sutter 1986, Orsler 1992; siehe Tabelle 28).

Nur etwa 25% der in den alten Ländern der Bundesrepublik Deutschland zwischen 1988 und 1992 angebotenen etwa 1000 Produkte von 250 Herstellern (insgesamt 48000 t pro Jahr) wurden hinsichtlich ihrer Wirksamkeit, technischen Eigenschaften und gesundheitlichen Unbedenklichkeit (Anonym. 1993 b) in neutralen staatlichen Instituten (amtliche Prüfung) oder in industriellen bzw. privaten Forschungseinrichtungen (nichtamtliche Prüfungen) untersucht und die Ergebnisse in Prüfberichten wiedergegeben. In der ehemaligen DDR betrug das mittlere Produktionsvolumen an Holzschutzmitteln für den Zeitraum 1981 bis 1989 etwa 18400 t pro Jahr (Melcher 1993).

In Europa gibt es verschiedene Standards, um die Wirksamkeit eines Mittels zu prüfen (Tabelle 25; Abb. 46).

Die amtliche Zulassung eines Holzschutzmittels für tragende Bauteile erfolgt in Deutschland durch das Institut für Bautechnik (IfBt) in Berlin nach Beratung im Sachverständigenausschuß Holzschutzmittel, der die Ergebnisse der Prüfungen bewertet und feststellt, ob die notwendigen Mindestanforderungen (u. a. Wirksamkeit, keine nachteiligen Nebenwirkungen) erfüllt sind. Zusätzlich bewerten das Bundesgesundheitsamt die hygienisch-toxikologische

---

Tabelle 25. Beispiele für Prüfstandards von Holzschutzmitteln

EN 113   gegen Basidiomyceten
         („Prüfung von Holzschutzmitteln, Bestimmung der Grenze der Wirksamkeit gegenüber holzzerstörenden Basidiomyceten, die auf Agar gezüchtet werden";
         Abb. 46)
EN 152   gegen Bläuepilze
         („Prüfung von Holzschutzmitteln, Laboratoriumsverfahren zur Bestimmung der vorbeugenden Wirksamkeit einer Schutzbehandlung von verarbeitetem Holz gegen Bläuepilze") (DIN Deutsches Institut für Normung e. V. 1991)

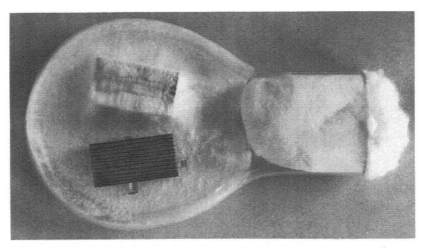

Abb. 46. Holzschutzmittelprüfung mit Basidiomyceten in Kolleschalen auf Malzagar gemäß EN 113. Oben: unbehandelte Kontrolle; unten: imprägnierte Probe

Tabelle 26. Prüfprädikate von Holzschutzmitteln in Hinblick auf die Wirksamkeit

P:	wirksam gegen Pilze
Iv:	Insekten-vorbeugend
W:	für Holz, das der Witterung ausgesetzt ist, ohne ständigen Erd- bzw. Wasserkontakt
E:	für Holz, das extremer Beanspruchung ausgesetzt ist, wie ständigem Erd- bzw. Wasserkontakt

Unbedenklichkeit des Mittels bei bestimmungsgemäßer Anwendung und das Umweltbundesamt sein ökotoxikologisches Verhalten. Von den in erster Linie im professionellen Bereich eingesetzten Holzschutzsalzen (Marktanteil 23%) weisen 95% das Prüfzeichen des IfBt auf; dagegen sind nur 10% der überwiegend im Do-it-yourself-Bereich verwendeten lösemittelhaltigen Holzschutzmittel geprüft (Anonym. 1993b).

Wichtige Eigenschaften eines Präparates werden durch Prüfprädikate beschrieben (Tabelle 26).

Holzschutzmittel für nicht tragende Bauteile sowie Bekämpfungsmittel können durch die RAL-Gütegemeinschaft Holzschutzmittel in Frankfurt ein Gütezeichen erhalten, wobei Bundesgesundheitsamt und Umweltbundesamt ebenfalls mitwirken.

Alle Holzschutzmittel mit Prüfzeichen und RAL-Gütezeichen sind im Holzschutzmittelverzeichnis aufgeführt, das jährlich vom Institut für Bautechnik herausgegeben wird und im Verlag Erich Schmidt, Berlin, erscheint.

Holzschutzmittel lassen sich in drei Hauptgruppen und in Sonderpräparate gliedern (Willeitner 1981c; Tabelle 27).

Wasserlösliche, meist anorganische Salze ohne Chromatanteile (Fluoride, Borate) werden wegen ihrer Auswaschbarkeit nur im Innenbau angewendet.

Tabelle 27. Holzschutzmittelgruppen. (Nach Willeitner 1981 c und Leiße 1992)

Gruppe	Bestandteile	Anwendungsbereich
Wasserlösliche, anorganische Salze ohne Chrom, auswaschbar	Fluoride, Borate	nur Innenbau
chromathaltige Salzmischungen, fixierend	Chrom-Fluor (CF) Chrom-Fluor-Bor (CFB)	Innen- und Außenbau ohne Erdkontakt
zusätzlich Kupfer gegen Moderfäule	Chrom-Kupfer-Bor (CKB) Chrom-Kupfer-Fluor (CKF) Chrom-Kupfer-Fluor-Zink (CKFZ)	Holz in ständigem Erdkontakt oder in fließendem Wasser
Destillate des Steinkohlenteeröls		nur Außenbau, mit Erdkontakt
Lösemittelhaltige Präparate	Tributylzinn-Verbindungen, Triazole, Xyligen	Innen- und Außenbau ohne Erdkontakt

Bei Chromat-haltigen Salzmischungen werden die Komponenten im Holz schwer auswaschbar (Fixierung: u.a. Cox und Richardson 1979). Chrom-Fluor- (CF) und Chrom-Fluor-Bor-Salze (CFB) sind für Innen- und Außenbau ohne Erdkontakt geeignet. Für Holz in ständigem Erdkontakt (z.B. Masten) oder in fließendem Wasser (Kühltürme) ist zusätzliche Wirksamkeit gegen Moderfäulepilze erforderlich; in Frage kommen Chrom-Kupfer-Salze (CK), die zum Schutz gegen die verschiedenen Basidiomyceten meist zusätzlich Bor (CKB), Fluor (CKF), Fluor und Zink (CKFZ) und im Ausland Arsen (CKA, englisch: CCA) enthalten. Wegen toxikologischer Bedenken (Cox und Richardson 1979) werden in jüngster Zeit zunehmend chromatfreie, ebenfalls fixierende Salze auf der Basis von Cu-HDO [Bis-(N-Cyclohexyldiazeniumdioxy)-Kupfer] eingesetzt (u.a. Peek 1991, Hettler et al. 1992); andere Mittel befinden sich in der Erprobung (Härtner und Barth 1992).

Verschiedene Destillate des Steinkohlenteeröls, aus vielen Hundert Einzelkomponenten bestehend, werden wegen ihres Geruchs nur im Außenbau und hier auch mit Erdkontakt eingesetzt, hauptsächlich als schwerer Typ für Bundesbahnschwellen und als leichter Typ für Bundespostleitungsmasten. Die Anwendung ist jedoch durch die Teerölverordnung vom 27.5.1991, besonders hinsichtlich des Gehaltes an Benzo(a)pyren, wesentlich eingeschränkt (Leiße 1992, Hillner und Streckert 1992, Petrowitz 1993). Neue Entwicklungen sind weniger geruchsintensiv.

Bei lösemittelhaltigen Präparaten sind Fungizide, wie z.B. Tributylzinn-Verbindungen, Triazole (Wüstenhöfer et al. 1992) oder Xyligen, und Insektizide (z.B. Pyrethroide) in organischen Lösemitteln gelöst, die nach ihrer Anwendung bei Holz im Innen- und Außenbau ohne Erdkontakt verdunsten und die Wirkstoffe im Holz zurücklassen. Pentachlorphenol ist in der Bundesrepublik seit 1989 verboten.

Für besondere Einsatzgebiete sind verschiedene Sonderpräparate entwickelt worden: Beispielsweise bewirken in Pastenform vorliegende Öl-Salzgemische an besonders gefährdeten Stellen (Nachschutz von Masten in der Erdluftzone) ein gewisses Schutzmitteldepot; andere Mittel dienen zur Bekämpfung von Schwamm im Mauerwerk.

Mögliche Wirkstoffe der verschiedenen Schutzmitteltypen und einige Rezepturen sind bei Leiße (1992) genannt.

Vor dem Einbringen der Wirkstoffe muß eine sachgemäße Vorbehandlung des Holzes erfolgen: Mit Ausnahme bestimmter Saftverdrängungsverfahren muß alles Holz vor der Behandlung mit Schutzmitteln entrindet und entbastet (weißgeschält), und alte Lackanstriche, Beschichtungen oder ähnliches müssen entfernt sein. Häufig, wie bei der Kesseldrucktränkung als Volltränkung oder Spartränkung und allgemein bei Teerölpräparaten, muß das Holz unter Fasersättigung von etwa 30% Holzfeuchtigkeit vorgetrocknet sein (Tränkreife). Bei Kurzzeitverfahren muß auch bei wasserlöslichen Mitteln zumindest die Holzoberfläche angetrocknet sein. Alle Bearbeitungsgänge des Holzes müssen vor der Schutzmittelanwendung beendet sein, da der Schutz unwirksam wird, wenn durch Sägen oder Bohren (sowie auch durch Trockenrisse) ungeschützte Holzteile freigelegt werden. Vor einer Behandlung ist die unterschiedliche Zugänglichkeit der verschiedenen Holzarten für das Eindringen von Lösungen (Tränkbarkeit, EN 350-2) zu berücksichtigen; schwer tränkbare Hölzer, wie Fichte, können durch mechanische Vorbehandlungen (Schlitz-, Nadel- oder Lochperforation) aufnahmefähiger gemacht werden (u. a. Komora et al. 1992). Versuchsweise erfolgten enzymatische Vorbehandlungen zur Verbesserung der Wegsamkeit verschiedener Nadel- (Adolf 1975, Militz 1993) und Laubhölzer (Knigge 1985) und bei Fichtenholz Behandlungen mit Chemikalien, wie Ammoniumoxalat und Essigsäure (Militz und Homan 1992).

Zur Einbringung der Wirkstoffe in das Holz stehen verschiedene Verfahren zur Verfügung, die sich in vier Gruppen gliedern lassen (Willeitner 1981 c; Tabelle 28).

Bei wasserlöslichen Präparaten und Witterungsbeanspruchung ist eine ausreichende Fixierungszeit einzuhalten, um bei späterer Beregnung ein Aus-

Tabelle 28. Einbringverfahren von Holzschutzmitteln. (Nach Willeitner 1981 c und Leiße 1992)

Druckverfahren, die über mehrere Stunden Druckintervalle bis zu 0,8 N/mm² verwenden und je nach Schutzmittel und Holzart bestimmten, vorgeschriebenen Tränkabläufen folgen, ergeben ein tiefes Eindringen und ein hohes Maß an im Holz verbleibendem Wirkstoff. Doppelvakuumverfahren basieren auf wechselndem Vakuum und geringem Luftdruck.

Bei Langzeitverfahren wird das Holz bis zu mehreren Tagen in die Schutzmittellösung getaucht.

Kurzzeitverfahren, wie Tauchen, Spritzen oder Streichen, ergeben nur geringe Eindringung und wenig Wirkstoffgehalt.

Sonderverfahren, wie Bandagen oder Bohrlochtränkung, bestehen zum Schutz bzw. Nachschutz von stark gefährdeten Holzteilen.

waschen von Wirkstoffen aus dem Holz und damit Verringerung des Schutzes sowie Belastung der Umwelt zu vermeiden.

Die nötigen Einbringmengen eines Schutzmittels hängen von der Gefährdung des Holzes, vom Schutzmitteltyp und dem Einbringverfahren ab. Die jeweils erforderlichen Mindestmengen sind in DIN 68800 Teil 3, im Prüfbescheid und in Merkblättern angegeben (auch Willeitner 1981 c).

Der vorbeugende chemische Schutz von Holzwerkstoffen ist in DIN 68800 Teil 5 geregelt.

Untersuchungen zur Tränkbarkeit von Fichtensplintholz von Bäumen aus Waldschadensgebieten zeigten keine Korrelation zwischen Schadklassen und Tränkbarkeit des Holzes im Kesseldruckverfahren (Liese und Peek 1985).

Zur Konservierung naßgelagertes Kiefernholz wurde bei zu geringen Konzentrationen von CKA- und CF-Salzen stärker durch Braunfäulepilze abgebaut als unberegnetes Holz (Peek und Liese 1979).

Seit etwa 1975 mehren sich in den Medien kritische Berichte über mögliche Umweltbelastungen durch den chemischen Holzschutz, wie durch Pentachlorphenol, chromathaltige Präparate, eine Belastung des Bodens durch ausgewaschene Schutzmittel (Willeitner et al. 1991, Leiße 1992, Hartford 1993) und wegen der bestehenden Probleme bei der Entsorgung behandelten Holzes (u. a. Peek 1991, Illner 1992, Knoch 1992, Voß und Willeitner 1992). Gleichzeitig wurden jedoch auch in verschiedenen Instituten und Industrielabors entsprechende Untersuchungen zur Verminderung bzw. Vermeidung möglicher Belastungen intensiviert (u. a. Härtner und Barth 1992, Hettler et al. 1992). Als wesentlicher Beitrag zur Verminderung der Umweltgefährdung und zur Verbesserung der Imprägnierqualität wurde die Heißdampffixierung entwickelt, bei der im frisch imprägnierten Holz durch Einwirken von 110 bis 120 °C heißem Dampf für eine Stunde eine Spontanfixierung von chromathaltigen Schutzmitteln erfolgt (Peek und Willeitner 1984, auch Cooper und Ung 1992 b). Untersuchungen hinsichtlich wirksamer Alternativen für PCP befinden sich im Laborstadium (u. a. Laks et al. 1992).

Methoden zum Nachweis von Holzschutzmittel-Wirkstoffen im Holz sind u. a. bei Petrowitz und Kottlors (1992), Leiße (1992) und Petrowitz 1993) zusammenfassend beschrieben.

Die Ansätze zu einem biologischen Holzschutz (jüngere Literaturübersicht bei Bruce 1992) gegen Fäuleerreger in verbautem Holz durch den Einsatz verschiedener Bakterien und von Trichoderma spp. sind im Kapitel „Wechselwirkungen zwischen Organismen" (3.7) aufgeführt (Highley und Ricard 1988, Murmanis et al. 1988, Giron und Morrell 1989, Benko und Highley 1990, Doi und Yamada 1992).

Eine weitere unkonventionelle Holzschutzmöglichkeit besteht in der chemischen Modifizierung von Holz: Entweder werden reaktive organische Verbindungen, wie Isocyanate, Anhydride oder Epoxide, eingebracht, die mit den Hydroxylgruppen der Zellwandpolymeren reagieren und die Dimensionsstabilität des Holzes (Quellen und Schwinden) sowie seine Resistenz gegen Pilzabbau (und Zerstörung durch Termiten und Meeresorganismen) erhöhen (Matsuda 1993); oder die Zellwandkomponenten werden beispielsweise durch Formaldehyd quervernetzt, wodurch ebenfalls Stabilität und Pilzresistenz erhöht werden (Chen 1992). Durch Imprägnieren mit Kunstharzen konnte z. B. bei schnellwüchsigen Plantagenhölzern die geringe natürliche Dauerhaftigkeit verbessert werden (Burmester 1970, Lawniczak 1978, Schröder 1983, auch Fujimura et al. 1993). Wasserlösliche Kunstharze (mit Borzusatz) verminderten den Abbau von Pappelholz durch *Coniophora puteana* und *Trametes versicolor*, sogar mit Auswaschung gemäß EN 84 (Peek et al. 1992). Pilzaktivität wurde durch Ammoniak (Wong und Koh 1991), Chitosan (Lee et al. 1993), Essigsäureanhydrid („acetyliertes Holz") (Wakeling et al. 1992), Furfurylalkohol (Ryu et al. 1992), Heptadecenylbernsteinsäureanhydrid (Codd et al. 1992) und Wasserglas mit Borsäure (Furuno et al. 1992) vermindert.

Weitere Angaben zu Methoden und Entwicklung des Schutzes von Holz, Holzwerkstoffen und anderen Naturprodukten (Zellstoff, Papier, Textilien und Leder) sowie zu möglichen Umweltbelastungen und zur Entsorgung finden sich bei Willeitner (1973, 1984), Liese (1977, 1982, 1989), Liese und Willeitner (1980), Willeitner und Schwab (1981), Bosshard (1985), Wälchli (1985), Findlay (1985), Sutter (1986), Peek (1991), Anonym. (1992d), Leiße (1992), Willeitner und Liese (1992) und Petrowitz (1993).

8 Schadvorkommen

Bei der Beschreibung der verschiedenen mikrobiellen Schäden an Bäumen und Holz kann in Schäden am lebenden Baum, an geschlagenem, lagerndem bzw. an im Freien verbautem Holz und an Holz im Innenbau unterteilt werden. Eine derartige Gliederung erfolgt jedoch eher aus didaktischen Gründen, ist oft subjektiv gefärbt und berücksichtigt nicht immer die wirtschaftliche Bedeutung eines Schadorganismus. Zudem kommen Gruppenüberschreitungen vor: Beispielsweise findet sich *Daedalea quercina* gelegentlich als Wundparasit an lebenden Eichen, häufig an Stubben, seltener an Holz im Außenbau, wie Bahnschwellen oder Brückenholz, und manchmal auch an Gebäuden (Fachwerk und Fenster), und *Stereum sanguinolentum* ist sowohl Erreger der Wundfäule der Fichte (Butin 1983) als auch der Rotstreifigkeit lagernden Fichtenholzes (v. Pechmann et al. 1967).

8.1 Pilzschäden am lebenden Baum

Der lebende Baum kann bereits durch Pilzschäden an Blüten, Samen und Früchten beeinträchtigt werden, indem Blütenmißbildungen auftreten sowie Samen und Früchte durch verschiedene Schimmelpilze besiedelt werden, die z.T. die Keimfähigkeit vermindern (u.a. Dubbel 1992), oder, wie bei Eicheln, von Spezialisten angegriffen werden. Andere Pilze bewirken Keimlingsfäulen an Koniferen (Dimitri 1993, Majunke et al. 1993) oder Buchen (Reindl et al. 1993), die Eichenwurzelfäule, die Triebspitzenkrankheit an Koniferensämlingen, das Triebsterben der Fichte oder die Lärchenschütte. Als Beispiele für Blattschäden an älteren Bäumen seien die verschiedenen Blattbräunen an Ahorn, Buche, Eiche, Linde und Platane (Reindl et al. 1993) und die Fleckenkrankheiten an Ahorn (Jansen et al. 1993) und Pappel genannt. An Nadelbäumen treten Schütten (Kiefernschütte, Douglasienschütte), Bräunen (u.a. Tannennadelbräune), Schorf- und Rostbildungen auf (Schönhar 1989, Jansen et al. 1993, Richter et al. 1993). Das seit 1981 vermehrt beobachtete Vorkommen nadelbewohnender Pilze an Fichten wurde von Rehfuess und Rodenkirchen (1984) für das „Fichtensterben" verantwortlich gemacht. Jedoch waren kranke und symptomfreie Fichten etwa gleich befallen. Schäden an Knospen und jungen Trieben sind z.B. das Triebsterben der Schwarzkiefer und das Zweigsterben der Tanne. Rindenschäden sind die verschiedenen Rostkrankheiten (Dimitri 1993, Majunke et al. 1993) an Kiefer, die Buchenrindennekrose, die Krebse an

Buche, Eiche, Esche, Kastanie, Fichte, Lärche und Tanne sowie der Rinden-
brand bei Eiche und Pappel. Gefäß- und Welkekrankheiten sind Platanenwelke, Eichenwelke und Ulmensterben (Hartig 1874, Schwerdtfeger 1981, Butin
1983, Schönhar 1989). Abwehrmechanismen der Bäume sind ausführlich bei
Blanchette und Biggs (1992) dargestellt (auch Kapitel 8.1.2).

Im folgenden werden einige dieser Forstkrankheiten, die sich besonders auf
die Holzqualität auswirken, näher beschrieben.

8.1.1 Buchenrindennekrose, Kastanienrindenkrebs, Platanenwelke, Eichenwelke, Ulmensterben

Buchenrindennekrose

Die Buchenrindennekrose oder auch Schleimflußkrankheit der Buche entsteht
besonders an über 60jährigen Rotbuchen durch Störung des Wasserhaushaltes
infolge eines abiotisch/biotischen Faktorenkomplexes: feuchter Standort,
trockener Sommer, mögliche Beteiligung der Buchenwollschildlaus, *Cryptococcus fagisuga*, des Ascomyceten *Nectria coccinea* und eventuell von Mykoplasmen. Während der Krankheitsanstoß biotischer Natur ist, wobei der physiologische Zustand des Baumes und sein genetisches Potential bestimmen,
welche Glieder der tierischen und pflanzlichen Erregerkette (Wollschildlaus,
Nectria coccinea, holzbrütende Käfer, Weißfäulepilze) zur Wirkung gelangen,
werden Ausbruch und/oder Ausheilung der Krankheit durch die Standortbe-
dingungen gesteuert (Braun 1977, Lunderstädt 1990, 1992, Raffa und Klepzig
1992, Dimitri 1993).

Im Frühjahr tritt am Stamm ein schleimiger, durch Rindengerbstoffe und
Mikroorganismen schwärzlicher Ausfluß auf (Wudtke 1991). Unter der Rinde
entstehen dunkle Bereiche mit abgestorbenem Kambium bis zu mehr als 1 Meter Ausdehnung. Kleine Nekrosen werden überwallt, so daß im Querschnitt ein
T-förmiger Holzfehler entsteht. Im fortgeschrittenen Stadium kommt es zu
vorzeitigem Vergilben oder plötzlicher Welke. Größere Nekrosen bilden Ein-
dringspforten für Weißfäulepilze (*Fomes fomentarius*), die zu Fäulnis und
Stammbruch und somit großen forstwirtschaftlichen Verlusten führen. Ähnliche Schäden treten auch an Birke, Erle, Pappel und Roteiche auf.

Kastanienrindenkrebs

Der Kastanienrindenkrebs wurde um 1900 aus Asien in die USA eingeschleppt
und hat dort in etwa 40 Jahren die amerikanische Kastanie (*Castanea dentata*)
als damals bedeutendste Laubholzart der östlichen USA in ihrem natürlichen
Verbreitungsgebiet von etwa 2200 × 800 km bis auf Stockausschläge reduziert.
Die auch Kastaniensterben genannte Krankheit erschien in Europa 1938 in
Genua und hat in den Edelkastanienbeständen (*Castanea sativa*) von Italien,

Südfrankreich, Spanien und der Schweiz zu Schäden geführt (Butin 1983), die jedoch wahrscheinlich aufgrund weniger aggressiver Pilzstämme nicht so intensiv verlaufen wie in den USA. Erstmals in der Bundesrepublik wurde der Kastanienrindenkrebs 1992 in Baden-Württemberg nachgewiesen (Schröter et al. 1993). Nach zunächst rötlich-braunen Rindenflecken, die zu Längsspalten aufreißen, kommt es zu astumfassenden Nekrosen, Welken und Absterben des betroffenen Astes bzw. Kronenbereiches. Der zu den Ascomyceten gehörende Erreger *Endothia* (NF: *Cryphonectria*) *parasitica* dringt als Spore mittels Wind, Regen, Insekten oder Vögeln durch Wunden in die Rinde bis zum Kambium ein, wobei wiederholte Überwallungsversuche des Baumes zu krebsartigen Geschwulsten führen. Auf der toten Rinde entstehen 1 bis 2 mm große, ockergelbe Pusteln aus Pyknidien mit Konidiosporen oder aus Perithecien.

Platanenwelke

Die erstmals 1926 an *Platanus orientalis* und *P. occidentalis* in den östlichen USA festgestellte Platanenwelke durch den Ascomyceten *Ceratocystis fimbriata* f. *platani* ist seit den 40er Jahren in Europa (Italien, Frankreich, Spanien und Türkei) bekannt (Butin 1983). In den USA waren bis 1950 ca. 80% des Bestandes an Straßenbäumen in Großstädten zerstört. Marseille verlor in 12 Jahren 1500 über 100jährige Platanen. Der Pilz dringt durch Wunden vorwiegend bei Ästungsarbeiten, seltener mittels Insekten, in die Rinde von Stamm und Ästen ausschließlich von Platanen ein und führt zunächst zur Abtötung des Kambiums und zu elliptischen Rindennekrosen. Im weiteren Verlauf befällt er den äußeren Splint mit bläulich-brauner Verfärbung. Ausscheiden von Toxinen durch den Pilz und Verthyllen führen zum Welken einzelner Kronenpartien. Die Bäume sterben meist in 3 bis 6 Jahren ab. Die Nekrosen können zudem sekundär von anderen Pilzen besiedelt werden. Die Perithecien mit winzigen Ascosporen und drei verschiedenen Nebenfruchtformen, u. a. *Chalara*, entstehen in den Gefäßen und auf Schnittflächen geasteter oder gefällter Bäume.

Im Laborversuch wurde der Erreger durch verschiedene Basidiomyceten (*Bjerkandera adusta, Ganoderma* sp.) gehemmt (Grosclaude et al. 1990).

Eichenwelke

Die auch als amerikanische Eichenwelke (Oak wilt) bezeichnete Krankheit durch *Ceratocystis fagacearum* wurde erstmals 1942 in Wisconsin festgestellt und trat bereits 1979 in 21 US-Staaten östlich der Great Plains auf (Rütze und Liese 1980). Befallen werden vorwiegend die Roteichengruppe (*Quercus rubra, Q. ellipsoidales, Q. velutina* und *Q. coccinea*) und weniger die resistenteren, dort jedoch wirtschaftlich wichtigeren, Weißeichen (*Q. alba*). Ihre geringere Anfälligkeit wird auf kleinere Frühholzgefäßdurchmesser, ausgeprägteres Verthyllungsvermögen zur langsameren Ausbreitung des Pilzes im Baum sowie auf die Fähigkeit zurückgeführt, infiziertes Gewebe durch Anlage eines neuen Jahrringes zu „begraben".

Die Infektion erfolgt meist durch Wurzelanastomosen, so daß die Ausbreitungsgeschwindigkeit mit 1 bis 2 m (maximal 8 m) pro Jahr gering ist. Der Pilz besiedelt die Gefäße der jüngsten ein bis zwei Jahrringe und reizt die umliegenden Parenchymzellen vermutlich durch Ausscheiden von Stoffwechselprodukten zur Bildung von Thyllen. Dadurch kommt es zur Störung des Wasserhaushaltes mit Welken und Blattabfall in den unterversorgten Kronenpartien (Rütze und Liese 1985 a). Zusätzlich werden Welketoxine ausgeschieden. Die Blätter erschlaffen und verfärben sich vom Rand her hellgrün, später bronzebraun bei Roteichen und blaß-hellbraun bei Weißeichen. Bei Weißeichen entstehen die Symptome nur an einem oder wenigen Ästen; Roteichen dagegen sterben meist im Jahr der ersten Welkesymptome ab, manchmal innerhalb weniger Wochen nach Infektion. Nach Absterben des Baumes wachsen die Hyphen nach innen in das ältere Splintholz sowie auch nach außen durch das Kambium unter die Rinde. In der Kambialschicht werden besonders bei Roteichen von Mai bis Oktober die 5 bis 8 cm großen, sporentragenden Mycelmatten (meist Konidien) gebildet, die mittels Druckpolstern ein Abheben und Aufreißen der Rinde bewirken (Rütze und Liese 1979).

Für die weniger effektive Fernübertragung durch Insekten (jedoch etwa 100 m/Jahr) gibt es zwei Möglichkeiten: Borkenkäfer brüten in sterbenden oder toten Eichen, und die Jungkäfer übertragen den Pilz während des Reifefraßes auf gesunde Eichen. Da in den Brutgängen keine ungeschlechtlichen Sporenständer angelegt werden, hat diese Übertragungsweise nur geringe Bedeutung. Bei der zweiten Möglichkeit werden durch den spezifischen Geruch der Mycelmatten (Duftstoff) pilz- und saftfressende Insekten, besonders Nitiduliden, angelockt, die keimfähiges Material (im Frühstadium nur Konidien) auf gesunde Bäume in frische Wunden, angezogen durch deren Geruch, übertragen (u. a. Appel et al. 1990). Durch die Nitiduliden kommt es bei dem bipolar heterothallischen Pilz zu Befruchtung und Ascosporenbildung, wenn Konidien mit konträrem Kreuzungsfaktor von anderen Sporenmatten eingebracht wurden. Da Wunden bei gesunden Eichen nur wenige Tage infektionsgeeignet bleiben, hat auch dieser Infektionsmechanismus unter natürlichen Bedingungen geringe Bedeutung (Rütze und Parameswaran 1984).

In die Bundesrepublik Deutschland durfte entsprechend der Pflanzenschutzordnung seit 1951 Eichenrundholz mit Rinde eingeführt werden, wenn es gemäß der Pflanzenschutzabteilung des US-Department of Agriculture aus befallsfreien Gebieten kam. Es mußte jedoch angenommen werden, daß auch die europäischen Eichenarten, obwohl meist Weißeichen (*Quercus petraea* und *Q. robur*), von Natur aus anfällig sind und daß möglicherweise der in Europa verbreitete Eichenrindenkäfer, *Scolytus intricatus*, gefährlicher zur Übertragung der Sporen ist als die Arten in Nordamerika. Wegen der möglichen Verschleppung des Pilzes mit Rund-(Furnierstämme) und Schnittholz nach Europa (Keimfähigkeit der Sporen bis 173 Tage) wurden daher verschärfte Anforderungen für importiertes Rund- und Schnittholz vorgesehen (Entrinden, Splint entfernen oder Holz bis zu maximal 20% Feuchte trocknen oder Holz thermisch behandeln). Da derart behandeltes Holz nicht zu Furnieren verarbeitet werden kann, wären solche Maßnahmen praktisch einem Importstopp für amerikanisches Eichenrundholz und der Gefährdung der hiesigen Furnierhersteller gleichgekommen. Basierend auf den Versuchen von Rütze, Liese u. a. hat die Europäische Gemeinschaft lt. EG-Pflanzenschutzrichtlinie von 1978 weiterhin den Import von berindetem Eichenrundholz erlaubt, wenn es vor dem Export mit 240 g Methylbromid/m^3 für 3 Tage bei einer Mindesttemperatur von 3 °C in einem Kunststoffzelt desinfiziert wurde (Rütze und Liese 1983). In jüngerer Zeit werden Bedenken gegen Methylbromid wegen der Schädigung der Ozonschicht diskutiert. Die Wirksamkeit der Behandlung läßt sich mit dem Triphenyltetrazoliumchlorid (TTC)-Test überprüfen, da das Gas außer dem Eichenwelkepilz auch alle lebenden Holzzellen abtötet, die sonst noch Monate nach dem Einschlag vital wären (Rütze und Liese 1985b). Hierzu werden Bohrkerne der vollen Splintholzbreite mit einer 1%igen Lösung von TTC (farblos) besprüht, die sich bei noch lebenden Zellen durch Enzymaktivität (Dehydrogenasen) tiefrot färbt.

Für die weniger gefährdeten Weißeichen bestehen wesentliche Erleichterungen der Importbestimmungen: während der Wintermonate keine Begasung, jedoch unverzügliches Entrinden und Verbrennen der Rinde sowie sofortige Holzaufarbeitung. Da sich das Holz beider Eichengruppen im Erscheinungsbild nur schwer oder gar nicht unterscheiden läßt, wurde ein Farbtest entwickelt: Nach Besprühen des Kernholzes mit einer 10%igen Natriumnitritlösung kommt es bei Roteichen zu einer zunächst intensiv braunen, dann grünlich-braunen Verfärbung, während Weißeichen nach dunkelblau-grau bis schwarz umschlagen (Willeitner et al. 1982).

Als ursächlich für die zunehmende Erkrankung von Eichen in Europa wurde mehrfach über ein vermeintliches Vorkommen von *Ceratocystis fagacearum* berichtet. Diese Eichenschäden entstehen jedoch infolge der Komplexwirkung abiotischer Faktoren (Trockenheit und Luftschadstoffe als prädisponierende Faktoren, strenger Winterfrost als akuter Streßfaktor) und biotischer Einflüsse (blattfressende Insekten, Nematoden und als Schwächeparasiten Hallimasch, andere *Ceratocystis*-Arten und Mykoplasmen) (Balder und Lakenberg 1987, Oleksyn und Przybyl 1987, Hartmann et al. 1989, Balder und Liese 1990, Siwecki und Liese 1991, Gasch et al. 1991, Balder 1992, Hartmann und Blank 1992, Dimitri 1993, Eckstein und Dujesiefken 1993, Kehr und Wulf 1993, Halmschlager et al. 1993, Majunke et al. 1993, Reindl et al. 1993).

Ulmensterben

Das Ulmensterben durch *Ceratocystis ulmi* wurde vermutlich aus Ostasien um 1917 über Frankreich 1919 in die Niederlande (nichtaggressive, „milde" Rasse) eingeschleppt, wo 1920/21 die ersten umfangreichen Untersuchungen erfolgten, so daß die Erkrankung auch als Holländische Ulmenkrankheit (Dutch elm disease) bezeichnet wird. Bereits 1923 trat sie erstmals in England auf, 1930 durch Ulmenfurnierholz in den USA, 1934 in nahezu allen europäischen Län-

dern und 1939 in der Sowjetunion (Taschkent) (Heybroek 1982). Bis 1960 kam
es zu einem Abklingen der Epidemie, der insgesamt Millionen jahrzehnte- und
jahrhundertealte Ulmen in Europa und Nordamerika zum Opfer fielen, dann
durch Einschleppen und Vordringen einer neuen aggressiven westlichen Rasse,
wahrscheinlich mit Holzimporten aus Kanada, erneut zu schweren Verlusten,
besonders in England; hierbei erkrankten auch solche Ulmenklone, die man
aufgrund von Resistenzzüchtung für widerstandsfähig gehalten hatte. Eine ge-
genläufige Ausbreitung nahm in den 70er Jahren die aggressive östliche Rasse,
die erstmals in der Sowjetunion festgestellt wurde und sich bis 1980 westwärts
über ganz Europa und nun auch in den zunächst verschonten skandinavischen
Ländern und im Alpen- und Mittelmeerraum ausgebreitet hat (auch Ouellette
und Rioux 1992, Dimitri 1993, Reindl et al. 1993, Schröter et al. 1993).

Die holzwirtschaftlichen Verluste insgesamt in Nordamerika und Europa
liegen in Milliardenhöhe. In England wurden z. B. in 10 Jahren 2/3 der 24 Millionen Ulmen vernichtet, in Utrecht und Amsterdam die Hälfte. Somit besteht
die Gefahr des Ausfallens der Ulme als Allee-, Park- und Nutzholzbaum
(Rüster) bis auf Stockausschläge.

Befallsfreie Gebiete sind Japan und China, wo u. a. die widerstandsfähige-
ren *Ulmus japonica* und *U. pumila* vorkommen, welches für die Herkunft des
Pilzes aus diesem Raum spricht, und die, neben anderen Arten, daher zur Resistenzzüchtung verwendet werden (z. B. Sorte Sapporo: Lessel-Dummel 1983).

Die Übertragung des Pilzes erfolgt am häufigsten durch den Kleinen Ulmensplintkäfer, *Scolytus multistriatus*, den Großen Ulmensplintkäfer, *Scolytus scolytus*, und durch andere Gattungen von Splintkäfern (u. a. Webber
1990). Die weiblichen Tiere wählen zur Anlage ihrer Brutgänge fast ausschließlich kranke, absterbende oder bereits gestorbene Ulmen. Beim Fraß nehmen
die Larven Krankheitserreger auf, die lebensfähig über die Puppen an die
Jungkäfer weitergegeben werden. Die mit Sporen (Konidiosporen aus Sporen-
lagern sowie Ascosporen aus Apothecien) kontaminierten Jungkäfer infizieren
gesunde Bäume während des Reifungsfraßes an den Zweigachseln 2- bis
4jähriger Triebe durch Ausscheidungen oder anhaftende Sporen. Da die Rinde
an diesen Stellen für eine Eiablage zu dünn ist, verlassen die Käfer den gesunden Baum wieder und wählen für die Brutgänge die dickborkigeren Teile erkrankter Ulmen. Dieser Wechsel zwischen dem Stammbereich pilzinfizierter
Ulmen und den Zweigen gesunder Bäume macht die *Scolytus*-Arten zu wirksa-
men Übertragern (v. Keyserlingk 1982). Daneben kommt es besonders bei Alleebäumen und in Reinbeständen zur Ausbreitung über Wurzelanastomosen.

Ceratocystis ulmi besiedelt zunächst die Gefäße des äußeren Jahrrringes,
worin er als Sporen oder sproßhefeähnlich mit dem Saftstrom verbreitet wird.
Als Abwehrmechanismus des Baumes kommt es durch Thyllenbildung zu
Blockierung des Wassertransportes und Welken der unterversorgten Kronenpartien, das durch pilzliche Welketoxine (Cerato-Ulmin) gefördert wird (Brasier et al. 1990). Äußerliche Symptome sind dünne Belaubung, partiell vorzeiti-
ges Welken und Blattabfall, einseitiges Absterben von Ästen und Wasserreiser-
bildung. Ein Astquerschnitt zeigt im Frühholz dunkle Flecken, die im Tangen-
tialschnitt bräunliche Längsstreifen bilden. Eine Infektion mit einem nicht-

aggressiven Stamm kann durch neue Jahrringe begraben werden (chronische Form); ein aggressiver Stamm durchwächst die Jahrringgrenzen (akute Form), und der Baum kann innerhalb von 2 Jahren sterben.

Zur Bekämpfung der Käfer wurde früher erfolgreich DDT gespritzt. Wirksame Insektizide mit Tiefen- oder systemischer Wirkung gibt es nicht. Besprühen während des Reifungsfraßes ist nur vereinzelt möglich und ökologisch bedenklich; der Einsatz von Pheromonen als Lockstoff erfaßt nicht alle Käfer. Die kostenaufwendige Injektion von Pilzhemmstoffen wie Benomyl ergibt wegen der lediglich fungistatischen Wirkung nur einen aufschiebenden Effekt. Die Eignung einer biologischen Bekämpfung mit dem Bakterium *Pseudomonas syringae* oder mit antagonistischen Pilzen aus der Gattung *Trichoderma* wird untersucht (Aziz et al. 1993). Im Laborversuch wurde das Mycelwachstum von *C. ulmi* durch Phytoalexine aus Ulmen gehemmt (Wu et al. 1989). Wirksame Bekämpfungsmaßnahmen sind das Fällen infizierter oder geschwächter Bäume sowie Entrinden und Verbrennen der Rinde und dickerer Äste, um die Käferpopulation durch Verminderung des Brutmaterials klein zu halten. Resistenzforschung durch Individualauslese aus heimischen Populationen und durch Kreuzungen mit asiatischen Ulmenarten hoher natürlicher Resistenz erfolgt in den Niederlanden seit den 20er Jahren und in den USA seit 1958. Resistenzmechanismen sind bei Ouellette und Rioux (1992) beschrieben.

8.1.2 Verfärbungen und Fäulnis im lebenden Baum, Abwehrmechanismen des Baumes, Ästung und Wundbehandlung sowie Erkennen von Fäulnis in Bäumen und Holz

Ausgang für Verfärbungen und Fäulnis sind überwiegend Wunden, häufig durch Astabbrüche, unsachgemäße Ästungen, Wurzelverletzungen bei Bauarbeiten und Stammwunden durch Wildschälschäden, mechanisierte Holzernte oder Autoverkehr.

Holzfäulen in lebenden Bäumen sind meist Ergebnis langjähriger Prozesse, die häufig so lange verborgen bleiben, bis der Baum gefällt, durch Sturm gebrochen bzw. geworfen wird oder Fruchtkörper erscheinen.

Unmittelbar nach einer Verwundung kommt es zunächst zu baumeigenen Verfärbungen (Ablagerung von Verkernungsstoffen) durch lebende Zellen, dann zu mikrobiellen Verfärbungen und schließlich zu Holzfäule (u. a. Cosenza et al. 1970, Shigo und Hillis 1973, Hillis 1977, Shortle und Cowling 1978, Bauch 1980, Bauch et al. 1980, Rayner und Boddy 1988). In Abb. 47 ist diese Abfolge schematisch dargestellt.

Je nach physiologischer Leistung des Pilzes entstehen im Baum Braun- oder Weißfäule. Entwicklung und Ausbreitung einer Fäule werden auch von der Baumart beeinflußt, die anfällig sein kann, wie Birke oder Pappel, oder bei Kernholz mit toxischen Inhaltsstoffen natürliche Dauerhaftigkeit aufweist. Es wird unterschieden zwischen diesen passiven Mechanismen, die bereits vor einem Schadensfall vorhanden sind, und aktiven Abwehrmechanismen, die

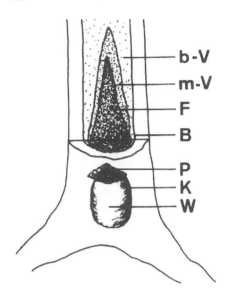

Abb. 47. Sukzessive Veränderungen im Stammholz nach einer Rindenverletzung an der Basis (schematisch). *W* Wunde, *K* Kallus, *P* Fruchtkörper, *B* Barrier-Zone, *F* Fäulnis, *m−V* mikrobielle Verfärbung, *b−V* baumeigene Verfärbung. (Verändert nach Shigo und Marx 1977)

Bäume im Laufe ihrer langen phylogenetischen Entwicklung ausgebildet haben, um eingetretene Infektionen, altersbedingte Schäden und Verletzungen abzugrenzen (u. a. Duchesne et al. 1992).

Bei Verwundung des Xylem ist zwischen zwei Abwehrfunktionen zu unterscheiden: Primär muß der Baum eine Unterbrechung des Transpirationsstromes durch Luftembolie vermeiden und sodann die Ausbreitung eingedrungener Mikroorganismen begrenzen. Dringt bei Nadelbäumen Luft in das Holzgewebe ein, wird in den Hoftüpfeln zwischen den Tracheiden durch den Unterdruck des Transpirationsstromes die Tüpfelmembran mit dem zentral verdickten Torus an den Porus gezogen und bewirkt einen festen Verschluß. Nadelhölzer schützen sich gegen mechanische Wunden und eindringende Mikroorganismen durch phenolische Verbindungen und Harzausscheidungen, und von Natur aus harzfreie Holzarten, wie Tanne, legen traumatische Harzkanäle an (Tippett und Shigo 1981, Woodward 1992a, b, Yamada 1992).

Bei Laubbäumen, die keine derartige Verschlußmöglichkeit besitzen, sind die Schutzreaktionen von physiologisch aktiven Parenchymzellen abhängig. Hier wird das wasserleitende System durch Thyllen, Pfropfen oder Häutchen vor größeren Schäden geschützt, und phenolische Substanzen oder Suberin werden den Zellwänden aufgelagert oder in die Lumina gegeben (Blanchette 1992, Duchesne et al. 1992, Schmitt und Liese 1993).

Die verschiedenen Mechanismen der Abwehr von Pilzen durch Bäume sind bei Blanchette und Biggs (1992) dargestellt.

Zum bildhaften Verständnis der räumlichen Abschottung innerhalb eines Baumes hat Shigo das CODIT-Modell entwickelt (Shigo und Marx 1977). CODIT steht für Compartmentalization Of Decay In Trees (Abschottung von Fäulnis in Bäumen). Das Modell besagt, daß sich der Baum gegen eindringen-

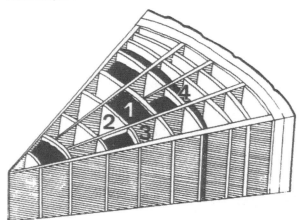

Abb. 48. CODIT-Modell von Shigo. (Verändert nach Shigo 1979, Erläuterungen im Text)

de Mikroorganismen durch vier Sperrzonen schützt und die räumliche Ausdehnung von Verfärbung und Fäulnis von der anatomischen Struktur des Holzes bestimmt wird. Die beiden axialen „Wände 1" mit der schwächsten Abschottwirkung werden durch Verschluß der Gefäße oder Hoftüpfel oberhalb und unterhalb der Wunde gebildet, die tangentiale „Wand 2" stammeinwärts durch die Jahrringgrenzen bzw. die Splint/Kerngrenze und die radialen „Wände 3" durch die Holzstrahlen seitlich der Wunde. Die effektivste Kompartimentierung erfolgt als „Wand 4", auch barrier-zone genannt, durch das vom Kambium nach der Verletzung gebildete Gewebe mit erhöhtem Parenchymanteil, das offenbar auch bei geschwächten Bäumen den Schaden relativ gut abgrenzen kann (auch Shigo 1975, Pearce und Woodward 1986, Pearce 1991, Blanchette 1992, Nicole et al. 1992; Abb. 48).

Das CODIT-Modell interpretiert die baumeigenen Reaktionen als Abschottung gegen Fäulnis. Biologischer scheint jedoch, daß der Baum sich zunächst gegen eindringende Luft schützt, zumal Holzpilze erst das Gewebe besiedeln können, wenn bereits Luft vorhanden ist. Bei veränderter Definition kann nach Liese und Dujesiefken (1988, 1989) der Begriff CODIT beibehalten werden, wenn D nicht nur als Decay, sondern als Damage (Schaden) verstanden wird und auch Desiccation (Austrocknen) sowie Disfunction (Funktionsstörung) umfaßt (auch Grosser et al. 1991, Boddy 1992, Rayner 1993).

Die histologischen Veränderungen im Holz und in der Rinde als Wundreaktionen bei Laubbäumen sind schematisch in Abb. 49 dargestellt (auch Schumann und Dimitri 1993).

An der Oberfläche der geschädigten Holzbereiche sterben die Parenchymzellen ab. Auch unter der Wundfläche stirbt das Gewebe, ohne die Reservestoffe zu mobilisieren, da die Abwehrreaktionen im Holz offenbar zeitlich verzögert einsetzen. In dieser hell erscheinenden Zone von etwa 1 cm bleiben die Gefäße offen, und die Lumina enthalten keine Einlagerungen. Mit zunehmendem Abstand zur Wunde werden Reservestoffe mobilisiert und die Gefäße ver-

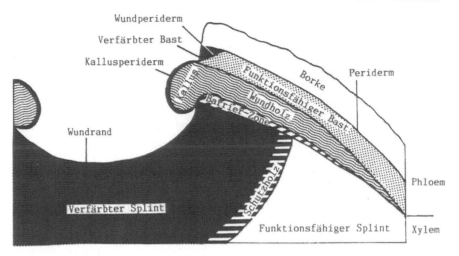

Abb. 49. Gewebeveränderungen in Xylem und Phloem von Laubbäumen nach Verwundung. (Verändert nach Liese und Dujesiefken 1989)

schlossen. Bei Buche wird das Degenerieren von Parenchym eingeschränkt, indem sich Parenchymzellen im Wundbereich durch dünne Querwände und Mitosen unterteilen und den Schaden durch Suberinisierung der wundnahen Kompartimente eingrenzen (Schmitt und Liese 1993).

Ein Verschluß durch Thyllen erfolgt nur bei Baumarten, die Tüpfelgrößen von mindestens 8 µm besitzen. Bäume ohne Thyllen, wie Linde und Ahorn, können Luftembolie verhindern, indem sie Gefäße durch Pfropfen (plugs) verstopfen. Bei der Birke werden die leiterförmigen Gefäßdurchbrechungen einseitig durch Häutchen verschlossen; Parenchymzellen sondern in benachbarte Gefäße und Fasern fibrilläres Material ab (Schmitt und Liese 1992a).

Das durch Inhaltsstoffe verfärbte Gewebe hinter der Wundfläche mit abgestorbenen Parenchymzellen und Gefäßen außer Funktion wurde früher als Schutzholz bezeichnet. Da es jedoch häufig von Pilzen besiedelt wird, besitzt es offensichtlich keine wesentlich erhöhte Dauerhaftigkeit. Das außerhalb dieses Bereiches unverfärbt erscheinende Holz dagegen zeigt mikroskopisch in einer Zone weniger Millimeter Mobilisierung von Reservestoffen und Gefäßverschluß, jedoch keine Pilze, so daß die eigentliche Schutzschicht offensichtlich außerhalb der Verfärbungszone liegt.

Auch im Phloem (Biggs 1992, Woodward 1992a) stirbt das Parenchym an der Wundoberfläche ab, und das darunter liegende Gewebe wird außer Funktion gesetzt. Im Übergang vom verfärbten zum funktionsfähigen Bast entwickelt sich ein welliges Wundperiderm, welches das Periderm der jungen Kallusrinde an die Borke anschließt (Trockenbrodt und Liese 1991). Unterhalb dieser Peridermschicht befindet sich funktionsfähiger Bast.

Das Kambium reagiert auf die Verletzung am Wundrand mit verstärkter Zellbildung, dem Kallus, zur Überwallung des offengelegten Holzkörpers. Das außerhalb des Kallus später angelegte Wundholz begrenzt wirksam Verfärbung und Fäulnis nach außen.

Absterbende oder tote Äste an Straßenbäumen werden aus Gründen der Verkehrssicherheit und Grünäste zur Kronenpflege oder zur Einhaltung des vorgeschriebenen Lichtraumprofils entfernt. Über die richtige Schnittführung, entweder stammparallel in die sogenannte Saftstromebene oder außerhalb des Astkragens, wird seit einiger Zeit diskutiert. Gezielt angelegte Ästungsschnitte bei Linde und Roßkastanie zeigten nach einer Vegetationsperiode für den stammparallelen Schnitt zwar ein stärkeres Kalluswachstum, jedoch verglichen mit dem Astringschnitt größere Verfärbungen im Stammholz, so daß der Astringschnitt zumindest bei diesen beiden Baumarten vorteilhafter ist (Dujesiefken et al. 1988). Aus organisatorischen Gründen und aufgrund von Naturschutzgesetzen werden in der Baumpflege und im Forst Ästungen oder Kontrollbohrungen meist während der Vegetationsruhe durchgeführt. Jedoch ergaben künstliche Verletzungen an Ahorn, Birke, Buche, Eiche, Esche, Linde und Fichte anhand der Intensität der Holzverfärbungen, daß aufgrund unterschiedlicher Wundreaktionen Wunden bei Laubbäumen während der Ruhephase und bei Fichte von Spätsommer bis Winter vermieden werden sollten (Dujesiefken et al. 1991, auch Dujesiefken und Liese 1990, 1991, Schmitt und Liese 1992 b).

Große Stammwunden wurden in den 50er und 60er Jahren ausgefräst und mit Beton gefüllt. Da Beton und Holz unter Witterungseinflüssen jedoch unterschiedlich arbeiten, entstanden Risse, Wasser drang ein und führte zu Fäulnis. Daher wurden seit Mitte der 70er Jahre die ausgearbeiteten Wunden mit Wundverschlußmitteln allein oder zusammen mit Holzschutzmitteln (Prüfprädikate: P, Iv, S und W; siehe Tabelle 26) behandelt (u. a. Lam et al. 1984). Desinfizieren des freigelegten Holzkörpers mit Ethanol bzw. alkoholischer Jodlösung vor der Wundverschlußbehandlung führte bei Buche und Esche jedoch nicht zur Verhinderung von Verfärbung und Pilzbefall (Dujesiefken und Seehann 1992). Vor allem die Verwendung von Holzschutzmitteln ist in der Baumpflege umstritten, da diese nicht zum Schutz großer Baumwunden entwickelt und geprüft werden. Die Behandlung von künstlichen Wunden mit einem Holzschutzmittel der geforderten Prüfprädikate ergab bei Buchen hinter der Wundfläche weitreichendere Verfärbungen als an den allein mit einem Wundverschlußmittel behandelten Wunden (Dujesiefken und Liese 1992, auch Dujesiefken 1992, Schumann und Dimitri 1993). Als Alternative werden die gesäuberten Wunden versuchsweise mit Kunststoffen, wie Polyurethan, ausgeschäumt (Dujesiefken und Kowol 1991).

Zur Untersuchung des Holzkörpers von stehenden Bäumen, besonders von Fäulnis, aber auch zum Nachweis von Höhlungen, Rissen und allgemein von pathologischen Veränderungen (sowie weiterhin von Fehlern an geschlagenem und verbautem Holz), liegen zahlreiche Verfahren vor, die jedoch meist eine mehr oder minder starke Verletzung des Baumes bedingen.

Zunächst kann der Gesundheitszustand eines Baumes visuell eingeschätzt werden. Diese zerstörungsfreie „Okulardiagnose" ist naturgemäß weder objektiv noch sicher. Merkmale sind der allgemeine Kronenzustand (Belaubung, Benadelung, Welken), Wunden, Harzaustritt, Rindennekrosen, Krebse, aufgetriebene Stammbasis bei rotfauler Fichte (siehe Abb. 51 oben), Pilzfruchtkörper usw.

Fäulnis kann anhand von Bohrkernen visuell festgestellt werden, und gegebenenfalls können die Proben später mit verschiedenen Labormethoden näher analysiert werden (s. u.).

Beim Shigometer (Shigo et al. 1977), einem Ohmmeter, wird eine zwei Elektroden enthaltende Meßsonde durch ein Loch (Bohrmaschine) in den Baum geführt, die bei faulem Holz wegen des erhöhten Kationen- und Wassergehaltes (u. a. Smith und Shortle 1991) einen niedrigeren elektrischen Widerstand mißt. In braun- und weißfaulen Pappelholzproben waren die Gehalte an Calcium, Mangan und Eisen und in braunfaulem Fichtenholz zusätzlich der Magnesiumgehalt erhöht (Jellison et al. 1992). Ähnlich, jedoch mit geringerem Wundeffekt, werden beim Vitamat (Kučera 1986) mit einer Handkurbel zwei Elektroden im Abstand von etwa 2 cm übereinander in das Holz getrieben. Elektrische Widerstandsmessungen im Kambial- und inneren Rindenbereich können weiterhin zur Bestimmung der Baumvitalität, z. B. im Zusammenhang mit Waldschäden (u. a. Torelli et al. 1992), und allgemein bei Holz zur Messung der Holzfeuchtigkeit (s. o.) eingesetzt werden.

Besonders bei Bausanierungen wird die Endoskopie für verdeckt liegende Holzbauteile benutzt (Dzierzon und Zull 1990).

Bei dem Pilodyn (Görlacher 1987) werden ein Stift und bei dem Mayer-Wegelin'schen Härteprüfer eine Nadel in die Holzprobe getrieben, die bei abgebautem Holz tiefer eindringen.

Mit Farbindikatoren lassen sich pilzbedingte pH-Wert-Änderungen im Holz nachweisen (Peek et al. 1980), und nach verschiedenen Anfärbungen können Pilzhyphen und Sporen (s. o.) in Holzgeweben leichter erkannt werden (u. a. Bavendamm 1936, 1970, Krahmer et al. 1986; zu Präparation, Färbungen und Lichtmikroskopie von Pilzmaterial: Erb und Matheis 1982 und Moser 1983).

Braunfäule und Weißfäule wurden (FT)IR-spektroskopisch (Wienhaus et al. 1989, Faix et al. 1991, Körner et al. 1990a, b, 1992) und mittels Schallemissionsanalyse (Wagenführ und Niemz 1989) erkannt.

Mycel im Holz wurde versuchsweise über den Chitingehalt (Braid und Line 1981), das Ergosterin, einen Bestandteil von Pilzmembranen, (Nilsson und Bjurman 1990) und mittels immunologischer Methoden (Breuil et al. 1990, Kim et al. 1992, Toft 1992, Clausen und Green 1992, McDowell und Palfreyman 1992; siehe auch Kapitel 2.4) erfaßt. Immunologische Methoden waren auch zum Erkennen von beginnendem Pilzbefall geeignet, indem Holzproben sowohl im Laborversuch (Clausen et al. 1991) als auch unter Freilandbedingungen (Glancy et al. 1989) Braunfäuleaktivität anzeigten, obwohl praktisch noch kein Masseverlust vorlag (Übersicht bei Blanchette und Abad 1992).

Pilzaktivität in Holzproben wurde mittels Atmungsmessungen, wie Warburg-Methode, über die $^{14}CO_2$-Freisetzung aus markierten Substraten (Kirk und Tien 1986) und Schimmelpilzaktivität auf Holz durch ATP-Bestimmung quantifiziert (Bjurman 1992a).

Die zu Beginn der 80er Jahre in die Humanmedizin eingeführte, apparativ aufwendige Kernspintomographie beruht auf Wechselwirkungen von Atomkernen mit Hochfrequenzstrahlung in einem Magnetfeld. Sie mißt über die Ermittlung der ortsabhängigen Verteilung der Kernspindichte (Kerndrall der Protonen der im Wasser gebundenen Wasserstoffatome) die Konzentrationsverteilung der Atomkerne (Habermehl und Ridder 1992). Die Schwärzung des Bildes ist proportional zum Wassergehalt des Holzes, woraus auf die Vitalität erkrankter Bäume geschlossen wurde (Kučera 1986). Über an stehenden Bäumen einsetzbare mobile Anlagen ist bisher nichts bekannt.

Mit ebenfalls großem technischen Aufwand, jedoch zerstörungsfrei und vor Ort, wird seit 1976 versuchsweise besonders für wichtige Einzelbäume im Stadt- und Alleebereich die mobile Computer-Tomographie eingesetzt (Schwartz et al. 1989). Bei dieser für die Medizin entwickelten Methode wird der stehende Stamm mit einer Gammastrahlenquelle bestrahlt; die Strahlung wird bei der Transmission in Abhängigkeit von der Holzdichte teilweise absorbiert und das Absorptionsspektrum graphisch zu einem Tomogramm unterschiedlicher Holzdichten umgesetzt. Sie gilt als das einzig praktikable zerstörungsfreie Verfahren, das überlagerungsfrei ein detailliertes Bild über den Stammquerschnitt liefert. Untersuchungen erfolgten an rotfaulen Fichten, Alleebäumen mit Faulstellen, Bäumen mit Frostrissen und in Waldschadensgebieten (Habermehl und Ridder 1992, 1993 a, b).

Die Gas-Chromatographie/Massenspektrometrie der flüchtigen Verbindungen wurde versuchsweise zur Hausschwamm-Diagnose verwendet (Bjurman 1992 b, Esser und Tas 1992), und in Schweden werden ausgebildete „Schnüffelhunde" zum Auffinden von Fäulnis in Masten und Bäumen (Rayner und Boddy 1988) und in Dänemark zum Aufspüren von Hausschwammbefall in Gebäuden (Koch 1991) eingesetzt.

Art und Verlauf einer Fäulnis können durch verschiedene makro- und mikromorphologische Veränderungen im Holzgewebe erkannt werden. Makromorphologische Merkmale sind beispielsweise die charakteristischen Verfärbungen bei Bläue, Rotstreife, Braun- bzw. Moderfäule sowie Weißfäule, Vorkommen und Intensität von Würfelbruch bei Braun- und Moderfäule sowie die Differenzierung von Weißfäule in Simultan- und Weißlochfäule.

Der Zersetzungsgrad einer pilzbefallenen Holzprobe kann bestimmt werden, wenn ihre Trockenmasse mit der einer entsprechenden unbefallenen Kontrolle verglichen wird.

Dieser Masseverlust wird berechnet nach:

$$MV\ (\%) = (TG_1 - TG_2 : TG_1) \times 100$$

(TG_1 = Trockenmasse des nicht abgebauten Holzes, TG_2 = Trockenmasse des abgebauten Holzes).

Die Intensität des pilzlichen Holzabbaues (auch zur Bestimmung der Wirksamkeit von Holzschutzmitteln, der natürlichen Dauerhaftigkeit etc.) wird entsprechend über den prozentualen Masseverlust von Holzproben bestimmt, die einer Pilzeinwirkung aus Reinkulturen bzw. einer künstlichen oder natürlichen Mischpopulation ausgesetzt worden waren: z. B. nach EN 113 mit der

Kolleschalenmethode auf Agar (siehe Abb. 46), mit verschiedenen Erd-Eingrabe-Verfahren (u. a. Theden 1961) oder mit der Vermiculit-Methode (gekörnter Isolier- und Baustoff aus Aluminium-Eisen-Magnesium-Silikat als Feuchte- und Nährstoffträger: u. a. Kaune 1967, auch Henningsson 1975).

Der Grad der Holzzersetzung kann weiterhin über die Abnahme der Holzfestigkeiten quantifiziert werden (Schwab 1981, Ważny und Thornton 1989a, Reinprecht 1992).

Die Mikromorphologie des Zellwandangriffs durch die verschiedenen Pilzgruppen (siehe z. B. Abb. 6) kann an Mikrotomschnitten (etwa 20 µm) nach verschiedenen Färbungen lichtmikroskopisch untersucht werden; für lignifiziertes Gewebe wird häufig die Doppelreagenzierung mit Safranin und Astrablau eingesetzt, bei der lignifizierte Bereiche rot und ligninfreie Teile blau gefärbt werden. Moderfaules Holz kann ungefärbt im Querschnitt anhand der Löcher in der Sekundärwand oder in polarisiertem Licht an Längsschnitten über die Kavernen erkannt werden (siehe Abb. 45).

Mit dem Ultramikrospektralphotometer läßt sich die Intensität der Lignifizierung der verschiedenen Zellwandschichten über die Absorption bei 280 nm an 1 µm-Dünnschnitten des mikrobiell angegriffenen Holzes quantifizieren (Bauch et al. 1976, Schmidt und Bauch 1980, Lönnberg et al. 1991).

Transmissions- und Rasterelektronenmikroskopie (siehe Abb. 43, 44) ergeben detailliertere Einblicke in den Zellwandabbau (u. a. Liese und Schmid 1966, Liese 1970b, Eriksson et al. 1980, Highley und Murmanis 1984, Srebotnik und Messner 1991) und ebenso chemische Analysen der Hauptkomponenter der Zellwand sowie UV- und IR-Spektroskopie (Fengel und Wegener 1989, Faix et al. 1991, Körner et al. 1992, Wegener und Strobel 1992, Faix und Böttcher 1993) und weiterhin die Gas-Chromatographie/Massenspektrometrie von Ligninbausteinen (Faix et al. 1990).

Übersichten über Methoden zum Erkennen von Fäulnis und Holzfehlern geben Rayner und Boddy (1988), McCarthy (1988, 1989), Brandt und Rinn (1989), Habermehl und Ridder (1992), Becker (1993) und Becker und Beall (1993).

8.1.3 Vorkommen von Viren, Bakterien und Pilzen in Bäumen aus Waldschadensgebieten und ihre Bedeutung für die Holzqualität

Viren bzw. virusähnliche Partikeln, Rickettsien und Mykoplasmen wurden mehrfach in Waldbäumen nachgewiesen (u. a. Nienhaus 1985a, Parameswaran und Liese 1988, Nienhaus und Castello 1989, Winter und Nienhaus 1989, Gasch 1991, Ebrahim-Nesbat und Izadpanah 1992).

Das frische Holz von Bäumen aus Waldschadensgebieten enthielt vermehrt Bakterien (und auch verschiedene, meist niedere, Pilze) (Bauch et al. 1975, Schmidt 1985, v. Aufseß 1986, Schmidt et al. 1986).

Trichoderma viride war der häufigste Pilz in Fichtenwurzeln aus Waldschadensgebieten (Schönhar 1992); aus geschädigten Wurzeln von Altfichten wurden häufig weitere *Trichoderma*-Arten isoliert, die sich als pathogen für Fichtenkeimlinge erwiesen (Kattner 1990). Nadelverfärbungen und -schütten in belasteten Fichtenbeständen wurden in Zusammenhang mit Nadelpilzen gebracht (Rehfuess und Rodenkirchen 1984, Schell und Kristen 1992). Verschiedene Pilze wurden in kranken Tannen nachgewiesen (Courtois 1983). Als Parasiten traten in Waldschadensgebieten vermehrt Hallimasch und Wurzelschwamm auf (Keller 1989, Schmidt-Vogt 1989, Kehr und Wulf 1993, Majunke et al. 1993, Reindl et al. 1993, aber Seehann 1992). Hohe SO_2-Konzentrationen in der Nähe von Immissionsquellen wirkten hemmend, geringe Konzentrationen stimulierend auf beide Pathogene (Grzywacz und Ważny 1973). Jedoch waren die Zusammensetzung der Pilzflora und die Häufigkeit der Besiedlung bei gesunden und erkrankten Fichten und Tannen sehr ähnlich (Sieber 1989), bzw. auf voll benadelten Fichten wurden häufiger Nadelpilze gefunden als bei solchen mit Kronenverlichtung. Gleichsinnige Untersuchungen an Blättern liegen u. a. bei *Quercus petraea* vor (Halmschlager et al. 1993).

Nach Beobachtungen der Praxis sowie aufgrund von Isolierungen verblaut Fichte in Waldschadensgebieten stärker als in gesunden Beständen, und es kamen vermehrt Rotstreifeerreger (*Amylostereum areolatum* und *Stereum sanguinolentum*) vor (v. Aufseß 1986, Schmidt et al. 1986).

Hinsichtlich der Ursachenforschung der neuartigen Waldschäden wird die Bedeutung von Viren, Bakterien und Pilzen unterschiedlich beurteilt:

Viren und Bakterien gelten bei den Infektions- bzw. Epidemiehypothesen neben anderen Einflüssen (Emissionen, Klima, Standort) als auslösende (Fink und Braun 1978a, b, Frenzel 1983, Kandler 1983, Ebrahim-Nesbat und Izadpanah 1992), mitwirkende (Manion 1981) oder als prädisponierende Faktoren (Nienhaus 1985b, c, Lehringer 1985, Linn 1990) sowie als Sekundärschädlinge (Gasch et al. 1991); nach Burschel (1986), Liese und Schmitt (1988), Parameswaran und Liese (1988) und Schönhar (1989) ist ihre Bedeutung für die Walderkrankung insgesamt jedoch eher unklar. Nadelbewohnende Pilze wurden als Krankheitsverursacher (Rehfuess und Rodenkirchen 1984) sowie als Sekundärparasiten (Elstner und Osswald 1984) eingestuft und sind nach Butin und Wagner (1985) sowie Schütt (1985) nicht ursächlich beteiligt. Pilze im Wurzelbereich sowie Stammfäuleerreger wurden als mitwirkend (Dimitri 1982, Schönhar 1985) bis maßgeblich (Kattner 1990, Schönhar 1992) oder als Schwächeparasiten (Schönhar 1982, 1989, Elstner 1983) eingestuft (auch Ulrich 1980, Houston 1984, Schütt 1988, Schmidt-Vogt 1989 und Courtois 1990). Über die Beteiligung von Pilzen an den Waldschäden wurde unter anderem im Rahmen der Darstellung der Forstschutzsituation 1992/93 berichtet (Dimitri 1993, Jansen et al. 1993, Majunke et al. 1993, Reindl et al. 1993, Richter et al. 1993, Schröter et al. 1993) sowie bei dem interdisziplinären Forschungsprogramm ‚Luftverunreinigungen und Waldschäden am Standort „Postturm", Forstamt Farchau/ Ratzeburg' (Seehann 1992, Schell und Kristen 1992).

Untersuchungen zur biologischen Resistenz von Holzproben aus gesunden Beständen und aus Bäumen verschiedener Schadklassen ergaben keine erhöhte Anfälligkeit des Holzes aus Waldschadensgebieten gegen Pilze (und Insekten):

Entgegen Beobachtungen aus der Praxis neigte das Holz *in vitro* nicht zu stärkerem Verblauen (Saur et al. 1986). Ebenso zeigten Abbauversuche in Kolleschalen mit Splint- und Kernholzproben von Fichten verschiedener Schadklassen durch *Heterobasidion annosum* und *Trametes versicolor* (Schmidt et al. 1986) sowie durch *Coniophora puteana, Gloeophyllum abietinum* und *Tyromyces placenta* keine auf die Schadklassen beziehbaren Unterschiede, und auch die Entwicklung von Hausblocklarven ließ keinen Einfluß der Baumerkrankung auf den Larvenfraß erkennen (Liese 1986a).

Hinsichtlich des Lagerungsverhaltens von erkrankten Fichten, Kiefern und Buchen bei verschiedenen Waldlagerungen (v. Aufseß 1986, Göttsche-Kühn und Frühwald 1986, Schmidt et al. 1986, Nimmann und Knigge 1989) neigte das Holz von erkrankten Bäumen zunächst schneller zu Verfärbungen infolge Pilzbefalls als bei den gesunden Bäumen; bei längerer Lagerungsdauer zeigte sich jedoch kein Zusammenhang zwischen dem Gesundheitszustand des Baumes und dem Schadensausmaß durch das Lagern, bzw. die Stämme der gesunden Bäume waren sogar stärker verfärbt, da deren länger dauerndes Heruntertrocknen den Pilzen für eine längere Zeit günstige Wuchsbedingungen ermöglichte (zur Naßlagerung: Schmidt und Wahl 1987). Insgesamt betrachtet besteht daher keine Berechtigung für den gelegentlich verwendeten Ausdruck „Schadholz".

8.1.4.1 Baumfäulen durch parasitäre Großpilze (Armillaria mellea, Fomes fomentarius, Heterobasidion annosum, Laetiporus sulphureus, Meripilus giganteus, Phaeolus spadiceus, Phellinus pini, Piptoporus betulinus, Polyporus squamosus, Sparassis crispa und Stereum sanguinolentum)

Die wichtigen parasitären Großpilze an Laub- und Nadelbäumen sind Hymenomyceten aus der Gruppe der Basidiomyceten. Dort gehören sie zu den Agaricales (*Armillaria mellea*) und Boletales (*Paxillus panuoides*), überwiegend jedoch zu den Porlingen (Hübsch 1991; s. o.) mit etwa 20 Arten von größerer wirtschaftlicher Bedeutung, die vom Praktiker als „Baumporlinge" zusammengefaßt werden (siehe Tabelle 7, auch Tabelle 29).

Die Baumporlinge befallen überwiegend ältere Laub- und Nadelbäume aller Klimazonen, z. T. baumartenspezifisch (*Piptoporus betulinus*). Ursachen sind Verwundung oder physiologische Schwächung des Baumes (Wund- oder Schwächeparasit). Sie dringen entweder über die Wurzeln (Wurzelfäulen) oder über Stammwunden (Wundfäulen) in den Baum ein. Nahezu alle greifen das Kernholz (Kernfäulen) an und führen somit zu starker Festigkeitsschwächung des Baumes. Sie bewirken in mehrjähriger Entwicklung entweder Braun- oder Weißfäule, wobei alle Kombinationen zwischen Laub- und Nadelholz sowie Braun- und Weißfäule vertreten sind. Sie haben große forstwirtschaftliche Bedeutung, da in der Regel Fällung infizierter Bäume nötig ist. Nach Einschlag bzw. Absterben können einige Pilze noch mehrere Jahre saprophytisch im Holz weiterwachsen, sterben dann jedoch meist ab, so daß sie Holz im Innenbau

Tabelle 29. Stammfäuleerreger. (Nach Seehann 1971, Schwerdtfeger 1981, Butin 1983, Breitenbach und Kränzlin 1986, Rayner und Boddy 1988, Schönhar 1989 und Hübsch 1991)

Amylostereum areolatum, Braunfilziger Schichtpilz
Armillaria mellea, Honiggelber Hallimasch und andere *Armillaria*-Arten
Bjerkandera adusta, Angebrannter Rauchporling
Chondrostereum purpureum, Violetter Schichtpilz
Climacocystis borealis, Nordischer Porling
Coniophora arida, Dünnhäutiger Braunsporrindenpilz
Coniophora olivacea, Oliver Braunsporrindenpilz
Cylindrobasidium laeve, Ablösender Rindenpilz
Daedalea quercina, Eichenwirrling
Daedaleopsis confrogosa, Rötende Tramete
Fistulina hepatica, Ochsenzunge
Fomes fomentarius, Zunderschwamm
Fomitopsis pinicola, Rotrandiger Baumschwamm
Ganoderma adspersum, Wulstiger Lackporling
Ganoderma lipsiense, Flacher Lackporling
Grifola frondosa, Klapperschwamm
Heterobasidion annosum, Wurzelschwamm
Inonotus dryadeus, Tropfender Schillerporling
Inonotus hispidus, Zottiger Schillerporling
Laetiporus sulphureus, Schwefelporling
Meripilus giganteus, Riesenporling
Onnia tomentosa, Gestielter Filzporling
Phaeolus spadiceus, Kiefern-Braunporling
Phellinus igniarius, Feuerschwamm
Phellinus pini, Kiefernfeuerschwamm
Phellinus robustus, Eichenfeuerschwamm
Pholiota squarrosa, Sparriger Schüppling
Piptoporus betulinus, Birkenporling
Pleurotus ostreatus, Austernseitling
Polyporus squamosus, Schuppiger Porling
Resinicium bicolor, Zweifarbiger Harz-Rindenpilz
Schizophyllum commune, Gemeiner Spaltblättling
Sparassis crispa, Krause Glucke
Stereum rugosum, Runzeliger Schichtpilz
Stereum sanguinolentum, Blutender Schichtpilz
Tyromyces stipticus, Bitterer Saftporling
Xylobolus frustulatus, Mosaik-Schichtpilz

nicht gefährden. Die vielfältig gestalteten Fruchtkörper sind meist Hutpilze oder Konsolen (siehe Abb. 20). Bei den Porlingen dienen die unterschiedlich großen und verschieden geformten Poren als Unterscheidungsmerkmal (u. a. Breitenbach und Kränzlin 1986, Jahn 1990). Neben einjährigen Fruchtkörpern werden bei z. T. sehr groß werdenden, harten und verholzenden, mehrjährigen Fruchtkörpern einiger Arten jedes Jahr neue Hymeniumschichten (siehe Abb. 20 rechts) angelegt.

Laubbaumpilze sind *Daedalea quercina, Fomes fomentarius, Phellinus igniarius, Laetiporus sulphureus, Piptoporus betulinus,* der Schuppige Porling, *Polyporus squamosus,* und der Riesenporling, *Meripilus giganteus.* Als Nadelbaumpilze kommen *Heterobasidion annosum*, der Kiefern-Braunporling, *Phaeolus spadiceus*, die Krause Glucke, *Sparassis crispa*, und *Phellinus pini* vor. *Armillaria mellea* befällt beide Baumgruppen. Nachfolgend werden einige wichtige Baumfäulepilze in alphabetischer Reihung z. T. stichwortartig beschrieben (siehe auch Liese 1950, Kreisel 1961, Wagenführ und Steiger 1966, Findlay 1967, Bavendamm 1969, Seehann 1971, Domański et al. 1973, Coggins 1980, Schwerdtfeger 1981, Butin 1983, Breitenbach und Kränzlin 1986, 1991, Gilbertson und Ryvarden 1986, 1987, Rayner und Boddy 1988, Schönhar 1989, Jahn 1990, Hübsch 1991; Tabelle 29). Soweit bekannt, sind ihre Feuchtigkeits- und Temperaturansprüche in Tabelle 11 und 13 zusammengestellt.

Armillaria mellea (Vahl: Fr.) Kummer

(*Armillariella mellea*) (Honiggelber) **Hallimasch**, Honigschwamm (Agaricales) und andere *Armillaria*-Arten

Vorkommen: Nadel- und Laubbäume, besonders Fichte, Kiefer, Ahorn, Pappel, Eiche und Obstbäume, Stubben, Pfähle usw. (Hartig 1874, 1882, Seehann 1969).

Physiologie: Weißfäule; Schwächeparasit, Saprophyt auf Stubben; im Labor langsamwüchsig; tetrapolar heterothallisch, bei Wachstum im Holz oft diploide Hyphen (Müller und Loeffler 1992); in Europa wenigstens fünf verschiedene Ökotypen (Korhonen 1978b: A, B, C, D, E) nicht miteinander kreuzbar. Aufgrund morphologischer Merkmale und unterschiedlicher Phatogenität lassen sie sich fünf bis sechs selbständigen Kleinarten (*Armillaria mellea*-Komplex) zuordnen: Nordischer Hallimasch *Armillaria borealis* (= Typ A von Korhonen), Zwiebelfüßiger Hallimasch *A. cepestipes* (= B), Dunkler Hallimasch *A. ostoyae* (früher: *A. obscura* = C), *A. mellea* sensu stricto (= D) und *A. gallica* [früher: Knolliger Hallimasch *A. bulbosa* (*A. lutea* = E)] (Rishbeth 1985, 1991, Rayner und Boddy 1988, Holdenrieder 1989, Schönhar 1989, Siepmann und Leibiger 1989, Fox 1990, Mallett 1990, Hübsch 1991, Robene-Soustrade et al. 1992, Guillaumin et al. 1993). Verschiedene Ökotypen existieren auch in Nordamerika (Anderson und Ullrich 1979, Anderson et al. 1980), Australien (Kile und Watling 1983) und Kenia (Mwangi et al. 1989).

Merkmale: Bei Kiefer und Fichte Harztaschen, Harzergüsse und aufgeplatzte Rinde (Harzsticken); weiße, fächerartige Mycellappen und braunschwarze, innen weiße Rhizomorphen (0,25 bis 4 mm; Schmid und Liese 1970a; siehe Abb. 7) zwischen Rinde und Holz (Hartig 1874, siehe Abb. 50). Von lebendem Mycel durchsetztes Holz leuchtet im Dunkeln. Mycel ohne Schnallen.

Fruchtkörper (Abb. 50 oben links, unten): Einjährige, im Spätherbst massenweise an Stubben oder am Wurzelanlauf wachsende Hutpilze (5 bis 15 cm Durchmesser) mit zentralem Stiel (bis 15 cm lang); oben auf honiggelbem

Abb. 50. *Armillaria mellea.* Oben, links: Fruchtkörper und Rhizomorphen (aus Hartig 1874); rechts: weißfauler Stumpf mit Rhizomorphen nach Entfernen der Rinde; unten: Fruchtkörper und unter der Rinde weiße Mycellappen (Aufnahme W. Liese)

Grund (Name!) in der Mitte kleine, gelbbraune Schuppen; cremeweiße bis bräunlichrote Lamellen; monomitisch; Schnallen nur an der Basis der Basidien; Stiel mit weißem Ring; jung eßbar, ungenügend gekocht sowie überaltert mit Vergiftungsgefahr.

Bedeutung: Der von den Forstleuten gefürchtete Hallimasch gehört zu den wichtigsten und weltweit verbreiteten (Kosmopolit) Baumschädlingen innerhalb und außerhalb des Waldes, der nahezu sämtliche Baumarten der Laub- und Nadelhölzer aller Altersstufen befallen kann (u. a. Hartig 1874, Schönhar 1989, Fox 1990, Livingston 1990, Klein-Gebbinck und Blenis 1991). Als Saprophyt lebt er im Boden auf abgestorbenen Holzresten und auf Stubben. Der Übergang zur parasitischen Phase erfolgt, wenn der Baum durch Streß (Schädlinge, Nässe, Wasser-, Nährstoffmangel, Belastung durch Straßenbauarbeiten oder des Bodens durch Umweltchemikalien) geschwächt ist, so daß Waldschadensgebiete verstärkt Hallimaschbefall zeigten (Majunke et al. 1993, Reindle et al. 1993). Die Infektion erfolgt vorwiegend mit den Rhizomorphen. Gelingt es dem Baum nicht, den durch Rinde oder Wunden in die Wurzel eindringenden Pilz durch histologische oder chemische Barrieren abzuwehren (Woodward 1992 b, Wahlström und Johansson 1992), breitet er sich zwischen Rinde und Holz im Kambialbereich aus. Der Saftstrom wird unterbrochen, und es werden giftige Stoffwechselprodukte ausgeschieden. Ist die Rinde rings um den Stamm erfaßt, stirbt der Baum rasch ab („Kabiumkiller"). Neben der parasitischen Lebensweise kann sich der Pilz, auch ohne Angriff auf das Kambium, über die Holzstrahlen im Kernholz der Wurzel und der Stammbasis ausbreiten (Stockfäule). Die Rhizomorphen können durch den Boden von Baum zu Baum wachsen und dienen zur Nährstoffleitung und Infektion.

Fomes fomentarius (L.: Fr.) Fr.
(*Polyporus fomentarius*) **Zunderschwamm**

Vorkommen: Meist Laubbäume, besonders alte Buchen, auch Birke, Erle, Hainbuche.

Fruchtkörper: Mehrjährige (bis über 30 Jahre alt), im Frühsommer und Herbst wachsende, dicke, große (bis 50 cm Durchmesser), harte Konsolen; oft hoch am Stamm; der Rinde fest angeheftet; oben hellbraun bis schwärzlichgrau, wulstig gezont; unten flaches, cremefarbenes bis bräunliches Hymenium mit weißem Zuwachsrand; trimitisch; unter der 1 bis 2 mm dicken, harten Kruste eine weich-zähe Trama, die früher (z. B. in Haitabu) mit Salpeter getränkt zur Zundergewinnung (Name!) verwendet wurde; darunter pro Jahr ein bis drei neue Hymeniumschichten (siehe Abb. 20 rechts). Noch um 1890 wurden beispielsweise im Böhmer-, Bayrischen und Thüringer Wald jährlich etwa 1000 Zentner Zunder zum Feueranzünden, aber auch zum Blutstillen und zur Herstellung von Hauben, Handschuhen und Hosen produziert (Hübsch 1991). Tetrapolar (Stalpers 1978).

Bedeutung: Der Zunderschwamm gehört zu den auffälligsten Großporlingen in Europa und Nordamerika mit einem häufigen Vorkommen an Rotbuche. Der Pilz dringt als Schwächeparasit über Rindenwunden oder Astabbrüche in das Holz geschwächter und alter Bäume ein, so daß er ein natürliches Glied in der Biozönose eines Buchenwaldes darstellt. Mit schwarzen Demarkationslinien bewirkt er im Kern Weißfäule, die sich nach außen erweitert. Nach längerem Befall kommt es zu Festigkeitsminderung des Stammes, so daß Sturmbruchgefahr besteht. Forstwirtschaftlich ist der Pilz zu beachten, da er bei der Buchenrindennekrose das Endstadium der mehrjährigen Erkrankung darstellt und schleimflußgeschädigte Bäume zum Vermeiden weiterer Wertholzverlustes rasch geschlagen werden sollten. An gefallenem oder geschlagenem Holz auch mehrjährig saprophytisch (Verstocken).

Die mehrjährigen, im Sommer und Herbst in der gesamten nördlichen Hemisphäre wachsenden Fruchtkörper des meist parasitisch an Laubholz (Weißfäule), besonders Weide, Erle, Pappel, Esche, Ulme und an Obstbäumen, vorkommenden (Grauen) Feuerschwammes (Falscher Zunderschwamm), *Phellinus igniarius* (L.: Fr.) Quélet, ähneln denen des Zunderschwammes, sind jedoch kleiner (bis 25 cm), dunkler und wulstiger, oft rissig und besitzen eine feste, holzige Trama und ein zimtbraun-graues Hymenium.

Heterobasidion annosum (Fr.: Fr.) Bref.
(*Fomes annosus, Trametes radiciperda*) **Wurzelschwamm**

Der Wurzelschwamm müßte aufgrund geltender Nomenklaturregeln *Heterobasidion cryptarum* (Bull.: Fr.) Rausch heißen (Rune und Koch 1992); jedoch ist auch in der jüngeren Literatur „*annosum*" üblich.

Vorkommen: Vorwiegend Nadelbäume; bei Fichte, Lärche und Douglasie im Kern- und Wurzelholz; wegen Harzvorkommen bei Kiefer nur im Wurzelbereich; insgesamt weiter Wirtskreis von 137 Pflanzenarten (Dimitri 1976).

Physiologie: Weißfäule, die wegen der rötlichen Verfärbung des Holzes als Rotfäule bezeichnet wird. Zu Beginn der Holzzersetzung findet starke Delignifizierung statt, später gleichmäßiger Abbau von Lignin und Cellulose (Peek und Liese 1967). Parasit und Saprophyt; von dem bipolar heterothallischen Wurzelschwamm, der weltweit vorkommt, existieren verschiedene geographische und baumartenspezifische Ökotypen (Holdenrieder 1989, Siepmann 1989, Capretti et al. 1990, Stenlid und Karlsson 1991, Korhonen et al. 1992). Angaben zum Einfluß von pH-Wert, Temperatur, Nährstoffen und Vitamin B_1 auf Sporenbildung und Keimung, Mycelwachstum, Fruchtkörperbildung und Enzymaktivitäten finden sich bei Schwantes et al. (1976).

Merkmale: Auf Agar und seltener auch auf feuchtem, frischem Holz charakteristische asexuelle Nebenfrucht vom *Oedocephalum*-Typ, *Spiniger meineckellus*, mit oben keulenförmig verdicktem Konidiophor, dem nach Abfallen der

Konidien die Sporenansatzstellen ein morgensternähnliches Aussehen geben (Brefeld'sche Konidien als Bestimmungsmerkmal: Brefeld 1889); flaschenförmige Auftreibung am Stammfuß von Fichte (Abb. 51 oben) durch Kambialreiz; Harzausfluß.

Fruchtkörper (Abb. 51 unten): Im Herbst an der Stammbasis und an flachstreichenden Wurzeln, häufig von Nadelstreu bedeckt, ein- und mehrjährige flache Konsolen (1 cm dick, 3 bis 20 cm breit) mit jährlich einer Porenschicht; reihig bis dachziegelig stehend, meist verwachsen; oben höckerig, braun, runzelig, oft gezont, ledrig-krustig, weißgelblicher Zuwachsrand; unten weißcremig mit feinen, dichten Poren; im frischen Zustand zäh, trocken, hart und holzig; dimitisch.

Bedeutung: Der Wurzelschwamm ist aus forstlicher Sicht der bedeutendste pilzliche Baumschädling (Hartig 1874, 1878, Schlenker 1976, Zycha 1976a, Zycha et al. 1976, Schwerdtfeger 1981, Butin 1983, Hallaksela 1984, Tamminen 1985, Benizry et al. 1988, Schönhar 1989, 1990), der vor allem in älteren Nadelholzbeständen erhebliche Schäden anrichten kann. Die Infektion erfolgt entweder durch keimende Sporen oder durch Mycel, das bereits in Wurzeln oder anderen Bodenbestandteilen vorhanden ist (Zycha 1976b). Hierbei sind mehrere Wege möglich: durch Basidiosporen (auch Konidien) über eine Stubbeninfektion, durch Mycelwachstum über Kontaktstellen (Wurzelanastomosen) zwischen kranken und gesunden Wurzeln eines Bestandes oder über Sporen (keimfähig etwa 1 Jahr: Brefeld 1889), die mit dem Regen in den Boden gewaschen werden und auf der Wurzel auskeimen; der Pilz dringt bei älteren Wurzeln durch Wunden und bei jungen, dünnrindigen Wurzeln auch ohne Verletzungen ein (Rishbeth 1951, Peek et al. 1972a, b, Lindberg und Johansson 1991, Lindberg 1992, Woodward 1992a). In unverletzte Fichtenwurzeln dringen die Hyphen durch Tüpfelkanäle der dickwandigen Steinkorkzellen ein, die Wände der folgenden dünnwandigen Steinkorkzellen und der Schwammkorkzellen werden enzymatisch abgebaut, und aus den Rindenstrahlen dringt der Pilz über die Holzstrahlen in die Tracheiden vor, deren Wände durch eindiffundierende Enzyme abgebaut sowie von Mikrohyphen enzymatisch durchbohrt werden (Peek und Liese 1976). Infektionen am Stamm sind seltener und beschränken sich auf Wunden am Wurzelanlauf (Schönhar 1990).

Die Gefährlichkeit des vom Praktiker meist lediglich *Fomes* genannten Pilzes beruht nicht nur auf der parasitischen Fähigkeit, lebende Wurzeln anzugreifen und abzutöten, sondern er ist zugleich Urheber der im Kernholz (Kernfäule) des Stammes aufsteigenden Rotfäule, die wirtschaftlich meist noch schwerwiegender ist. Beispielsweise hatten von etwa 20% des jährlichen Einschlages an Fichtenholz in Niedersachsen mit Pilzschäden ca. 2/3 Wundfäulen (vor allem durch *Stereum sanguinolentum*) und 1/3 Kernfäulen, von denen wiederum etwa 70% durch den Wurzelschwamm verursacht waren, ca. 13% vom Hallimasch herrührten und der Rest sich auf weitere etwa 20 Pilzarten verteilte (Zycha 1976a). Auf basenreichen Lehmböden der Schwäbischen Alb wiesen etwa 40% der 60- bis 80jährigen Fichten Wurzelschwammbefall auf

Abb. 51. *Heterobasidion annosum.*
Oben: verdickte Stammbasis;
unten: Fruchtkörper am Stammfuß
(Aufnahmen W. Liese)

(Schönhar 1990). In Europa allgemein rechnet man bei Fichte mit einer Stammholzentwertung durch Rotfäule von 10%. Rotfäule tritt vermehrt in Waldschadensgebieten auf (u. a. Dimitri 1993, Majunke et al. 1993).

Die parasitische Aktivität des Pilzes entsteht zunächst als Wurzelfäule. Bei Kiefern dringt der Pilz vorwiegend im Kambialbereich der Wurzel stammwärts vor, bis ihm starke Harzbildung und ein Wundperiderm in der Rinde Einhalt gebieten. Es kommt zum Absterben umfangreicher Wurzelteile. Bei den weniger harzhaltigen Fichten, Tannen, Lärchen und Douglasien verlagert sich die Pilzaktivität, sobald das Mycel Wurzeln von mehr als 2 cm Durchmesser erreicht hat, in das Wurzelinnere, so daß Seitenwurzeln und somit auch die befallenen Bäume am Leben bleiben. Nur wenn sämtliche Wurzeln befallen sind, greift auch hier das Mycel auf das Kambium über und bringt die Bäume zum Absterben.

Mit Eindringen in das Kern- bzw. Reifholz beginnt die saprophytische Phase, die sich je nach Baumart unterschiedlich auswirkt. Ein Übergreifen auf das Splintholz erfolgt erst nach dem Fällen aufgrund von Unterschieden in den Feuchtigkeitsbedingungen und besonders wegen der hemmenden, biochemischen Wirkung der lebenden Zellen im Splint (Shain und Hillis 1971). Bei Kiefern dringt der Wurzelschwamm meist nur unbedeutend in den Stamm vor, doch sterben die Bäume wegen des Wurzelschadens ab. Bei Lärchen wächst das Mycel in der Kern-Splint-Zone und erreicht ebenfalls nur geringe Höhe. Bei Fichten steigt der Pilz im Laufe der Jahre (0,3 m/a) im Stamm aufwärts, und auch bei Douglasien kann das Stammholz erheblich zerstört werden. Das befallene Holz weist zunächst eine „1. Farbzone" (graue bis violette Streifung), dann eine „helle Hartfäule" (hellbräunlich, Holz noch schnittfest), später eine „dunkle Hartfäule" (braunrot, lediglich Holzgefüge noch erhalten) und schließlich eine „Weichfäule" auf (Zycha 1964), bei der das Holz faserig aufgelöst und von kleinen, weißen, spindelförmigen Nestern mit schwarzem Kern durchsetzt ist.

Laetiporus sulphureus (Bull.: Fr.) Murr.
(*Polyporus sulphureus*) **Schwefelporling**

Vorkommen: Bevorzugt Laubbäume mit Farbkern, wie Eiche und Robinie, auch an Ulme, Weide, Pappel, Apfel, Birne, Kirsche und Pflaume, gelegentlich auch Nadelbäume; häufig an Park- und Straßenbäumen (Seehann 1979).

Fruchtkörper: Einjährige, von April bis Oktober erscheinende, ungestielte, weithin auffällige, oben schwefelgelbe (Name!) bis rötliche, wellig-samtige, unten schwefelgelbe Konsolen (15 bis 40 cm) mit feinporigem Hymenium; dachziegelartig übereinander am Stammgrund und in größerer Baumhöhe; in frischem Zustand saftig und weich, später spröde, kreideartig, strohfarben bis grau; dimitisch; jung eßbar (Hübsch 1991).

Physiologie und Bedeutung: Die Infektion des Stammholzes erfolgt meist durch Wunden. Im Kern kommt es durch den weltweit verbreiteten Pilz zu intensiver Braunfäule nach Entgiftung von Inhaltsstoffen durch Tyrosinase. Das Mycel wächst in breiten, bandartigen Streifen längs der im Holz entstehenden Risse und Spalten und bedeckt diese mit einem gelblichen Überzug. Der Splint wird meist nicht angegriffen, so daß ein befallener Baum noch längere Zeit am Leben bleibt, falls nicht Bruch oder Wurf durch Sturm erfolgen. Selten saprophytisch.

Meripilus giganteus (Pers.: Fr.) P. Karsten
(*Polyporus giganteus*) **Riesenporling**

Vorkommen: Meist Laubbäume, insbesondere Roßkastanie, Buche, Linde und Eiche; häufigster Porling an Hamburger Park- und Straßenbäumen (Seehann 1979).

Fruchtkörper: Von Juli bis November an Stubben kürzlich gefällter oder an der Basis noch stehender Bäume; oft scheinbar aus dem Erdboden wachsend, dann aber immer in Kontakt mit Holz; aus zahlreichen, oft dachziegelartig übereinanderliegenden, fächerförmigen, oben cremeweißen bis gelbbraungezonten Hüten; Fruchtkörper-Aggregate bis zu 1 m Durchmesser und 70 kg Frischgewicht (Kreisel 1961); unten cremefarbenes bis gelborange-braunes Hymenium; monomitisch.

Bedeutung: Der Riesenporling ist zunächst wurzelbürtiger Weißfäuleerreger in geschädigten Wurzeln meist älterer Bäume, die z.B. infolge verdichteten Bodens, Asphaltierungs- und anderer Bauarbeiten oder durch Wunden geschwächt sind. Sein Auftreten ist stets Zeichen für ein stark zerstörtes Wurzelwerk, das den Bäumen nur wenig Zeit zum Überleben läßt. Stammholz wird kaum befallen.

Phaeolus spadiceus (Pers.: Fr.) Rausch.
(*Phaeolus schweinitzii*) **Kiefern-Braunporling**

Vorkommen: Nadelbäume, besonders Kiefer, Douglasie, auch Fichte und Lärche.

Fruchtkörper: Einjährig, hauptsächlich im Spätsommer, leichtvergänglich, am Stammfuß oder auf dem Boden auf verborgenen Wurzeln; an gefällten Bäumen häufig nachträglich auf den Hirnflächen seitlich gestielt wachsend; bis 40 cm groß; mit kurzem, zentralem, nach oben dicker werdendem, unregelmäßig zylindrischem bis knolligem Stiel; zunächst kreiselförmig, später mit mehreren dachziegelig abstehenden Hüten; häufig Pflanzen oder Zweige umwachsend; gelb- bis kastanienbraun, im Alter oft schwarz; gelbbräuner Zuwachsrand; oben mit gelblichem bis rostrotem, wolligem Filz bedeckt; unten mit labyrinthischem, grüngelbem Hymenium aus weiten Poren, das bei Druck rotbräunlich verfärbt; monomitisch.

Bedeutung: Der parasitisch besonders im Kern eine Braunfäule bewirkende Kiefern-Braunporling ist einer der wichtigsten Stammholzzerstörer an alten Kiefern und Douglasien. Er tritt häufig in Nadelbaumbeständen auf ehemaligen Laubwaldböden (Schönhar 1989) zunächst an Wurzeln und niederen Stammwunden auf, später im Kern des Stammes, jedoch nur wenig hochsteigend (Stockfäule). Verfaultes Holz riecht nach Terpentin. Mehrjähriges saprophytisches Wachstum ist möglich.

Phellinus pini (Thore: Fr.) Pilát
(*Trametes pini*) **Kiefernfeuerschwamm**, Kiefernbaumschwamm

Vorkommen: Nadelbäume, vorwiegend Kiefer, seltener Fichte, Lärche und Douglasie; besonders in Nordosteuropa.

Fruchtkörper: Erst 10 bis 20 Jahre nach Infektion als einzelne Konsolen um Astlöcher oder unter Totästen, da lebendes Splintholz meist nicht durchwachsen wird; oft hoch am Stamm älterer Bäume; Überdauern bis 50 Jahre; hart; oben zoniert, rauh, rissig, anfangs rostbraun, rauhfilzig, später dunkelbraunschwärzlich verkahlend (5 bis 12 cm); unten gelbes bis graubraunes Hymenium mit runden und länglichen Poren; dimitisch.

Physiologie und Bedeutung: Der Kiefernfeuerschwamm infiziert als parasitischer, stammbürtiger Weißlochfäuleerreger (Liese und Schmid 1966) alte (von 50 Jahren an, Alterskrankheit) Kiefern und Lärchen nur an freiliegendem Kernholz (abgestorbene Aststummel, Wunden) meist höher am Stamm (Hartig 1874). Von tief ins Holz reichenden Totästen dringt er nach oben und unten im Stamm vor. Bevorzugter Frühholzabbau führt zu Ringschäle. Später wird auch das übrige Holz befallen. Es kommt zu lokalen Rindeneinsenkungen und starkem Harzaustritt (Kienholz). Bei Fichten kann die Infektion auch im Splint erfolgen. Das Holz ist im Frühstadium noch relativ fest. Der Pilz stirbt nach Fällen des Baumes ab. Jedoch ist Sekundärbefall des Holzes begünstigt. Er ist in Nordosteuropa ein bedeutsamer Schaderreger an älteren Kiefern. Westlich der Elbe und im maritimen Klima kommt er nur selten vor, dann an sehr alten Kiefern. Schäden an Fichten, Lärchen und Douglasien sind relativ gering.

Piptoporus betulinus (Bull.: Fr.) P. Karsten
(*Polyporus betulinus*) **Birkenporling**

Vorkommen: Nur Birke; auch in Gärten und Parks.

Fruchtkörper: Von Juli bis November, 1jährig; muschel-, fächer- oder konsolenförmig, alt nierenförmig; mit meist lateraler, stielartiger, buckeliger Anwachsstelle; einzeln (8 bis 30 cm) oder in Gruppen; oft mehrere Meter hoch am Stamm; oben matt-glatt, ungezont, jung cremeweiß, später ockerbraun bis graubraun, im Alter meist rissig: feinporiges, weißes bis cremeweißes Hymenium mit rundlichen bis leicht eckigen Poren; dimitisch; einige Stämme bipolar (Stalpers 1978).

Bedeutung: Der Birkenporling kommt als streng wirtsspezifischer Schwächeparasit nur an älteren und geschwächten (z.B. Lichtmangel) Birken vor. Die Infektion erfolgt über Wunden (Astabbrüche). Im Stamm breitet er sich mit intensiver Braunfäule besonders im Kern aus. Birken mit Fruchtkörpern sollten wegen Stammbruchgefahr gefällt werden.

Polyporus squamosus (Hudson: Fr.) Fr.
(*Melanopus squamosus*) **Schuppiger Porling**

Vorkommen: Laubbäume wie Ahorn, Buche, Esche, Linde, Nußbaum, Pappel, Roßkastanie und Weide; häufig an Straßenbäumen, in Parks.

Fruchtkörper: Einjährig im Mai bis Juni; einzeln oder in Gruppen dachziegelig; meist seitlich gestielt mit kreis- bis fächerförmigem Hut (bis 80 cm breit und 2 kg schwer); oben gelb bis ockergelb mit konzentrisch angeordneten hell- bis dunkelbraunen, flach anliegenden Schuppen, glatt und leicht klebrig; unten großporiges, cremegelbliches Hymenium mit eckig-ovalen Poren; dimitisch; weißlicher Stiel (bis 10 cm) an der Basis verjüngt und dunkelbraun bis schwarzfilzig; jung eßbar (Hübsch 1991); einige Stämme tetrapolar (Stalpers 1978).

Bedeutung: Der Schuppige Porling bewirkt nach Eindringen durch Astwunden parasitisch und saprophytisch eine Weißfäule im Stammkern mit schwarzen Demarkationslinien.

Sparassis crispa Wulfen: Fr.
Krause Glucke

Vorkommen: Nadelbäume, besonders Kiefer, auch Douglasie, Fichte und Tanne.

Fruchtkörper: Einjährig von Juli bis November; einzeln an lebenden Kiefern im Wurzelbereich, morschen Stubben aufsitzend oder seitlich an Hirnflächen gefällter Stämme; halbkugelig bis kissenförmig; einem großen (bis 70 cm und 6 kg Frischgewicht) Naturschwamm, Blumenkohl oder auch einer Koralle ähnelnd; aus zahlreichen, welligen, blattartigen und dicht gedrängt aufrechtstehenden Ästen bestehend, die einem fleischigen Strunk entspringen und sich außen in krause, blattartige, teilweise verwachsende Enden auflösen, ähnlich Isländisch-Moos; Oberfläche glatt, cremefarben, später ocker, im Alter mit braunen Rändern, schließlich ganz braun; Hymenium auf der äußeren, nach unten gerichteten Seite; monomitisch; ockergelbe, kurzellipsoide Sporen; jung hervorragender Speisepilz (auch als Marktpilz zugelassen) mit weißlichem Fleisch, würzig-morchelähnlichem Geruch und nußartig-mehligem Geschmack; Fruchtkörper auch auf Agar wachsend; einige Stämme tetrapolar (Stalpers 1978).

Bedeutung: Die Krause Glucke lebt zunächst parasitisch in Wurzeln älterer Kiefern und steigt von dort bis zu 3 m hoch mit Braunfäule im Stammkernholz auf. Faules Holz riecht nach Terpentin. Wirtschaftlich wichtige Wertholzverluste entstehen in erster Linie bei Kiefern, erhebliche Schäden auch in älteren Douglasienbeständen.

Stereum sanguinolentum (Alb. et Schw.: Fr.) Fr.
(*Haematostereum sanguinolentum*) **Blutender Schichtpilz**

Vorkommen: Wundfäule an zahlreichen Nadelbäumen, besonders Fichte und saprophytisch als Rotstreifeerreger (s. o.).

Fruchtkörper: Siehe bei Rotstreifigkeit.

Bedeutung: Der Blutende Schichtpilz ist die wichtigste Pilzart bei der Wundfäule der Fichte. Beispielsweise entfielen von etwa 20% des jährlichen Einschlages an Fichtenholz mit Pilzschäden ca. 2/3 auf Wundfäulen, vor allem durch *Stereum sanguinolentum* (Zycha 1976a). Laut Butin (1983) und Schönhar (1989) dürfte etwa die Hälfte aller Wundfäuleschäden auf ihn zurückzuführen sein.

Ursachen der Verwundung sind häufig Rückeschäden bei der Holzernte oder Schälschäden durch Rotwild. Durch Luftströmungen transportierte Sporen infizieren über Rindenverletzungen den freigelegten Holzkörper, und der Pilz breitet sich ziemlich rasch unter rötlichen Verfärbungen des Holzes im Stamm aus, wobei hauptsächlich die jüngeren Jahrgänge befallen werden. Weiterhin kann die Übertragung durch Mycelbruchstücke im Körper von Holzwespen (*Sirex* spp.) erfolgen. Am schnellsten breitet sich die Fäulnis in den ersten Jahren nach der Infektion aus. Ein ausreichender Wundverschluß durch Harzausscheidung und eine Schutzschicht erfolgt bei großen Rindenverletzungen nur selten. Kleine oder oberflächliche Wunden haben kaum einen Befall zur Folge. Bei Verletzungen am Wurzelanlauf breitet sich die Fäulnis rascher im Holz aus als bei Stamm- oder Wurzelwunden. Beschädigte Wurzeln von weniger als 2 cm Durchmesser und Wurzelverletzungen in mehr als 1 m Entfernung vom Stammfuß führen kaum zu Stammfäule. Wird die Wunde durch Überwallung geschlossen, kommt die Weißfäule in der Regel zum Stillstand. Anderenfalls kann der Pilz etwa 20 cm pro Jahr meterhoch im Stamm aufsteigen.

8.1.4.2 Ursachen für das Auftreten von Baumfäulepilzen und Möglichkeiten zum Schutz

Ausgang für Baumfäulen sind überwiegend Wunden, häufig durch Astabbrüche, unsachgemäße Ästungen, Wurzelverletzungen bei Wald- und Bauarbeiten und Stammwunden mit großflächig beschädigter Rinde infolge Schälschäden, Rückeschäden oder Autoverkehr.

Wurzelbürtige Fäuleerreger (Wurzelfäulen) (*Armillaria mellea, Heterobasidion annosum, Meripilus giganteus, Phaeolus spadiceus* und *Sparassis crispa*) dringen über die Wurzeln und stammbürtige Erreger (Stammfäulen) (*Fomes fomentarius, Laetiporus sulphureus, Phellinus pini, Piptoporus betulinus, Polyporus squamosus* und *Stereum sanguinolentum*) über Wunden am Stamm (Wundfäulen) ein (Butin 1983, Tomiczek 1989).

Wurzelschwamm und Hallimasch traten vermehrt in Waldschadensgebieten auf, und Hallimasch-Befall wird weiterhin begünstigt durch vorausgegangene Schwächung der Wirtspflanze infolge Insektenfraß, Dürre oder Raucheinwirkung (Schwerdtfeger 1981).

Eine direkte Bekämpfung von *Armillaria mellea* (u. a. Fox 1990) ist praktisch nicht möglich, zumal er nahezu überall im Boden vorkommt. Aus den Rocky Mountains wurde berichtet, daß die obere Erdbodenschicht über eine Fläche von nahezu 600 ha von einem einzigen Mycelgeflecht von *Armillaria ostoyae* besiedelt ist, dessen Alter zwischen 400 und 1000 Jahren betragen soll (Anonym. 1992 a). Allgemein findet sich Hallimasch häufig auf Flächen mit ausgeglichenem Kleinklima und hoher Luftfeuchtigkeit in Bodennähe sowie auf nährstoffreichen Böden von etwa pH 5. Da junge Koniferen besonders anfällig auf ehemaligen Laubholzflächen sind, sollten vor der Anlage von Nadelholzkulturen alte Stubben und Wurzeln gerodet werden, um so die Vitalität des von saprophytisch leicht abbaubaren Nährstoffen abhängigen Pilzes einzuschränken (Butin 1983). Das Isolieren befallener Baumgruppen durch schmale, 30 bis 50 cm tiefe Gräben ist meist erfolglos. Hallimasch-befallene Bäume und Sträucher in Gärten und Parks sollten frühzeitig entfernt werden. Die Widerstandsfähigkeit der Wirtspflanzen kann durch geeignete Bodenvorbereitung, beste Pflanzung und Bestandspflege erhöht werden. Als weniger anfällige Baumarten kommen Douglasie, Sitkafichte, Tanne und Lärche in Frage (siehe auch Dimitri 1978). Die Anwendung verschiedener Chemikalien im Wurzelbereich ist aufwendig und daher nur für wertvolle Garten- und Parkbäume angebracht (Schönhar 1989).

Pinosylvin aus *Pinus strobus* hemmte das Mycelwachstum von *Armillaria ostoyae* (Mwangi et al. 1990). Mycelzuwachs, Entstehung bzw. Überleben von Rhizomorphen wurden *in vitro* durch verschiedene Bakterien, besonders *Pseudomonas fluorescens* (Dumas 1992), *Trichoderma*-Arten (Dumas und Boyonoski 1992), holzbewohnende Basidiomyceten (Pearce 1990) und Mykorrhizapilze (Kutscheidt 1992) vermindert.

Besonders infektionsgefährdet für *Heterobasidion annosum* sind Erstaufforstungen ehemals landwirtschaftlich genutzter Weide- und Ackerböden („Ackersterbe"; Schlenker 1967, auch Capretti und Mugnai 1989). Weiterhin haben Koniferen auf kalkreichen, schwach sauren bis neutral-basischen Böden wegen der Hemmung azidophiler, antagonistischer Mykorrhizapilze und Bäume auf dichten Böden und stark wechselfeuchten Standorten häufiger Wurzelschwammbefall als auf sauren, lockeren und gleichmäßig wasserversorgten Böden (Risbeth 1950). Eine direkte Bekämpfung des Wurzelschwammes ist schwierig, und es werden lediglich vorbeugende Maßnahmen durchgeführt (Schönhar 1990). Das früher empfohlene Roden und Entfernen der befallenen Stöcke oder Isolieren der Infektionsherde durch Gräben ist aufwendig und nicht immer erfolgreich (Schwerdtfeger 1981, Schönhar 1989). In noch nicht durchseuchten Erstaufforstungen können die bei Durchforstungen anfallenden Stubben, die Ausgangspunkt für eine Ausbreitung des Pilzes über Anastomosen darstellen, auf der frischen Schnittfläche mit Karbolineum bestrichen werden, das jedoch die Zersetzung der Stubben hinauszögert. Geeigneter ist ein sofortiges Bestreichen der frischen Flächen mit einer 10%igen Natriumnitritlösung (Grundwasserbelastung!), die die Sporenkeimung von *Heterobasidion annosum*, nicht jedoch die erwünschte Zersetzung des Stubbens durch andere saprophytische Pilze, verhindert (Schmidt-Vogt und v. Schnurbein 1976). Bei Kiefern werden in England und Skandinavien zur Verminderung von Rotfäule die frischen Stubbenschnittflächen durch sofortiges Einstreichen mit einer zur Kontrolle der durchgeführten Behandlung blau eingefärbten Sporenlösung des antagonistischen Pilzes *Phlebiopsis gigantea* eingepinselt (Rishbeth 1963, Schwantes et al. 1976, Lipponen 1991). Dieser Antagonist bewächst den Stubben, so daß ihn *Heterobasidion annosum* nicht mehr mit Sporen aus der Luft besiedeln kann und somit ein Rotfäulebefall benachbarter Kiefern über Wurzelverwachsungen (Anastomosen) verhindert wird. Die Sporen für die Infektion werden sogar dem Schmieröl der Motorsägenkette zugefügt. Bei Fichten wäre eine derartige Behandlung unwirksam, da hier der Wurzelschwamm schneller ins Holz wächst als die eingebrachten „Antagonisten" (Dimitri 1978, Holdenrieder 1984b, Lipponen 1991).

Die Wurzelinfektion über Anastomosen kann durch weite Pflanzverbände und Beimischung von Laubholz erschwert werden. Für besonders gefährdete Standorte sollten statt Fichten und Kiefern die weniger empfindlichen Laubbäume sowie Tannen oder Lärchen gewählt werden.

Weiterhin wurden Züchtungsversuche mit dem Ziel Rotfäule-resistenterer Fichtenklone durchgeführt (Dimitri und Fröhlich 1971, Dimitri 1976).

Im Laborversuch wurde das Mycelwachstum durch Polyhydroxyphenole aus der Gruppe der Stilbene und Flavonoide (u. a. Taxifolin, Catechin, Quercetin) aus frischem Fichtenstamm- und Wurzelbast sowie durch verschiedene Lignane (Hydroxymatairesinol, Allohydroxymatairesinol, Matairesinol, Konidendrin) aus Fichtenholz gehemmt (Rehfuess 1976, auch Shain und Hillis 1971, Yamada 1992).

Abwehrmechanismen des Baumes gegen Hallimasch und Wurzelschwamm sind bei Woodward (1992b) beschrieben.

Zur Vorbeugung der Wundfäule durch *Stereum sanguinolentum* sind schonende Durchforstungsmaßnahmen angezeigt, und entstandene Rindenverletzungen sollten mit einem zugelassenen Wundverschlußmittel behandelt werden.

Besonders an Stadtbäumen ist *Meripilus giganteus* zunächst wurzelbürtiger Weißfäuleerreger in geschädigten Wurzeln meist älterer Bäume, die z. B. infolge verdichteten Bodens, Asphaltierungs- und anderer Bauarbeiten oder durch Wunden geschwächt sind.

Die übrigen genannten Baumfäulepilze sind Schwäche- bzw. Wundparasiten, die über Stammwunden, Astabbrüche oder Wurzeln eindringen.

8.2 Schäden an lagerndem Holz (Lagerfäulen) und an im Freien verbautem Holz

Nach Fällen oder Umstürzen eines Baumes sterben einige Zeit später die lebenden Zellen ab. Die aktiven Abwehrsysteme funktionieren nicht mehr. Der Baum kann von den bereits anwesenden Parasiten durch deren nun saprophytische Lebensweise zersetzt werden. In dem nun langsam austrocknenden Holz entstehen jedoch neue ökologische Bedingungen, und somit wird der Baum meist von verschiedenen saprophytischen Organismen neu besiedelt, die in bestimmter Reihenfolge (Sukzession) das organische Material abbauen.

Als Lagerschäden am Rundholz im Wald treten häufig innerhalb kurzer Zeit Bewuchs und Verfärbungen durch Bakterien, Algen, Schleimpilze, Schimmelpilze, Bläue- und Rotstreifeerreger, nach längerer Lagerung Holzzersetzung durch Braun-, Weiß- oder Moderfäulepilze auf, die als Lagerschäden resp. Lagerfäulen bezeichnet werden (Liese 1950); als Basidiomyceten finden sich u. a. *Armillaria bulbosa, Bjerkandera adusta, Chondrostereum purpureum, Fomes fomentarius, Stereum* spp., *Schizophyllum commune* und *Trametes versicolor.*

Zahlreiche Pilze sind an der Zersetzung der im Boden verbleibenden Stubben beteiligt: u. a. *Armillaria* spp., *Bjerkandera adusta, Chondrostereum purpureum, Daedalea quercina*, die Ochsenzunge, *Fistulina hepatica, Ganoderma* spp., *Gloeophyllum* spp., der Klapperschwamm, *Grifola frondosa, Heterobasidion annosum, Meripilus giganteus, Phaeolus spadiceus, Phlebiopsis gigantea, Pleurotus ostreatus, Stereum* spp., *Schizophyllum commune* und *Trametes versicolor.*

Auf im Wald bleibenden Baumresten (Wipfel, abgetrennte Seitenäste) wachsen u. a. *Bjerkandera adusta, Chondrostereum purpureum, Coniophora puteana*, der Zaunblättling, *Gloeophyllum sepiarium, Stereum sanguniolentum* und *Trametes versicolor.*

Waldstreu(Laub- und Nadeln)-abbauende Basidiomyceten sind bei Hering (1982) und Hintikka (1982) beschrieben.

Schäden auf Holzplätzen erfolgen bei fehlerhafter Lagerung von Rundholz oder Schnittware u. a. durch *Coniophora puteana*, den Rotrandigen Baumschwamm, *Fomitopsis pinicola, Gloeophyllum trabeum, Paxillus panuoides, Phlebiopsis gigantea, Stereum sanguinolentum* und *Trichaptum abietinum* (Rayner und Boddy 1988, Jahn 1990).

Aus Hackschnitzelhaufen der Zellstoffindustrie wurden verschiedene Deutero- und Ascomyceten (Hajny 1966) und die thermotolerante *Phanerochaete chrysosporium* isoliert.

An lagernden Einjahrespflanzen, wie Zuckerrohrbagasse, wurden verschiedene Bakterien, Hefen, Deutero- und Ascomyceten nachgewiesen (Schmidt und Walter 1978).

Im Freien verbautes Holz mit Erdkontakt, wie Schwellen, Masten, Pfosten, Zäune und Gartenmöbel, wird bei unzureichendem Holzschutz von Moderfäulepilzen angegriffen; als Basidiomyceten kommen u. a. *Antrodia vaillantii, Heterobasidion annosum, Lentinus lepideus,* der Gelbrandige Hausschwamm, *Leucogyrophana pinastri, Phlebiopsis gigantea, Serpula himantioides, Trametes versicolor* und *Trichaptum abietinum* vor.

An Grubenhölzern wachsen häufig *Antrodia vaillantii* und *Coniophora puteana* sowie auch *Armillaria* spp., *Gloeophyllum sepiarium, Heterobasidion annosum, Lentinus lepideus, Leucogyrophana pinastri, Paxillus panuoides, Schizophyllum commune, Serpula lacrymans, Stereum* spp., *Trametes versicolor, Tyromyces placenta* u. a. (Eslyn und Lombard 1983).

Holz in Süßwasser, wie in Kühltürmen, wird häufig von Moderfäulepilzen befallen. Holz in Salzwasser unterhalb (nicht ständig) des Meeresspiegels, wie bei Hafenbauten, wird vorwiegend von Deutero- und Ascomyceten und vereinzelt von Basidiomyceten angegriffen (Jones et al. 1976, Kohlmeyer 1977, Leightley und Eaton 1980); dagegen überwiegen oberhalb des Wasserspiegels, wie bei Kais, Pfählen oder Booten, Basidiomyceten, u. a. der Gelbe Porenschwamm, *Antrodia xantha, Daedalea quercina, Gloeophyllum sepiarium, Laetiporus sulphureus, Lentinus lepideus, Phlebiopsis gigantea, Schizophyllum commune* und *Xylobolus frustulatus* (Rayner und Boddy 1988).

Nachfolgend werden einige wichtige Lagerfäuleerreger meist stichwortartig beschrieben (Breitenbach und Kränzlin 1986, 1991).

8.2.1 Schäden durch *Daedalea quercina, Gloeophyllum spp., Lentinus lepideus, Paxillus panuoides, Schizophyllum commune* und *Trametes versicolor*

Daedalea quercina (L.: Fr.) Pers.
(*Lenzites quercina*) **Eichenwirrling**

Vorkommen: Nur Eiche und Edelkastanie.

Fruchtkörper: Mehrjährige, einzelne oder gesellige, auch miteinander verwachsene Konsolen (bis 30 cm breit) oft hoch am Stamm; stiellos, an der Anwachsstelle dick am Holz; oben uneben höckerig, wellig gezont, hell- bis graubraun und angedrückt filzig; unten mit beigefarbenen, labyrinthisch verästelten „Lamellen" (bis 2 mm dick); Dunkelfruchtkörper; trimitisch; bipolar.

Bedeutung: Der Eichenwirrling bewirkt im ansonsten dauerhaften Kern von Eichen intensive Braunfäule. Im Wald kommt er überwiegend saprophytisch auf Stubben und an abgestorbenen oder gefällten Bäumen sowie gelegentlich auch als Wundparasit über freiliegendes Kernholz an stehenden Eichen vor. Im Freien verbautes und bewittertes Eichenholz mit hoher Holzfeuchtigkeit, wie Balken, Bahnschwellen, Brückenhölzer oder Pfähle, wird befallen, gelegentlich auch Gebäude, wie Fenster und Fachwerk (Ważny und Brodziak 1979). Der in der nördlichen gemäßigten Zone verbreitete Pilz findet sich auch an Grubenhölzern.

Gloeophyllum abietinum (Bull.: Fr.) P. Karsten
(*Lenzites abietina*) **Tannenblättling,**
Gloeophyllum sepiarium (Wulfen: Fr.) P. Karsten **Zaunblättling** und
Gloeophyllum trabeum (Pers.: Fr.) Murrill **Balkenblättling**

Die drei Blättlings-Arten haben ähnliche Lebensbedingungen und Fruchtkörper. Nur *G. sepiarium* greift ausnahmsweise auch lebende Bäume an (Kreisel 1961).

Vorkommen: Meist Nadelholz, *G. abietinum* besonders Fichte und Tanne, *G. sepiarium* vorwiegend Kiefer.

Fruchtkörper (Abb. 52) und Mycel (Hof 1981 a, b, c): Einjährig, aber oft mehrere Jahre überdauernd; meist hutbildend, an Hirnflächen konsolen-, kreisel-, fächer- oder muschelförmig, Einzelhut 2 bis 8 cm breit, auch bandartig reihenförmig (bis 30 cm lange Streifen), an liegenden Stämmen dachziegelig übereinander angeordnete Hüte, oder an der Unterseite des Substrates schichtförmig; oft an Trockenrissen; oben striegelig-filzig, alt verkahlend, wellig gefurcht und

Abb. 52. *Gloeophyllum abietinum* an Fensterholz. Fruchtkörper und Braunfäule mit Würfelbruch

gezont, rostgelb bis tabak- und rot- oder dunkelbraun, jung mit weißlicher bis gelbbrauner Randzone; unten lamellig, oft mit Anastomosen, „Lamellen" ocker- bis graubraun, wellig, mit gekerbten Schneiden; *G. abietinum*: 8 bis 13, *G. sepiarium*: 15 bis 20 Lamellen/cm (am Hutrand gemessen) (Breitenbach und Kränzlin 1986); Dunkelfruchtkörper; trimitisch; bipolar; Hyphen mit Doppel- und Medaillonschnallen (s. u.); selten Stränge.

In Europa seltener, in den USA jedoch häufig, findet sich auf verbautem Holz, besonders an Südfassaden, besonnten Balkonen und Fenstern, der Balkenblättling *G. trabeum* (Wälchli 1976, Hof 1981 c), der Prüfpilz in der EN 113 ist. Fruchtkörper (3 bis 8 cm breit) einzeln und gesellig, oben höckerig bis radial-wellig, zimt- bis ockerbraun, heller, unregelmäßiger Rand, unten braun, feinporig bis lamellig-labyrinthisch; dimitisch.

Bedeutung: Die überwiegend saprophytisch lebenden Blättlinge, die vom Praktiker gern als *Lenzites* bezeichnet werden, gehören zu den stärksten Holzzerstörern an geschlagenem Nadelholz, wo sie Braunfäule bewirken (Bavendamm 1952 b). Sie treten regelmäßig an Stubben auf und besiedeln relativ trockenes (Feuchte-Optimum 40% bis 60% u), lagerndes, verarbeitetes, nachträglich feucht gewordenes Nadelholz, wie Masten, Pfosten, Zäune und Grubenholz, bevorzugt im Splint.

Durch Staunässe infolge bautechnischer Mängel (nicht-plastische Fensterfugen etc.) sowie nach Handhabungsfehlern durch den Benutzer (Verletzen der Lackschicht durch Nägel) sind die Blättlinge die wichtigsten Zerstörer von Nadelholzfenstern (Grosser 1985; Abb. 52). Beispielsweise wurden zwischen 1955 und 1965 3,5 Mio. (7%) der eingebauten Holzfenster teilweise oder völlig durch Pilze zerstört, zum überwiegenden Teil durch *G. abietinum* (Seifert 1974). Hitzeresistenz und Trockenstarre der Blättlinge (*G. abietinum*: 5 bis 7 Jahre: Theden 1972) läßt sie im durch Sonneneinstrahlung erhitzten und trockenen Fensterholz überdauern. Da sie mittels Substratmycel Fäulnis zunächst nur im Inneren (Innenfäule) bewirken, wird die intensive Braunfäule unter der Lackschicht häufig erst durch Fruchtkörper erkannt. Außer an Fensterholz finden sich die Blättlinge weiterhin in Gebäuden nach Feuchtigkeitsschäden oder fehlerhaftem Aufbau im Dachbereich (auch Falck 1909).

Verschiedene Stämme von *G. abietinum* und *G. trabeum* unterschieden sich hinsichtlich Wuchsgeschwindigkeit und Holzzersetzung (Kirk 1973).

Lentinus lepideus (Fr.: Fr.) Fr.
(*Neolentinus lepideus*) **Schuppiger Sägeblättling**, Schuppiger Zähling

Vorkommen: Nadelholz, besonders Kiefer, Fichte, Tanne und Lärche.

Fruchtkörper: Zentral, manchmal schwach exzentrisch gestielt, 5 bis 15 cm breit; oben cremefarbig mit breiten, dicken, ockerfarbenen bis bräunlichen

Schuppen bedeckt, in der Mitte oft eingedrückt; weißliche, bis cremeockerfarbene Lamellen mit gesägter Schneide (Name!); vermutlich dimitisch (Kreisel 1969); harter, schuppiger, wie Hut gefärbter Stiel; abnorme, sterile Dunkelfruchtkörper.

Bedeutung und Physiologie (Seehann und Liese 1981): Der Schuppige Sägeblättling ist wegen seiner Hitze-, Trocken- und Steinkohlenteerölresistenz besonders gefährlich. Überwiegend im Kern bewirkt er Braunfäule und kann somit das nicht tränkbare Kiefernkernholz von Masten und Schwellen zerstören (Bavendamm 1952a). Wegen der Teeröl-Resistenz ist er obligatorischer Prüfpilz für „Steinkohlenteeröl und ähnliche Erzeugnisse" in der EN 113. Wuchsgeschwindigkeit und Holzzersetzung sind stammabhängig (Kirk 1973). Weiterhin kommt *L. lepideus* auf Stubben und bei hoher Feuchtigkeit auch in Gebäuden vor, hier vor allem in Keller- und feuchten Erdgeschoßräumen sowie an Balkenköpfen, die mit nassem Mauerwerk Kontakt haben, auch an Brücken, Pfählen und Grubenholz. Mycel und befallenes Holz riechen nach Perubalsam (Kreisel 1961).

Paxillus panuoides (Fr.: Fr.) Fr.
(*Tapinella panuoides*) **Muschelkrempling**, Fächerschwamm, Grubenschwamm
(Boletales)

Vorkommen: Meist Nadelholz.

Fruchtkörper und Mycel: Fruchtkörper kurzlebig (im Freien: August bis Oktober), klein (2 bis 12 cm), muschelförmig, oft auch glockenförmig, dünn, blaßgelb bis olivbraun; dünner, eingebogener Rand; Lamellen lebhaft safranorange; schwach ausgebildeter Stiel seitlich oder fehlend; manchmal dachziegelig oder in Büscheln; monomitisch; „normal" ausgebildete Dunkelfruchtkörper (Kreisel 1961); am weißen bis gelblichen Oberflächenmycel dünne, lehmgelb gefärbte Stränge.

Bedeutung: Der Muschelkrempling bewirkt saprophytisch an Stubben, Holz auf dem Lagerplatz und an verbautem Holz, wie an Bahnschwellen, Brücken, feuchten Balkonhölzern und Gartenmöbeln, Braunfäule. Trotz langsamen Wachstums ist er starker Grubenholzzerstörer. In Gebäuden findet er sich, häufig mit dem Kellerschwamm vergesellschaftet und daher leicht übersehen, an besonders feuchten Stellen in Kellern, Ställen, Gewächshäusern oder Schuppen (Falck 1927). Auch an der Basis lebender Kiefern.

Schizophyllum commune Fr.: Fr.
Gemeiner Spaltblättling

Vorkommen: Vorwiegend Laubholz wie Buche, Eiche und Linde sowie Obsthölzer, häufig auch in den Tropen, auch an Monokotyledonen (Bambus).

Fruchtkörper: Meist herdenweise, nahezu über das ganze Jahr auftretende, 2 bis 5 cm kleine, fächer- oder muschelförmige, ungestielte oder schwach gestielte, ledrigzähe Konsolen mit gelapptem Rand; oben weißgrau und filzigwollig; unten kein echtes Hymenophor, sondern Hymenium überzieht fächerartig angeordnete, anfangs graue, später violettbraune Pseudolamellen, die an der Schneide längs gespalten nach außen umgebogen sind (Name!); hygroskopische Bewegungen: nach Austrocknen hart und eingerollt und nach Jahren der Trockenheit bei Befeuchtung wieder elastisch, geöffnet und weiterhin Sporen bildend; monomitisch.

Bedeutung (Dirol und Fougerousse 1981): Kosmopolit. Mit hohem Holzfeuchtebedarf befällt er saprophytisch Stubben und lagernde Laubholzstämme, häufig Buche, wo er zu den Erstbesiedlern gehört und am Verstocken beteiligt ist. Oft mit *Stereum* sp.; außerhalb des Waldes an lagerndem und verbautem sowie an maltechnisch behandeltem Holz, wo er stärkere Besonnung und zeitweiliges Austrocknen durch Trockenstarre überdauern kann; auch als Wundparasit, z. B. an stehenden Buchen nach Rindenbrandschäden, ohne jedoch in lebendes Gewebe einzudringen (Grosser 1985); in den Tropen kräftiger Weißfäuleerreger, und Fruchtkörper finden sich oft an importiertem Holz; im gemäßigten Klima nur geringer Angriff auf die verholzte Zellwand: bei 48 weltweit gesammelten Stämmen des Pilzes nur einige Prozent Masseverlust an Proben verschiedener Holzarten nach 6 Monaten Kultivierung (Schmidt und Liese 1980); der auf künstlichen Nährböden schnellwüchsige und oft fruktifizierende, tetrapolar heterothallische Pilz gehört zu den genetisch bestuntersuchten Arten (Raper und Miles 1958).

Trametes versicolor (L.: Fr.) Pilát
(*Coriolus versicolor*) **Schmetterlingsporling**, Bunte Tramete

Vorkommen: Meist Laubholz, besonders Buche, auch Obsthölzer.

Fruchtkörper: Einjährige, nahezu das ganze Jahr hindurch erscheinende, harte, lederartige, stiellose Konsolen (bis 10 cm breit) oder mit stielähnlichem Auswuchs am Substrat dachziegelig übereinander oder reihig nebeneinander, oft in großen Kolonien, selten einzeln; oben wellig, radial runzelig, fein samtig, konzentrisch-verschiedenfarbig (schwarz, blau, braun, rot, gelb u. ä. möglich; Name!) im Wechsel gezont, häufig durch Algenbesatz grün verfärbt; unten cremeweißes bis ockergelbes, feinporiges Hymenium; trimitisch; tetrapolar (Nobles 1965).

Bedeutung: Kosmopolit an vielen Laubhölzern, besonders Buche, wo er liegende Äste und Stämme besiedelt; regelmäßig auf Stubben von 4 bis 6 Jahre vorher geschlagenen Bäumen; in der Biozönose der Pilze an Laubholzstubben gehört er zu den stärksten Holzzersetzern, wo er bei Buche in Splint und Rotkern eine Weißfäule (strohgelbes Holz) mit schwarzen Demarkationslinien bewirkt

(Jacquiot 1981); Trockenstarre; bei lagerndem Rundholz Verstocken; vereinzelt auch an im Freien verbautem Holz, wie an Pfählen, Bahnschwellen und Gartenhölzern; als Schwächeparasit weiterhin an stehenden Buchen durch Wunden und häufig bei Obstbäumen nach Astschnitt; früher wurde er zur Herstellung von Myko-Holz (Kapitel 9.1.3) eingesetzt; obligatorischer Prüfpilz in EN 113 für Laubholzproben.

8.2.2 Möglichkeiten zur Vermeidung von Lagerfäulen

Lagerfäulen werden durch die im Kapitel ,Verfärbungen' (6.4) näher erläuterten, allgemeinen Schutzverfahren gegen Pilzaktivität eingeschränkt bzw. vermieden: kurze, sachgerechte Lagerung des frischen Rundholzes, Wintereinschlag, Naßlagerung, rasche Trocknung, Trocknen und Lagerung der Schnittware im Freien in gut durchlüfteten Stapeln mit Schutz gegen Niederschläge sowie chemischer Schutz (siehe auch Holzschutz und Tabelle 17).

Im Laborversuch verminderte eine bakterielle Mischkultur den Abbau von Kiefernholzproben durch *Trametes versicolor* (Benko und Highley 1990), und *Trichoderma*-Arten hemmten *Gloeophyllum trabeum* und *Lentinus lepideus* (Highley und Ricard 1988, Murmanis et al. 1988), bei *L. lepideus* jedoch nicht im Langzeitversuch unter natürlichen Bedingungen (Morris et al. 1992). Kulturfiltrate von *Chaetomium globosum, Penicillium* sp., *Sporotrichum pulverulentum* oder *Trichoderma viride* verminderten den Holzabbau durch *T. versicolor* (Ananthapadmanabha et al. 1992).

8.3 Schäden an Holz im Innenbau (Hausfäulen)

In Deutschland wird beim Innenbau überwiegend Nadelholz, besonders Fichte, verwendet. Die wichtigsten holzzerstörenden Pilze innerhalb von Gebäuden sind daher die in Nadelholz eine Braunfäule bewirkenden Porenhausschwämme, der Kellerschwamm und der Echte Hausschwamm, die als Hausfäule-Erreger zusammengefaßt werden (u. a. Liese 1950) und etwa 80% der in Gebäuden durch Pilze verursachten Holzschäden bewirken (Grosser et al. 1990). Eine Auswertung von 1200 biotischen Schäden in Gebäuden der ehemaligen DDR über einen Zeitraum von 21 Jahren ergab 34,8% Hausschwamm, 16,9% Hausbockkäfer, 14,6% Kellerschwamm, 13% Moderfäulepilze, 12% Nage- und Klopfkäfer und 8,7% Porenhausschwamm (Schultze-Dewitz 1985).

Die Blättlinge (*Gloeophyllum* spp.) sind aufgrund von Staunässe infolge bautechnischer Mängel (nicht-plastische Fensterfugen etc.) sowie nach Handhabungsfehlern durch den Benutzer (Verletzen der Lackschicht) die wichtigsten Zerstörer von Nadelholzfenstern (Desowag 1987a); weiterhin kommen sie in Gebäuden nach Wasserschäden oder bei fehlerhaftem Aufbau im Dachbereich vor. Relativ selten in Gebäuden ist *Lentinus lepideus*, hier vor allem in feuchten Keller- und Erdgeschoßräumen sowie an Balkenköpfen, die mit nassem Mauerwerk Kontakt haben. *Paxillus panuoides* findet sich vereinzelt im

Innenbau, dann häufig mit dem Kellerschwamm vergesellschaftet und daher oft übersehen, an besonders feuchten Stellen im Keller, in Ställen oder Schuppen. *Daedalea quercina* befällt verbautes, nasses Eichenholz (Fenster, Fachwerk). Ebenfalls selten kommen *Polyporus squamosus* im Kellerbereich (Falck 1927) sowie *Laetiporus sulphureus, Phellinus contiguus* (Zimtbrauner Feuerschwamm), *Phlebiopsis gigantea* und *Trametes versicolor* vor (Coggins 1980). Weitere Befunde zu diesen „Hausfäulepilzen" sind bei Hof (1981 a, b, c), Seehann und Liese (1981), Ważny und Brodziak (1981), Grosser (1985) und Sutter (1986) genannt. Schließlich entstehen Lackschäden und Verfärbungen an Fensterholz und Außentüren u. ä. durch Bläuepilze (Desowag 1987 b) und Stockflecken durch Schimmelpilze in Feuchträumen.

Eine Zusammenstellung von über 5000 Schadensfällen in mehrgeschossigen Wohnhäusern zeigte, daß alle Holzbauteile ohne hinreichenden Grundschutz gefährdet sind, jedoch sich die Schadenszentren des Porenhausschwammes, der Moderfäulepilze und des Hausbockkäfers im Dach- und Obergeschoßbereich befinden und die des Hausschwammes, des Kellerschwammes und des Nagekäfers im Erd- und Kellergeschoßbereich liegen (Schultze-Dewitz 1990).

Hinsichtlich der Holzfeuchtigkeit benötigt der Porenhausschwamm Werte über Fasersättigung, die meist nur über eine Substratbefeuchtung mit tropfbarem Wasser zu erreichen sind, während der Kellerschwamm überwiegend dampfförmig und/oder kontaktbefeuchtetes Holz angreift; der Hausschwamm nimmt eine Mittelstellung ein, indem er zwar an kontaktbefeuchtetem Holz keimem kann, jedoch zur weiteren Ausbreitung auf Holz mittels seiner Stränge auf kapillarem Weg tropfbares Wasser für eine zusätzliche Holzbefeuchtung heranführt (Schultze-Dewitz 1985).

Alle drei Hausfäule-Erreger sind sehr intensive Holzzersetzer. Dabei gilt der Hausschwamm aufgrund seiner Fähigkeit zum Wasser- und Nährstofftransport und wegen weiterer Besonderheiten in seinen Lebensbedingungen als der gefährlichste und auch am schwierigsten zu bekämpfende Gebäudepilz. Da er bei Schwammschäden eindeutig von Kellerschwamm und Porenhausschwämmen unterschieden werden muß (DIN 68 800; Schwammdiagnose; siehe Tabelle 3), werden die drei Hausfäule-Erreger detaillierter als die übrigen Pilze beschrieben (Wagenführ und Steiger 1966, Findlay 1967, Bavendamm 1969, Coggins 1980, Cockcroft 1981, Grosser 1985, Sutter 1986, Jennings und Bravery 1991).

8.3.1 *Antrodia vaillantii, Tyromyces (Postia) placenta und weitere „Porenhausschwämme"*

Vorkommen und **Bedeutung:** Die dritthäufigsten Pilzschäden in Gebäuden werden durch die Poren(haus)schwämme verursacht; in jüngerer Zeit (1985–1990), auf der Basis von 362 Gutachten in einigen brandenburgischen Kreisen, waren sie sogar an zweithäufigster Stelle (Schultze-Dewitz 1990).

Die Benennung der verschiedenen Arten (Donk 1974), die makroskopisch ähnlich aussehen und zudem zum Aufspalten in verschiedene Formen neigen (Domański 1972), bei detaillierter Untersuchung sich jedoch voneinander unterscheiden lassen, ist nicht immer einheitlich (Ważny 1981) und noch in neuer Literatur verwirrend.

Der häufigste Porenhausschwamm in Europa dürfte der weltweit überwiegend auf Nadelholz vorkommende Breitsporige weiße Porenschwamm, *Antrodia vaillantii*, sein (Findlay 1967, Coggins 1980; Abb. 53). Er wurde 1815 zuerst von De Candolle als *Boletus vaillantii* DC. beschrieben und 1821 von Fries in die Gattung *Polyporus*, 1888 von Saccardo zu *Poria*, 1944 von Bondartsev und Singer zu *Fibuloporia* und 1968 von Parmasto zu *Fibroporia* gestellt; derzeit ist der Name *Antrodia vaillantii* (DC.: Fr.) Ryv. gültig (Wang und Zabel 1990, Larsen und Rentmeester 1992, Rune und Koch 1992) und wird zunehmend akzeptiert. Beschreibungen befinden sich bei Kreisel (1961), Nobles (1965), Domański (1972), Stalpers (1978), Grosser (1985), Sutter (1986), Gilbertson und Ryvarden (1986) und Lombard (1990). Nach Coggins (1980) ist er der häufigste Pilz in britischen Bergwerken. Zur Zeit mehren sich Schadensfälle durch *A. vaillantii* an mit kupfer- und chromathaltigen Holzschutzmitteln imprägnierten Hölzern im Garten- und Landschaftsbau, wie an Palisaden, Holztreppen und -pflastern (Göttsche und Borck 1990, Göttsche et al. 1992).

Der in Europa und Nordamerika überwiegend auf Nadelholz wachsende Rosafarbene Saftporling, *Tyromyces placenta* (Fr.) Ryv., (Breitenbach und Kränzlin 1986, Rune und Koch 1992, Bech-Andersen 1993) ist synonym u. a. mit *Oligoporus placenta* (Fr.) Gilbertson et Ryv., *Postia placenta* (Fr.) M. J. Larsen et Lomb. (Wang und Zabel 1990, Larsen und Rentmeester 1992), *Poria placenta* (Fr.) Cooke sensu J. Eriksson, *Poria monticola* Murr. und dem haploiden Normstamm *Poria vaporaria* (Pers.) Fr. sensu J. Liese (Domański 1972, Gilbertson und Ryvarden 1987). Bei dem in EN 113 obligatorischen Prüfpilz handelt es sich um den Stamm FPRL 280. Der Pilz ist in Nordamerika der häufigste Zerstörer von Holz im Schiffsbau (Findley 1967) und wurde von dort nach Großbritannien eingeschleppt (Coggins 1980).

Weitere Porenschwämme in Gebäuden sind (auch Rayner und Boddy 1988, Nuss et al. 1991, Bech-Andersen 1993):

Der Schmalsporige weiße Porenschwamm, *Antrodia sinuosa* (Fr.) P. Karsten, war in Schweden bei 1045 Schadfällen zwischen 1978 und 1988 mit 13% Anteil der häufigste Porenschwamm (Viitanen und Ritschkoff 1991) und kommt in Europa, Asien, Nordamerika und Australien (Domański 1972) auf Nadelholz vor.

Die Reihige Tramete, *Antrodia serialis* (Fr.) Donk, (Seehann 1984) befällt als Lagerschädling überwiegend Nadelrundholz oder Pfähle, bewirkt Kernfäule in stehenden Bäumen und kommt bei weltweiter Verbreitung (Breitenbach und Kränzlin 1986) gelegentlich (1,4%) in Gebäuden (Viitanen und Ritschkoff 1991, auch Coggins 1980) im Dachbereich, Keller und unter Fluren (Domański 1972) vor. In Nordamerika wachsen *Antrodia serialis* und *Tyromyces placenta* häufig an Bergwerkhölzern und Masten (Gilbertson und Ryvarden 1986).

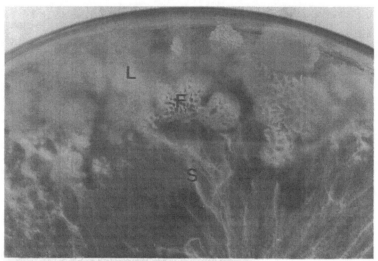

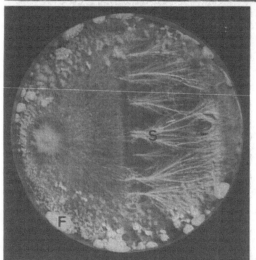

Der in Europa und Nordamerika auf liegenden Stämmen, Ästen und Stubben von überwiegend Nadelbäumen lebende Gelbe Porenschwamm, *Antrodia xantha* (Fr.: Fr.) Ryv., (Domański 1972) findet sich in Gewächshäusern (Findlay 1967), an Fenstern (Thörnqvist et al. 1987), an Holz in Schwimmbädern und im Bereich von Flachdächern (Coggins 1980).

Da sich die verschiedenen Arten auch in ihrer Biologie ähneln, lassen sie sich in der Praxis nicht leicht unterscheiden. Makro- und mikroskopische Merkmale von Mycel, Fruchtkörper, Sporen etc. sind bei Domański (1972), Stalpers (1978), Gilbertson und Ryvarden (1986) und Breitenbach und Kränzlin (1986) beschrieben. Beispielsweise bildet *A. vaillantii* Stränge (Abb. 53) und ist tetrapolar heterothallisch (Lombard 1990), und bei dem bipolaren *T. placenta* fehlen Stränge (Nobles 1965, Stalpers 1978); auch *A. serialis* und *A. sinuosa* verhalten sich bipolar (Stalpers 1978), wobei letztere ebenfalls Stränge bildet (Domański 1972). Falls eine genaue Artbestimmung erfolgen soll, kann die SDS-Polyacrylamid-Gelelektrophorese die Identifizierung mittels Bestimmungsschlüsseln ergänzen, da verschiedene Porenhausschwämme deutliche Unterschiede der Proteinbandenmuster zeigten (Schmidt und Moreth-Kebernik 1993; Abb. 54). Zum besseren Verständnis werden die verschiedenen Pilze häufig als Poren(haus)schwämme (u. a. Bavendamm 1952c) oder als *Poria vaillantii*-Gruppe zusammengefaßt (Grosser 1985), zumal sie sich bei der praktischen Einschätzung eines Schwammschadens von Kellerschwamm und Hausschwamm durch ihre in der Regel weißen Fruchtkörper mit den mit bloßem Auge erkennbaren Poren und auch anhand der weißen, immer biegsam bleibenden Stränge (falls vorhanden) unterscheiden lassen.

Die Porenschwämme befallen vorwiegend Nadelholz wie Fichte und Tanne, sowohl in feuchten Neu- als auch in Altbauten besonders in Obergeschossen, ferner Holz in Bergwerken, auf Lagerplätzen sowie im Freien verbautes Holz, besonders in der Erd-Luft-Zone wie Masten (Zabel et al. 1991) oder Schwellen, lagerndes Rundholz und seltener auch Bäume als Wundparasiten. Auf „trockenes" Holz greifen sie nicht über, sondern benötigen als sogenannte Naßfäule-Erreger (wet rot: Coggins 1980) nachhaltig feuchtes Holz mit einem Feuchtebereich von 30 bis 90% u, wobei der Optimalwert bei 45% liegt (siehe Tabelle 11). Mit Austrocknen des Holzes sollen sie absterben (Bavendamm 1952c, Coggins 1980) oder ihr Wachstum lediglich einstellen (u. a. Grosser 1985, Desowag 1987c); im Labor konnten bis zu 11 Jahre mittels Trockenstarre überlebt werden (Theden 1972), so daß Gefahr des Wiederauflebens besteht.

Erkennungsmerkmale (Abb. 53):

◄───

Abb. 53. Erkennungsmerkmale des Porenhausschwammes *Antrodia vaillantii*. Oben: wattiges Luftmycel (*L*), weiße Stränge (*S*) und Fruchtkörper (*F*) in einer Petrischale (Ausschnitt); Mitte: Fruchtkörper (*F*) und Strangbildung (*S*) in Dualkultur beim Überwachsen des Zweitpilzes (rechte Schalenhälfte) (Aufnahme R. Klaucke); unten: Stränge und Fruchtkörper unter der aufgenommenen Dielung eines Parkettfußbodens (Aufnahme M. Eichhorn)

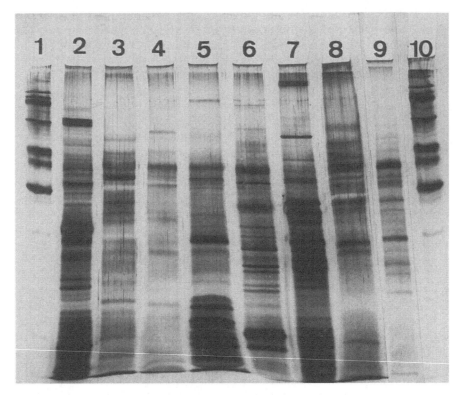

Abb. 54. Proteinbanden verschiedener Porenhausschwämme und einiger anderer Braunfäulepilze nach SDS-Polyacrylamid-Gelelektrophorese. *2 Antrodia vaillantii, 3 Tyromyces
placenta, 4 Antrodia sinuosa, 5 Antrodia carbonica, 6 Serpula lacrymans, 7 Serpula himantioides, 8 Meruliporia incrassata, 9 Coniophora puteana, 1,10* Molekulargewichtsstandard
(33 bis 330 kDalton). (Aus Schmidt und Moreth-Kebernik 1993)

Holz: Wie bei Kellerschwamm und Hausschwamm entsteht durch die Porenhausschwämme Braunfäule mit Würfelbruch des trockenen Holzes. Beim
Hausschwamm sind die Würfel durchschnittlich größer als bei den beiden anderen Pilzen (siehe Abb. 56 oben). Die Würfelgröße variiert jedoch auch in Abhängigkeit von der Holzfeuchtigkeit (Grosser et al. 1990). Bei allen läßt sich
das Holz nach längerem Befall mit den Fingern zu Pulver zerreiben.

Fruchtkörper: Die relativ seltenen Fruchtkörper sind bei *A. vaillantii* anfangs
weiß, im Alter gelblich bis grau, dann nicht verfaulend, sondern vertrocknend;
bei *T. placenta* sind sie leicht vergänglich, und die Farben reichen von im ju-
gendlichen Zustand weißlich später über gelb, rosa, himbeer-lachsfarben und
violett bis braun (Domański 1972, Breitenbach und Kränzlin 1986). Dem Holz
liegen sie entweder als dünne, korkige Häute (bis 1 cm dick) der Unterseite
oder als Polster auf. Die weiten (0,2 bis 1 mm), eckigen bis zerschlitzten Poren

sind mit bloßem Auge erkennbar. Die Gattung *Antrodia* ist dimitisch, *T. placenta* monomitisch (Domański 1972). Das Hymenium zeigt nach oben, bei vertikaler Lage des Holzes nach unten. Die Größe der farblosen Sporen beträgt bei *A. vaillantii* 5 bis 7×3 bis 4 µm und bei *T. placenta* 4 bis 6×2 bis 2,5 µm (Domański 1972).

Mycel und **Biologie:** Die Porenhausschwämme, besonders *A. vaillantii,* bilden ein weißes, kräftig entwickeltes, wattiges Oberflächenmycel ohne Hemmfarben, das im jungen Zustand leicht mit dem des Hausschwammes zu verwechseln ist. Bei den Porenschwämmen breitet sich das Mycel eisblumenartig über das Substrat aus, dagegen wandelt es sich beim Hausschwamm mit dem Altern in vom Holz abziehbare, silbriggraue Häute um. Vereinzelt wurden „Medaillonschnallen" (ringförmig, deutliche Öffnung im Schnallenzentrum) beobachtet (Schmid und Liese 1966). Im Mycelbelag bilden sich bei *A. vaillantii* die weißen, bis bindfadendicken, glatten und im trockenen Zustand biegsam bleibenden Stränge (Merkmal; Strangdiagnose), mit denen holzfreies Substrat überwachsen und, wie beim Hausschwamm, jedoch weniger intensiv, poröses Mauerwerk durchwachsen wird (Grosser 1985).

Die optimale Wuchstemperatur liegt art-, stamm- und prüfmethodenabhängig bei 25 bis 31 °C, die gesamte Temperaturspanne reicht von 3 bis 38 °C (siehe Tabelle 13). Bei *T. placenta* Stamm Ebw. 125 überlebte das Mycel 1 Stunde Erhitzen auf 70 °C (Mirić und Willeitner 1984), welches bei einer Heißluftbehandlung zu bedenken ist. Der radiale Mycelzuwachs von *A. vaillantii* auf Agar beträgt bei 27 °C 5 bis 6 mm pro Tag. Verschiedene Stämme von *A. vaillantii* und *T. placenta* unterschieden sich hinsichtlich Wuchsgeschwindigkeit und Holzzersetzung (Kirk 1973) sowie Giftempfindlichkeit (Gersonde 1958a).

Antrodia vaillantii, A. xantha und *T. placenta* besitzen aufgrund ihrer Oxalsäureausscheidung hohe Kupfertoleranz (Da Costa 1959, Sutter et al. 1983, 1984), wobei auch hierbei Stammunterschiede vorkamen (Da Costa und Kerruish 1964, Collett 1992) und Monokaryonten toleranter als ihre Elternstämme waren (Da Costa und Kerruish 1965); *A. vaillantii* ist arsentolerant (Göttsche und Borck 1990, Stephan und Peek 1992).

8.3.2 *Coniophora puteana (Schum.: Fr.) P. Karsten (Coniophora cerebella) (Brauner) Kellerschwamm, Warzenschwamm*

Vorkommen und **Bedeutung:** Der Kellerschwamm ist der häufigste Hausfäule-Erreger in Neubauten, findet sich jedoch auch in feuchten Altbauten, an verbautem Holz im Freien, besonders mit Erdkontakt wie an Masten, Pfählen, Schwellen und Brückenpfeilern sowie auf Stubben und selten als Wund- oder Schwächeparasit an lebenden Bäumen (Bavendamm 1951a, Kreisel 1961, Grosser 1985, Sutter 1986, Breitenbach und Kränzlin 1986). Von 177 Basidiomyceten-Isolierungen aus Grubenhölzern entfielen 83 auf den Kellerschwamm (Eslyn und Lombard 1983).

In Gebäuden kommt er nicht, wie der Name irreführend andeutet, nur in Kellern vor, sondern er kann überall an feuchtem Holz wachsend bis zum Dachstuhl aufsteigen (Schultze-Dewitz 1985, 1990, Desowag 1986a). Neben Nadelholz baut er auch zahlreiche Laubhölzer ab (Wälchli 1976).

Als „Naßfäule"-Erreger mit relativ hohem Feuchteanspruch von 30 bis 80% u und dem Optimum um 50% (siehe Tabelle 11) ist durch ihn alles Holz im Bereich feuchter Mauern (Balkenköpfe und Mauerlatten), feuchter Böden (Fußböden und Balkendecken in Küchen, Bädern und Toiletten) sowie alles Holz in Räumen mit starker Wasserdampfentwicklung (Schwimmbäder, Waschsalons) gefährdet. Kellerschwammschäden sind durchaus mit denen durch Hausschwamm vergleichbar und können diese sogar übertreffen. Eine frisch verlegte Dielung kann z. B. in 1 bis 2 Jahren völlig zerstört werden, so daß Gefahr besteht, daß Möbel oder Personen unerwartet „einbrechen". Zu solchen Schäden kam es häufig während des Bau-Boomes in den Nachkriegsjahren, wenn nicht ausreichend trockenes Holz eingebaut wurde oder der Bau vor Bezug nicht genügend ausgetrocknet war und ein Trocknen durch feuchtigkeitsundurchlässige Anstriche oder Linoleum- bzw. Teppichauflagen verhindert wurde.

Die Anfangsstadien der Fäulnis werden häufig übersehen, da auf freiliegenden Holzaußenflächen kaum Befallserscheinungen sichtbar werden, während das Holz an der Unter- bzw. Rückseite bereits völlig verfault ist. Frühe Anzeichen sind oft dunkle Verfärbungen unter dem Lack.

Die Angaben über eine mögliche Trockenstarre des Pilzes variieren: Nach Beobachtungen aus der Praxis stirbt er bei Feuchteentzug ab; im Labor wurden jedoch bis zu 7 Jahre in trockenem Holz überlebt (Theden 1972). Der Kellerschwamm kann Wegbereiter des Hausschwammes sein, der seine Aktivität später, bei einsetzender Trocknung des Holzes beginnt.

Erkennungsmerkmale (Abb. 55): Die Diagnose ist nicht immer einfach, da Fruchtkörper selten ausgebildet werden und das Holz häufig keinen oder spärlichen Mycelbewuchs zeigt.

Fruchtkörper: Die seltenen, von wenigen Zentimetern bis zu mehreren Dezimetern großen, krustenförmigen, hell- bis dunkelbraunen Fruchtkörper mit zunächst gelblichweißer, später gelblichbrauner Zuwachszone liegen dem Substrat fest an, sind kaum ohne Verletzung von der Unterlage abzulösen und zerbrechen in trockenem Zustand (Grosser 1985, Breitenbach und Kränzlin 1986, Abb. 55 unten). Sie ähneln denen des Hausschwammes, sind jedoch dünner (0,5 bis 4 mm; laut Pegler 1991: bis 2 mm dick). Die sporenbildende Oberseite weist charakteristische warzenförmige (Name!) Erhebungen auf von etwa halbkugeliger Gestalt, deren Durchmesser bis 5 mm beträgt, Das Hyphensystem ist monomitisch. Die gelbbraunen, cyanophilen Sporen sind elliptisch (9 bis 15×6 bis 9 µm; Pegler 1991: 10 bis 16×6 bis 8 µm).

Mycel und Biologie (Käärik 1981): Das selten reichlich ausgebildete Oberflächenmycel ist zunächst weiß bis weißgelblich, haarartig dünn, bald jedoch

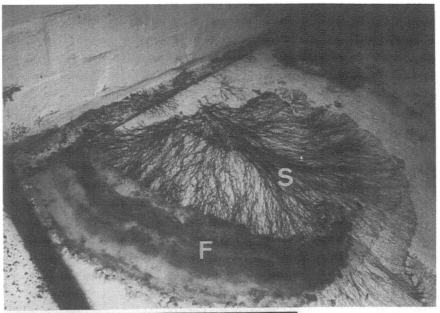

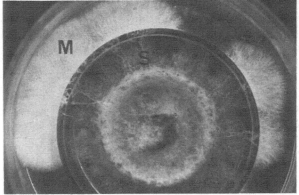

Abb. 55. Erkennungsmerkmale des Kellerschwammes. Oben: schwarzbraune Stränge (*S*) und Fruchtkörper (*F*) auf einem Betonfußboden (Aufnahme M. Eichhorn). Unten: Ringschale mit Mycel (*M*) auf Malzagar und Strangbildung (*S*) auf holzschutzmittelhaltigem Agar (Aus Schmidt 1977)

dunkel bis braunschwarz mit unscharfem Zuwachsrand. Häufig fehlt an der zum Gebäude-Inneren weisenden Holzoberfläche, wie z. B. an Fußleisten, jegliches Oberflächenmycel, und nur auf der Holzrückseite zur Mauer hin ist es mit zwirnsfadendünnen, braunen bis schwarzen Strängen (Merkmal) radiärstrahlig bis wurzelähnlich bewachsen, die dem Holz oder anderen Auflagen fest anhaften (Abb. 55 unten). Bestimmungsmerkmal am undifferenzierten Luftmycel (auf Agar) ist das Vorkommen von Doppel- und Wirtelschnallen; Mycel im Holz ist stets schnallenlos (Nuss et al. 1991).

Der Pilz ist schnellwüchsig und erreicht im Labor bei 23 °C 9 bis 13,5 mm radialen Zuwachs pro Tag. Das Temperaturoptimum liegt bei 20 bis 32 °C, die Temperaturspanne reicht von 0 bis 40 °C (siehe Tabelle 13). Der Stamm Ebw. 15, der obligatorischer Prüfpilz für Nadelholzproben in EN 113 ist, überlebte 1 Stunde bei 60 °C (Mirić und Willeitner 1984). Verschiedene Stämme des Pilzes unterschieden sich hinsichtlich Wuchsgeschwindigkeit und Holzzersetzung (Kirk 1973) sowie Schutzmitteltoleranz (Gersonde 1958b). Von dem bipolar heterothallischen Pilz existieren verschiedene Ökotypen (Ainsworth und Rayner 1990).

Neben *Coniophora puteana* kommen in Europa, jedoch im Freien an liegenden Ästen, Stubben und Pfählen, weitere elf Arten der Gattung vor (Hübsch 1991), beispielsweise der Trockene Warzenschwamm, *C. arida*, und der Olivbraune Warzenschwamm, *C. olivacea* (Kreisel 1961, Breitenbach und Kränzlin 1986).

8.3.3 *Serpula lacrymans (Wulfen: Fr.) Schroeter apud Cohn* *(Merulius lacrymans, Merulius domesticus)* *(Echter) Hausschwamm, weitere Hausschwamm-Arten* *und biologische Aspekte bezüglich Vorkommen, Bedeutung* *und Sanierung*

Die auf Fries (1821) zurückzuführende Schreibweise „*lacrimans*" („tränend") ist zwar sprachlich richtig, jedoch nicht zulässig, da die Originalschreibweise bei Wulfen mit „y" war (Pegler 1991).

Vorkommen und **Bedeutung:** Der Echte Hausschwamm ist der bei weitem gefährlichste Hausfäulepilz in Zentral-, Nord- und Osteuropa, wächst jedoch auch in kühleren Gebieten Japans (Doi 1991), in Südaustralien in Gebäuden im kühleren Unterbodenbereich (Thornton 1991), in Canada und in den nördlichen USA (Rayner und Boddy 1988). Die Angaben über seine Beteiligung an pilzlichen Gebäudeschäden reichen von 22% in Dänemark (Koch 1991) bis 59% in Schweden (Viitanen und Ritschkoff 1991, auch Schultze-Dewitz 1985, 1990). Beispielsweise betragen in Großbritannien die jährlichen Reparaturkosten von Hausschwammschäden mindestens 150 Mio. Pfund (Jennings und Bravery 1991).

Seit den grundlegenden Arbeiten von Hartig (1885), Mez (1908) und Falck (1912: siehe Hütterman 1991) gehört er zu den intensivst untersuchten Pilzen. Die älteren Befunde wurden von Liese (1950), Cartwright und Findlay (1958), Savory (1964), Wagenführ und Steiger (1966), Findlay (1967), Bavendamm (1969), Coggins (1980), Sutter (1985), in einer Holzschädlingstafel, in Informationsblättern (Bavendamm 1951b, Anonym. 1986, Desowag 1986b) und einer Monographie (Segmüller und Wälchli 1981) zusammengefaßt. Eine Literaturrecherche listet 1200 Veröffentlichungen auf (Seehann und Hegarty 1988). Informatives Bildmaterial zur Identifizierung anhand von Fruchtkörpern findet sich bei Grosser (1985). Jüngere Angaben aus der Literatur und Laborbefunde zur Biologie sind zusammenfassend referiert (Jennings und Bravery 1991, Viitanen und Ritschkoff 1991, Schmidt und Moreth-Kebernik 1991 c, Schmidt 1993). Ein Merkblatt führt zahlreiche Erfahrungen aus der Praxis über Vorkommen und Bekämpfungsmaßnahmen auf (Grosser et al. 1990). Bei den jährlichen Treffen der International Research Group on Wood Preservation (IRG) werden aktuelle Ergebnisse vorgestellt (siehe Literaturverzeichnis). Die nachfolgenden Ausführungen sind überwiegend den fünf zuletzt genannten Arbeiten entnommen.

Als ursächlich für die besondere Gefährlichkeit des Pilzes werden folgende Eigenschaften genannt: Seine „allgegenwärtigen" Sporen keimen auf feuchtem Holz oder anderen cellulosischen Materialien (Papier, Pappe) aus, und das Mycel kann über nicht als Nährstoff dienende Substrate hinweg benachbartes Holz erreichen. Für Wuchsbeginn und Ausbreitung benötigt er eine niedrigere Holzfeuchtigkeit als die anderen Gebäudepilze. Er kann unter bestimmten Bedingungen als einziger Pilz auf „trockenes" Holz (min. 17 bis 20% u) und Mauerwerk (min. 0,6% Wassergehalt) übergreifen und sich durch Mycelwachstum sowie sein hochentwickeltes Strangmycel weit ausbreiten, dabei über Holz hinaus Substrate aller Art meterweit über- und durchwachsen, wie poröses oder gerissenes Mauerwerk bzw. dessen Fugen sowie Versorgungskanäle für Leitungen (Libotte 1984, Bravery und Grant 1985, Coggins 1991, Jennings 1991). Coggins (1980, 1991) betont, daß die Erstbesiedlung eines Substrates, wie beispielsweise das Durchwachsen von Mauerfugen, im Gegensatz zur Infektionsweise des Hallimaschs mittels Rhizomorphen, durch die jüngsten Hyphen des Grundmycels erfolgt und die als sekundäres Mycelwachstum hinter der Wuchsfront gebildeten Stränge eher zum Transport von Nährstoffen und Wasser zu den Hyphenspitzen dienen. Alkalische Materialien bis zu pH 10 können bewachsen, und durch Ausscheiden von Wassertropfen (pH 3 bis 4) an den Hyphenspitzen wird die Alkalinität vermindert. Aufgrund zunächst versteckter Lebensweise wird akuter Befall oft längere Zeit nicht erkannt. Bei nicht sorgfältig oder unsachgemäß ausgeführten Bekämpfungsmaßnahmen können auskeimende Sporen sowie nicht-entfernte oder nicht-abgetötete Mycelteile zu Wiederbefall führen.

Der Echte Hausschwamm kommt vorwiegend in Altbauten und dort im Keller- und Erdgeschoßbereich vor (Schultze-Dewitz 1985, 1990, Desowag 1986 b, Koch 1990). Besonders gefährdet sind unbewohnte oder nicht gelüftete Häuser und alle Gebäude mit hoher relativer Luftfeuchtigkeit in Verbindung mit Schäden an der Bausubstanz. Wichtige Ursachen für Hausschwammbefall sind Baufehler und Mängel (Kapitel 8.3.4), die zu erhöhter Holzfeuchtigkeit (u. a. Paajanen und Viitanen 1989) führen. Das Mycel reagiert empfindlich auf Luftzug und Feuchtigkeitsentzug, allgemein auf Klimaänderungen, so daß es sich gern in Zwischendecken und Fehlbodenräumen unter Böden und hinter Wandverkleidungen entwickelt, von wo es sich ausbreitet. Wegen dieser versteckten Lebensweise zeigen oft erst Fruchtkörper an Mauerwerk, Fußleisten, Türrahmen oder Treppenstufen, daß bereits höhere Stockwerke befallen sind. In Extremfällen wurden z. B. bei der Sanierung von denkmalpflegerisch geschützten Gebäuden sämtliche Holzteile sowie große Teile des Mauerwerks erneuert.

Außer in Gebäuden findet man Hausschwamm in Bergwerken, nur selten im Freien (Pfähle, Bahnschwellen) und im borealen Klima nicht im Wald. Laut Pegler (1991) kommt der kosmopolitische Pilz in Zentraleuropa und Nordamerika und nach Bech-Andersen et al. (1993) im Himalaya jedoch auch in Nadelwäldern vor. In der Regel kommt im Wald statt dessen, häufig an Fichte (Stubben, im Freien verbautes Holz, vereinzelt an lebenden Bäumen), *Serpula himantioides* (*Merulius silvester*, Wilder Hausschwamm) vor, der gelegentlich ebenfalls in Gebäuden auftritt (Falck 1927, Kreisel 1961, Grosser 1985, Pegler 1991).

Weitere Hausschwämme an Holz im Innenbau sind *Leucogyrophana pulverulenta* (*Merulius minor*, Kleiner Hausschwamm), der nach Kreisel (1961) z. B. in Dänemark relativ häufig vorkommt, sowie *Leucogyrophana* (*Serpula*) *pinastri* (Gelbrandiger Hausschwamm), der im Gegensatz zu *S. lacrymans* eine gelbliche Übergangszone im Zuwachsrand besitzt (Grosser 1985, aber Kreisel 1961). Beide benötigen höhere Holzfeuchtigkeiten als *S. lacrymans*. Laut Pegler (1991) findet sich in Gebäuden sowie an liegenden Stämmen und Ästen (Breitenbach und Kränzlin 1986) auch *Leucogyrophana (pseudo)mollusca* (Faltig-weiche Gewebehaut).

Die europäischen Arten von *Leucogyrophana* und *Serpula* in Gebäuden lassen sich aufgrund von Fruchtkörper- und Strangmerkmalen (siehe auch Strangdiagnose: Tabelle 3) unterscheiden (Tabelle 30).

Bei Pilzbefall ist zunächst durch eine qualifizierte Firma festzustellen, ob es sich um den Echten Hausschwamm handelt (Schwammdiagnose). In Zweifelsfällen sollten zur Pilzbestimmung Laboruntersuchungen in Holzforschungsinstituten, Staatlichen Materialprüfungsanstalten, Pflanzenschutzämtern oder auch bei Holzschutzmittelherstellern durchgeführt werden. „Ist eine eindeutige Artbestimmung nicht möglich, ist so zu verfahren, als wenn der Echte Hausschwamm vorliegen würde" (DIN 68800 Teil 4).

Erkennungsmerkmale (Abb. 56):

Holz: Der relativ große Würfelbruch des braunfaulen Holzes (Abb. 56 oben) bildet kein zuverlässiges Merkmal. Deckend gestrichene Türrahmen oder Fußleisten zeigen zunächst Blasen und feine Risse im Lack, nach längerem Befall wellige Oberflächen.

Fruchtkörper: Die 2 bis 12 mm dicken, schwammig-gummiartigen, aber faserig-zähen, meist fladenförmigen Fruchtkörper von bis 2 m Durchmesser liegen Holz oder Mauerwerk flach als Schichtpilz (Abb. 56 Mitte und unten) an und lassen sich meist leicht ablösen. Aus Spalten oder an senkrechten Flächen wachsen polster- und konsolenförmige Fruchtkörper. Das gewundene, gekröseartig gefaltete, schmierig-buckelige Hymenium (merulioid!; Abb. 56 Mitte) ist abhängig von Alter und Umwelt von gelb über orangerot bis rostbraun gefärbt

Tabelle 30. Unterscheidungsmerkmale von „Hausschwämmen". (Basierend auf Kreisel 1961, Grosser 1985, Breitenbach und Kränzlin 1986 und Pegler 1991)

Serpula lacrymans

- Fruchtkörper fleischig-dick mit wulstigem, weißem, scharfbegrenztem Zuwachsrand, Hymenophor faltig-grubig (merulioid), rostbraun, Trama dicker als 2 mm, krustenförmig, auch polster- und konsolenförmig, gelatinierte Subhymenialschicht
- elliptische, glatte, gelbbraune, nicht dextrinoide Sporen, 9 bis 12 × 4,5 bis 6 µm
- silbriggraue Stränge bis 30 mm stark

Serpula himantioides

- Fruchtkörper membranartig, dünner als 2 mm, ohne wulstigen Rand, stets krustenförmig, Subhymenialschicht nicht gelatiniert
- gelbbraune, nicht dextrinoide Sporen, 9 bis 12 × 5 bis 6 µm
- graue Stränge etwa bindfadenstark

Leucogyrophana mollusca

- Fruchtkörper gelbbraun, merulioid, krustenförmig, bis 2 mm dick, Rand weißlich, wattig-fransig auslaufend
- elliptische, glatte, schwachgelbliche bis gelbbraune, dextrinoide Sporen, 6 bis 7 × 4 bis 6 µm

Leucogyrophana pinastri

- Fruchtkörper anfangs cremefarben über olivgelb bis später braun mit stacheligen bis zahnförmigen Vorsprüngen (irpicoid), krustenförmig, bis 1 m Größe
- eiförmige oder kurz elliptische, farblose bis gelbe, dextrinoide Sporen, 5 bis 6 × 3,5 bis 4,5 µm
- gelbliche bis braune, haardünne Stränge
- runde oder längliche, braune bis schwarze Sklerotien bis 3 mm groß

Leucogyrophana pulverulenta

- Fruchtkörper anfangs schwefel-kanariengelb über olivgelb bis später zimtbraun, bis 20 cm Größe
- farblose bis gelbe, dextrinoide Sporen, 5 bis 6 × 3,5 bis 4,5 µm
- weiße Stränge bis 2 mm dick

---

und besitzt einen weißen, manchmal auch leicht rosa gefärbten, oft wulstigen, stets scharf begrenzten Zuwachsrand (Merkmal). Das Hyphensystem ist zunächst monomitisch, später finden sich auch Skeletthyphen (Pegler 1991). Vor allem am Rand treten, wie auch beim Mycel, infolge Guttation Flüssigkeitstropfen (mit neutralem pH-Wert) auf, die zur Namensgebung geführt haben (*Serpula lacrymans* = kleine Schlange tränend; ersteres wegen der Stränge; zu Nomenklatur und Taxonomie: Pegler 1991). Frische Fruchtkörper riechen angenehm nach Pilz, nach der Sporulation faulen sie leicht und stinken dann (Ammoniak). Bei alten, vertrockneten, dann bis schwarzbraun gefärbten Fruchtkörpern ist die Faltenstruktur kaum erkennbar. Unter natürlichen Bedingungen entstehen Fruchtkörper über das ganze Jahr, mit einer Häufung im Spätsommer bis Winter (Nuss et al. 1991).

Abb. 56. Erkennungsmerkmale des
Hausschwammes. Oben: graubraune
Stränge (*S*) und Würfelbruch des
faulen Holzes; Mitte: Fruchtkörper in
einem lange leerstehenden Gebäude;
unten: Mycellappen (*M*) und Fruchtkörper (*F*) in einem Kriechkeller
(Aufnahme M. Eichhorn)

Schwammbefallene Räume sind oft großflächig mit braunem Sporenpulver bedeckt aus elliptischen, gelben- bis gelbraunen, nicht-dextrinoiden Sporen (9 bis 12×4 bis 6 µm), mit kleinem, spitzem Fortsatz an einem Ende und z. T. mit bis zu fünf intracellulären Öltropfen (Hegarty und Schmitt 1988, auch Pegler 1991, Nuss et al. 1991). Falck (1912) berechnete die Sporenproduktion eines 1 m^2-Fruchtkörpers auf 3×10^9 Sporen pro Stunde.

Erste, jedoch unregelmäßige Fruchtkörperbildungen in Laborkultur wurden von Falck (1912) erhalten; häufigeres Fruktifizieren erreichten Cymorek und Hegarty (1986b) bei 12 °C-Kultivierung bzw. durch natürlichen Temperaturwechsel im Freien (kühl) (Hegarty und Seehann 1987, auch Hegarty 1991). Relativ oft entstehen in Reinkulturen Fruchtkörper, wenn das Mycel zunächst für etwa 4 Wochen bei 25 °C auf gewöhnlichem Malzagar und dann bei ungefähr 20 °C und Tageslicht kultiviert wird (Schmidt und Moreth-Kebernik 1990a; siehe Abb. 23).

Mycel und Biologie: Bei frischem Befall und genügender Luftfeuchte findet sich oft weißes, wattiges Luftmycel, das rasch von den typischen Strängen durchsetzt ist, und bei stehender Luft entwickeln sich dicke Mycelpolster. Gelbe bis weinrote (auch violette) Verfärbungen (Hemmfarben) durch hemmende Einflüsse (Licht, Anhäufung von toxischen Metaboliten, erhöhte Temperatur: Zoberst 1952, Cartwright und Findlay 1969) sind charakteristisch (*Merulius*, genannt nach dem gelben Schnabel des Amselmännchens *Turdus merula*: Coggins 1980). Älteres Mycel fällt zu abziehbaren, schmutziggrauen bis silbrigen Häuten zusammen (Abb. 56 unten), und häufig liegt ein kräftig verzweigtes Strangmycel mit lappigem Zwischenmycel vor. Die streichholz- bis bleistiftdicken und bis zu 2 bis 4 m langen, grauen bis graubraunen und an ihrer Oberfläche faserig aufgerauhten Stränge (Abb. 56 oben, siehe Strangdiagnose: Falck 1912; Tabelle 3) sind in trockenem Zustand unter hörbarem Knacken brechbar (Merkmal). Stränge werden nur aus Luftmycel, und zwar sowohl von dikaryotischem als auch von monokaryotischem Mycel, gebildet und nicht aus Substratmycel und erreichen bei 20 °C 5 mm Längenzuwachs pro Tag (Nuss et al. 1991).

Der Hausschwamm ist tetrapolar. Schnallen an den Hyphen finden sich nur bei Dikaryonten (Harmsen et al. 1958; siehe Tabelle 5), während lediglich Monokaryonten reichlich Arthrosporen bilden (Schmidt und Moreth-Kebernik 1991b). Im Gegensatz zu *Antrodia sinuosa* und *Coniophora puteana* sind die Schnallen des Luftmycels so groß wie der Hyphendurchmesser (Nuss et al. 1991).

Kreuzungen zwischen verschiedenen Stämmen von *S. lacrymans* haben physiologische Unterschiede zwischen den verschiedenen Myceltypen, aber auch Merkmalkonstanz über mehrere Generationen aufgezeigt (Schmidt und Moreth-Kebernik 1989b, 1990, 1991c): Die Dikaryonten (Wildstämme und auch F_1- und F_2-Generation) waren deutlich schnellwüchsiger als die Mycelien sowohl der beiden dazugehörenden Monokaryonten (Tabelle 31, 32) als auch der zwei verschiedenen Heterokaryon-Typen (A#B=, A=B#: Tabelle 31). Hinsichtlich Holzzersetzung zeigten Di- und Monokaryonten bei insgesamt

Tabelle 31. Mycelwachstum und Abbau von Kiefernsplintholzproben in 2 Monaten bei den vier Myceltypen von *Serpula lacrymans* über drei Generationen (Anzahl der Prüfstämme in Klammern). (Aus Schmidt und Moreth-Kebernik 1991 c)

		mm Zuwachs pro Tag		Holzabbau % Masseverlust
		19 °C	28 °C	
Dikaryont	Wildstamm			12,4 (2)
	F_1	3,7	0 (4)	13,5 (4)
	F_2	3,8	0 (4)	13,4 (4)
Heterokaryont	F_1	1,9	0,27 (6)	11,8 (4)
(A # B =)	F_2	2,1	0,25 (6)	10,7 (4)
Heterokaryont	F_1	2,1	0,23 (6)	11,8 (4)
(A = B #)	F_2	1,9	0,20 (6)	10,7 (4)
Monokaryont	F_1	2,1	0,22 (4)	13,5 (8)
	F_2	2,2	0,18 (4)	12,4 (8)

ähnlichen Masseverlusten (Tabelle 31, 32) stärkere Aktivität als die Heterokaryonten (Tabelle 31, auch Elliott et al. 1979). Mono- und Heterokaryonten tolerierten jedoch höhere Temperatur als die Dikaryonten, indem sie noch bei 28 °C wuchsen (Tabelle 31), und die Monokaryonten vertrugen zudem höhere Schutzmittelkonzentrationen (Tabelle 32), wie dies auch für *Antrodia vaillantii* und *Gloeophyllum trabeum* nachgewiesen wurde (Da Costa und Kerruish 1965). Auf die Praxis bezogen könnten derartige physiologische Unterschiede zwischen den verschiedenen Myceltypen eines Pilzes Bedeutung erlangen, da Dikaryonten unter widrigen Bedingungen monokaryotisiert werden können, wie beispielsweise *Gloeophyllum trabeum* durch Arsen (Kerruish und Da Costa 1963) oder *Serpula lacrymans* durch relativ hohe Temperatur (Schmidt und Moreth-Kebernik 1990); die toleranteren Monokaryonten würden bei erneut günstigen Bedingungen zum Dikaryonten paaren können und hätten somit das widrige Milieu überwunden.

Im Luftmycel sind die Grundhyphen mit etwa 6 µm Durchmesser deutlich dicker als bei Mycel in Holzgewebe mit durchschnittlich 2 µm. In Holz kommen weiterhin Medaillon-Schnallen vor; die Abstände zwischen zwei Schnallen sind kürzer als bei Luftmycel, und oft finden sich nahezu rechtwinkelige Hyphenverzweigungen.

Morphologische Merkmale von Mycel, Fruchtkörper und Sporen wurden von Nuss et al. (1991) zusammenfassend beschrieben.

Bevorzugt wird Nadelholz befallen; bei Laubhölzern sind solche mit dunklem Kern, wie Eiche oder Edelkastanie, deutlich resistenter als helle Arten (Wälchli 1973). Neben Holz und Mauerwerk werden u. a. Holzwerkstoffe (Span- und Faserplatten), Teppiche sowie Textilien geschädigt und Dämmaterialien (Grinda und Kerner-Gang 1982), wie Mineralwolle und Carbamidschäume, durchwachsen und beschädigt (Bech-Andersen 1987 a).

Wegen des relativ niedrigen optimalen Temperaturbereiches von 17 bis 23 °C (siehe Tabelle 13) wächst das Mycel bevorzugt in den kühleren Keller-

Tabelle 32. Physiologische Unterschiede zwischen zwei Wildstämmen von *Serpula lacrymans*, ihren je vier Kreuzungstyp-Monokaryonten und einigen daraus gekreuzten Dikaryonten (F_1). (Zusammengefaßt aus Schmidt und Moreth-Kebernik 1989b, 1990)

Stamm	Zuwachs pro Tag (mm)		Holzabbau % Masseverlust (4 Monate)	mm Zuwachs auf Agar mit Borax (6 Wochen)		% Masseverlust von Holzproben mit Borax pro m³ Holz (4 Monate)	
	20°C	28°C					
				0,10%	0,12%	0,37 kg	0,86 kg
Wildstamm 7	3,5	0	27	0	0	5,4	0
Monokaryont							
1 A_1B_1	2,6	0,12	31	65	16	11,0	0
5 A_1B_2	2,7	0,12	22	54	23	12,9	2,6[b]
3 A_2B_1	2,5	0,07	27	57	9	9,7	0
7 A_2B_2	2,4	0,05	30	56	2	9,6	2,8/4,7[b]
Wildstamm 16	3,7	0	30	4	0	8,6	0
Monokaryont							
8 A_2B_3	2,6	0,10	31	62	6	9,7	0
9 A_3B_3	2,6	0	30	57	17	10,1	4,2/6,1[b]
10 A_3B_1	2,3	0,14	27	49	14	11,4	3,6[b]
11 A_2B_1	3,1	0,12	30	13	0	8,9	1,1/6,0[b]
F_1							
1×8	3,6	0	30	36	0	4,9	0
1×9	3,2	0	30	3	0	5,2	0
3×9	3,3	0	29	2	0	8,3	0
5×8	3,6	0	32	5	0	8,6	0
5×9	3,5	0,17[a]	37	0	0	8,7	0
5×10	3,8	0	37	5	0	10,1	0
5×11	4,0	0	38	15	0	5,9	0
7×9	3,3	0	34	9	5	5,9	0
7×10	3,6	0	30	12	0	8,6	0

[a] Monokaryotisierung durch Wärme
[b] Einzelwerte von 4 Proben, die anderen ohne Masseverlust

und Erdgeschoßräumen. Die Gesamtspanne reicht von 0 bis je nach Autor 26 bis 27°C, und bei 27 bis 28°C erfolgt Wachstumsstopp (Merkmal). Nach jüngeren Befunden wird das Mycel erst durch 30 bis 60 Minuten bei 50°C (Mirić und Willeitner 1984) abgetötet, die Sporen durch 1 Stunde bei 100°C (Hegarty et al. 1986), so daß eine Heißluftbehandlung (s.u.) von befallenem Holz oder Mauerwerk den Pilz lediglich an der Materialoberfläche abtötet.

Die Mindestholzfeuchte liegt bei 17 bis 20% u. Die Infektion von Holz unter Fasersättigung (etwa 30%) ist möglich, indem der Hausschwamm besonders effektiv mittels Mycel, und hier speziell durch die Gefäßhyphen in den Strängen, Wasser von einer Feuchtigkeitsquelle (Holz über Fasersättigung oder nasses Mauerwerk: Dickinson 1982) zum Befall „trockenen" Holzes transportieren kann (Wälchli 1980, Jennings 1987, 1991, Coggins 1991, aber Savory 1964).

Vereinzelt findet sich noch in der Literatur die irrtümliche Meinung, er könne „trockenes" Holz ausschließlich durch das beim Celluloseabbau des Holzes entstehende Wasser befeuchten (siehe Tabelle 12). Weiterhin wird auch fälschlich behauptet, er könne sich das für den Holzabbau nötige Wasser aus der Luftfeuchtigkeit beschaffen.

Verglichen mit Kellerschwamm und den Porenschwämmen gilt der Hausschwamm als empfindlich gegen hohe Holzfeuchtigkeiten (Cartwright und Findlay 1969), und es liegt ein älterer Hinweis vor, daß durch Guttation hohe Holzfeuchten zugunsten höherer Luftfeuchtigkeit reduziert werden (Miller 1932). Die optimale Holzfeuchtigkeit für einen Anfangsbefall beträgt 30 bis 40% u und verschiebt sich bei längerer Zersetzung eher nach 40 bis 60% (Wälchli 1980). Das Maximum von etwa 90% (Wälchli 1980) liegt über den früher angenommenen 55% Holzfeuchtigkeit, so daß die Gesamtspanne von 17/20% bis 90% reicht (siehe Tabelle 11). Die im Englischen gebräuchliche Bezeichnung dry rot fungus (Savory 1964, Coggins 1980) und im Deutschen früher Trockenfäule-Erreger sind widersinnig, da auch der Hausschwamm zum enzymatischen Holzabbau freies Wasser in den Zellumina benötigt. Mittels der Stränge kann er neben Wasser Nährstoffe und Mineralien, unter anderem den Holzabbau begrenzenden Stickstoff (Watkinson et al. 1981), transportieren, z. B. aus dem Erdboden unter einem Haus zum Holzabbau innerhalb des Gebäudes (Doi 1989, Doi und Togashi 1989, auch Weigl und Ziegler 1960, Jennings 1991). Nach Savory (1964) liegt die hauptsächliche Bedeutung der Stränge im Nährstoff- und nicht im Wassertransport (auch Bravery und Grant 1985).

Dem Hausschwamm wird die Fähigkeit einer langjährigen Trockenstarre nachgesagt: Verschiedene Versuche haben jedoch ergeben, daß er zumindest unter Laborbedingungen nur bei langsamem Feuchteentzug in den Zustand der Trockenstarre übergehen kann und weiterhin die Dauer bei 20 °C etwa 1 Jahr beträgt. Lediglich bei niedriger Temperatur (7,5 °C) kam es zu mehrjährigem Überleben (Theden 1972, auch Savory 1964). Dennoch bilden nicht beseitigte Befallsstellen ein Gefahrenpotential. Befallene Holzteile können gerade noch so viel Feuchte aufweisen, um dem Pilz ein geringes Wachstum und somit längeres Überleben zu ermöglichen als mittels Trockenstarre (Grosser 1985). Zudem geht von den trockenresistenteren Sporen Gefahr des Wiederbefalls aus, deren Dauer der Keimfähigkeit ca. 20 Jahre betragen soll. Etwa 50 bis 60% (Langendorf 1961) bis 95% (Schultze-Dewitz 1985) aller Schwammschäden in Gebäuden sollen durch Sporeninfektion entstehen. Laut Wälchli (1980) erfolgt die Infektion dagegen eher über Mycel, das mit Abbruchholz, Holzkisten, Fässern oder über die Schuhe eingeschleppt wird.

Zahlreiche Literaturangaben zu den Temperatur- und Feuchtigkeitsansprüchen finden sich bei Viitanen und Ritschkoff (1991).

Neben den niedrigen Temperaturansprüchen wurde das bevorzugte Vorkommen in Gebäuden auf intensive Synthese und Ausscheidung von Oxalsäure (Jennings 1991) zurückgeführt, die bei übermäßiger Produktion als Calciumoxalat mit Calcium aus Mauerwerk oder durch Chelatbildung mit Eisen aus Metallträgern oder ähnlichem neutralisiert werden soll (Bech-Andersen 1985, 1987 a, b).

Bei Streitfällen, z. B. im Rahmen von Hauskäufen, spielt häufig die Frage des Befallsalters eine Rolle, zu dessen Bestimmung der durchschnittliche Mycelzuwachs benutzt wird. Laut einer Literaturzusammenstellung (Jennings 1991) reicht die lineare Mycelausdehnung auf Mauerwerk, Holz, Isolierstoffen und ähnlichem pro Tag von 0,65 bis 9 mm. Bei Annahme von 5 mm radialem Zuwachs pro Tag auf Malzagar bei Optimaltemperatur (siehe Tabelle 1) errechnen sich 30 cm im Monat. Da in Gebäuden durch wechselnde Bedingungen nicht immer optimale Wuchsbedingungen gegeben sind und verschiedene Stämme des Pilzes beträchtliche Unterschiede in der Wuchsgeschwindigkeit (1,5 bis 7 mm pro Tag: Cymorek und Hegarty 1986a, Seehann und v. Riebesell 1988) zeigten, ist eine einwandfreie Altersbestimmung anhand der Mycelausdehnung nicht möglich. Ähnlich wie bei dem Zuwachs reichte bei 25 Stämmen die Zersetzung von Kiefernsplintholzproben in 6 Wochen Kultivierung von 12 bis 56% (Cymorek und Hegarty 1986a, auch Thornton 1989), und verschiedene Stämme unterschieden sich ebenso in der Empfindlichkeit gegenüber Holzschutzmitteln (Abou Heilah und Hutchinson 1977, Cymorek und Hegarty 1986a, Ważny und Thornton 1989a, b, 1992, Ważny et al. 1992).

Die Möglichkeiten zur Identifizierung des Hausschwammes umfassen klassische Methoden wie Strangdiagnose (Falck 1912), Mycelanalyse durch Bestimmungsschlüssel (Stalpers 1978) und Fruchtkörperuntersuchung (u. a. Grosser 1985, Pegler 1991). Als modernere Verfahren sind die Polyacrylamid-Gelelektrophorese (Schmidt und Moreth-Kebernik 1990, Vigrow et al. 1989, Palfreyman et al. 1991; siehe Abb. 22) und immunologische Nachweise (Palfreyman et al. 1988, Glancy et al. 1990b, Vigrow et al. 1991c, Toft 1992, Glancy und Palfreyman 1993) in der Erprobung.

Wird Hausschwamm nachgewiesen, ist er, neben Hausbock und Termiten, der einzige biotische Schaden, bei dem in der Mehrzahl der Bundesländer Meldepflicht besteht, z. B. in Hamburg bei der Bauaufsichtsbehörde. Da die Sanierungskosten beträchtlich sein können (bei sachgemäßer Ausführung 2500 bis 4000 DM pro m^2 Wohnfläche: Eichhorn, persönl. Mitteilung), sollten Ermittlung des Schadensausmaßes und Sanierung durch eine renommierte Fachfirma mit Kenntnissen der DIN 68800 Teil 4 durchgeführt werden. Bei gerichtlichen Auseinandersetzungen greift § 459 BGB über „Haftung für Sachmängel".

8.3.4 Möglichkeiten zur Vermeidung von Hausfäulen und „Schwammsanierung"

Da alle Fäulepilze zum Holzabbau Wasser benötigen, sind Vermeiden von Feuchte und bei Befeuchtung die Beseitigung der Feuchteursache und ein rasches Trocknen von Holz und Mauerwerk die wichtigsten vorbeugenden Maßnahmen. Da der Hausschwamm jedoch Wasser transportieren kann und nicht auszuschließen ist, daß bei der Sanierung eines Schadens Feuchtequellen übersehen werden, sind für seine Bekämpfung umfangreichere Maßnahmen nötig.

Die erste Sanierung von Hausschwammbefall ist im 3. Buch Mose, Kapitel 14, Verse 33 – 48, beschrieben.

Moderne Bekämpfungsmaßnahmen (siehe auch Grosser 1985, Sutter 1986, Blow 1987, Desowag 1988, Bravery 1991, Wälchli 1991) umfassen: Beseitigung der Ursache der erhöhten Feuchtigkeit, Entfernen des Pilzes mindestens 1 Meter über den Befall hinaus, Verbrennen des befallenen Holzes und Entsorgung der übrigen infizierten Baustoffe, Behandlung des Mauerwerks mit zugelassenen Holzschutzmitteln und vorbeugende Behandlung aller neu einzubringenden Hölzer.

Die nachfolgenden detaillierteren Ausführungen zur Vermeidung von Hausfäulen und zur Sanierung stammen im wesentlichen aus dem „Hausschwamm-Merkblatt" von Grosser et al. (1990).

Vorbeugende Schutzmaßnahmen gegen alle Hausfäulepilze, besonders jedoch gegen den Echten Hausschwamm, den Kellerschwamm und die Porenhausschwämme wurden bereits angesprochen (Kapitel 8.3.3): Dies sind Vermeiden von allgemeinen Baufehlern und solchen bei einer Altbausanierung: im Mauerwerk aufsteigende Feuchte, Einsickern von Regenwasser, Lüftungsfehler, der Einbau nassen oder befallenen Holzes und nasser Füllstoffe, allseitig ummauerte Balkenköpfe, mangelnde Bauaustrocknung, Tauwasserbildung durch falsche Wärmedämmung und Dampfsperren, feuchteundurchlässige Sperrschichten, mangelhafte Sperrung nicht unterkellerter Gebäude, falscher Fußbodenaufbau, Wiederverwenden von befallenem Bauschutt, undichte Naßzellen und nicht ausreichend wirksamer Holzschutz.

Zu den häufigen Ursachen gehören weiterhin nicht rechtzeitig behobene Schäden an der Bausubstanz: undichte Dächer, zersprungene oder fehlende Fensterscheiben, undichte oder schwitzende Wasser- und Heizungsleitungen, verstopfte oder defekte Regenwasserabflüsse und Entwässerungsanlagen sowie Wasserschäden durch Rohrbrüche, defekte Waschmaschinen- und Spülmaschinenwasserleitungen, Kellerüberschwemmungen und Löschwasser bei Brand (Wälchli 1980, 1991, Doi 1983, 1991, Thornton 1989a, 1991, Paajanen und Viitanen 1989, Bricknell 1991).

Besonders hinsichtlich Kellerschwamm-Befalls sollten in Neubauten Fußböden nicht zu früh verlegt und luftdicht abgeschlossen sowie feuchte Deckenschüttungen vermieden werden.

Gefahr der Einschleppung besteht über infiziertes Alt- und Abbruchholz, Holzkisten usw., die als Brennholz in feuchten Kellern gelagert werden, und durch Mycelübertragung (z. B. über die Schuhe von Bauhandwerkern) sowie durch Sporen.

Bekämpfende Maßnahmen: Bei aufgetretenem Befall durch Hausfäulepilze ist zunächst festzustellen, ob Echter Hausschwamm oder eine andere Pilzart vorliegen, da hiervon baurechtliche Auflagen (Meldepflicht) und Umfang der Sanierung abhängen, und dann das Ausmaß der Schäden.

Die Richtlinien für die Ausführung von Bekämpfungsmaßnahmen sind in Tabelle 33 genannt (Grosser et al. 1990).

Einige Vorschriften und Hinweise bei dem Einsatz chemischer Holzschutzmittel sind in Tabelle 34 aufgeführt.

Tabelle 33. Richtlinien für die Ausführung von Bekämpfungsmaßnahmen bei einer Sanierung

DIN 68 800 Teil 4
  Holzschutz; Bekämpfungsmaßnahmen gegen holzzerstörende Pilze und Insekten;
  Fassung 1992
Teil 3
  Holzschutz; Vorbeugender chemischer Holzschutz; Fassung 1990
Teil 2
  Holzschutz im Hochbau; Vorbeugende bauliche Maßnahmen; Fassung 1984
DIN 52 175
  Holzschutz; Begriff, Grundlagen; Fassung 1975
Verdingungsordnung für Bauleistungen (VOB Teil B)

Tabelle 34. Vorschriften und Hinweise bei Einsatz chemischer Holzschutzmittel

Einschlägige Vorschriften des Chemikaliengesetzes und der Gefahrstoffverordnung
Hinweise auf den Gebinden der Schutzmittel
Technische Merkblätter der Hersteller
Mögliche Anwendungsbeschränkungen in den Prüfbescheiden des Instituts für Bautechnik
  Berlin oder in der Verleihungsurkunde RAL-geprüfter Holzschutzmittel
Merkblatt für den Umgang mit Holzschutzmitteln des Industrieverbandes Bauchemie und
  Holzschutzmittel Frankfurt

Zur Bekämpfung des Echten Hausschwammes und zum vorbeugenden Schutz des verbliebenen oder neu eingebauten Holzes dürfen nach DIN 68 800 Teil 4 nur Mittel mit nachgewiesener Wirksamkeit sowie gesundheitlicher Unbedenklichkeit und Umweltverträglichkeit verwendet werden (Kapitel 7.4).

Heißluft-Verfahren (Paul 1990, Koch 1991), die den „Blauen Engel" zur Bekämpfung von Insekten im Dachstuhl bekommen haben (Anonym. 1990), sind zur sicheren Abtötung von Mycel und Sporen des Hausschwammes, besonders in Mauerwerk, nicht nur technisch falsch (Grosser und Weißbrodt 1987, auch DIN 68 800 Teil 4), da die notwendige Erhitzung im Mauerinneren nicht erreicht wird, sondern auch aufgrund der Gefährdung der Bausubstanz durch die Hitze wirtschaftlich fragwürdig.

Für denkmalgeschützte Gebäude und Kunstobjekte wurde zur Abtötung die Eignung verschiedener Begasungen (u. a. Ethylenoxid; Methylbromid: Unger und Unger 1993) untersucht, die jedoch keinen Schutz gegen Neubefall bieten (Unger et al. 1990).

Bech-Andersen und Andersen (1992) führten von 1990 bis 1992 in Dänemark in etwa 100 Fällen von Schwammbefall Bestrahlungen mit Mikrowellen durch. In Mauerwerk eingebrachtes Mycel wurde bereits durch 10 Minuten Einwirkung abgetötet, wobei außer der Strahlenwirkung im Mauerwerk 37 °C Wärme entstand (auch Kjerulf-Jensen und Koch 1992, siehe aber Mirić und Willeitner 1984).

Im Laborversuch verringerte eine 8%ige Lösung von α-Aminoisobuttersäure (= 2-Methylalanin), die der Aminosäure Alanin analog ist, den Masseverlust von Holzproben durch *Serpula lacrymans* von 22% auf 1% (Elliott und Watkinson 1989, auch Watkinson 1984). Als weitere, eventuell alternative Methode gegen Hausschwamm wurde ein Eingreifen in den Trehalose-Stoffwechsel des Pilzes (Jennings 1989) und damit in die inneren Myceltransportvorgänge (Jennings 1987, 1991) vorgeschlagen. Über den Mechanismus der Eisenbindung durch Chelatbildner wurde das Mycelwachstum gehemmt, EDTA verhinderte den Abbau von Kiefernsplintholzklötzchen durch *Coniophora puteana, Gloeophyllum trabeum* und *Tyromyces placenta* (Viikari und Ritschkoff 1992) und Tellursäure den Holzabbau durch *Coniophora puteana* (Lloyd und Dickinson 1992). Polyoxin wirkte als Inhibitor der Chitin-Synthetase u. a. bei *Antrodia vaillantii, Coniophora puteana* und *Gloeophyllum sepiarium, G. trabeum* und *T. placenta*, jedoch lediglich fungistatisch (Johnson 1980, Johnson und Chen 1983, Johnson et al. 1992).

Verschiedene Ansätze zu einer biologischen Bekämpfung von Hausfäulepilzen sind im Kapitel ‚Wechselwirkungen zwischen Organismen' (3.7) genannt: *Trichoderma* spp. wirkten antagonistisch gegen *Tyromyces placenta* (Highley und Ricard 1988, Giron und Morrell 1989) und *Serpula lacrymans* (Doi und Yamada 1991, 1992). Bakterien verminderten den Abbau von Kiefernholzklötzchen durch *T. placenta* (Murmanis et al. 1988, Benko und Highley 1990, auch Bruce 1992). Entsprechende Verfahren sind jedoch noch nicht praxisreif.

Als bekämpfende Schutzmittel kommen Präparate gegen Schwamm im Mauerwerk auf der Basis von Bor oder quaternären Ammoniumverbindungen (Butcher und Drysdale 1977) in Frage, als vorbeugende Holzschutzmittel Präparate mit Wirksamkeit gegen holzzerstörende Pilze. Für tragende und aussteifende Holzteile dürfen nach DIN 68 800 Teil 3 nur Mittel mit amtlichem Prüfzeichen (Kapitel 7.4) verwendet werden. Für nicht-tragendes Holz genügen RAL-gütegesicherte Holzschutzmittel. Bei allen vorbeugenden Schutzmaßnahmen sind DIN 68 800 Teil 3 und Teil 2 zu beachten.

Vor den Bekämpfungsarbeiten sind aus dem Befallsbereich alle mobilen Gegenstände zu entfernen und vor Wiederverwendung gründlich zu reinigen. Nicht befallene Bereiche sind durch einen Staubschutz abzutrennen. Oberflächenmycel, Fruchtkörper und alle befallenen Holzteile sind zuzüglich eines Sicherheitsaufschlages (1 m) über den sichtbaren Befall hinaus zu entfernen. Bei wertvollen Gegenständen ist die Abtötung des Pilzes sicherzustellen. Jeweils mit einem Sicherheitsabstand von 1,5 m in alle Richtungen über den sichtbaren Befall hinaus sind Putz, Fugenmörtel, Mauerwerk und eventuelle Hohlräume sorgfältig auf Pilzbefall zu untersuchen. Im Befallsbereich sollten vorgesetzte Wände, Fliesen, Dämmaterialien usw. entfernt und grundsätzlich die Auflager von Balken freigelegt werden. Durchwachsenes Füllmaterial von Schüttungen ist zu ersetzen. In stark befallenen Kellerräumen ist zusätzlich zum Fußboden auch die oberste (etwa 20 cm) Erdbodenschicht abzutragen. Grundsätzlich sind angrenzende Räume, Wohnungen und bei gemeinsamen Wänden auch das Nachbarhaus in die Untersuchung einzubeziehen. Bei vorhandenen Fruchtkörpern und der damit verbundenen reichlichen Sporenbildung ist mit größeren Befallsbereichen als zunächst erkennbar oder mehreren getrennten Befallsherden zu rechnen.

Die entfernten Pilz und Bauteile sollen entsorgt werden, um nicht Ausgang eines Neubefalls zu werden. Da die Bedingungen im Freien für den Hausschwamm nicht günstig und Pilzsporen sowieso „allgegenwärtig" sind, kommt hierfür die normale Hausmülldeponie in Frage. Das umweltbelastende Besprühen des Bauschutts mit Chemikalien sollte unterbleiben.

Die wichtigsten baulichen Maßnahmen sind, die Ursache der erhöhten Feuchte von Holz und Mauerwerk festzustellen und zu beseitigen sowie erneute Befeuchtung auszuschließen. Kann die Feuchte-Ursache nicht behoben werden, muß auf den Einsatz von Holz und Holzwerkstoffen verzichtet werden. Sanierte Bauteile sollten rasch austrocknen können.

Die Maßnahmen zur Behandlung des Holzes sind, infizierte Holzteile in der Regel zu entfernen, da sich Hausfäulepilze im befallenen Holz nicht mit Chemikalien abtöten lassen. Zum Schutz von verbliebenem sowie des neu einzubauenden Holzes gemäß DIN 68 800 Teil 4 und Teil 3 ist das Holz in der vom Hersteller angegebenen Menge und Anzahl der Arbeitsgänge zu imprägnieren. Besonders gefährdete Holzteile, wie Balkenköpfe und Fußpfetten, sind zusätzlich mit einer Bohrlochtränkung zu behandeln und hier das Holz bis zur Sättigung zu tränken.

Mycelbewachsenes Mauerwerk ist grundsätzlich mit einem Schutzmittel zur Bekämpfung von Schwamm im Mauerwerk zu behandeln, entweder als Bohrlochtränkung oder durch Verpressen im Druckinjektionsverfahren. Die Löcher werden mit Mörtelpfropfen verschlossen und abschließend die Wandflächen mit dem Bekämpfungsmittel besprüht oder geflutet.

9 Positive Auswirkungen
der holzbewohnenden Mikroorganismen

Besonders nach den Erdölkrisen wurden Forschungsrichtungen mit dem Ziel intensiviert, anstelle von Erdöl die stetig nachwachsende Biomasse Holz und Einjahrespflanzen als Rohstoff für chemische und biologische Verfahren zu verwenden (Biotechnologie der Lignocellulosen). So wird verstärkt nach enzymatischen bzw. mikrobiologischen Möglichkeiten einer Holzverwertung gesucht (Wood 1985b, Eriksson et al. 1990, Little 1991, Dart und Betts 1991).

Die wesentlichen Ursachen, die eine biologische Umwandlung von Lignocellulosen erschweren, sind in Tabelle 35 zusammengestellt (auch Puri 1984).

Das schwerwiegendste Hemmnis besteht in der Inkrustierung der enzymatisch/mikrobiologisch abbaubaren Kohlenhydrate Cellulose und Hemicellulosen durch die von den meisten Mikroorganismen nicht überwindbare Ligninbarriere (siehe Abb. 26, 30). Ausschließlich die holzabbauenden Pilze können Holz ohne jegliche Vorbehandlung umsetzen; hiervon sind besonders die auch das Lignin abbauenden Weißfäulepilze bzw. ihre ligninolytischen Enzyme für Umsetzungen geeignet.

Alle anderen Mikroorganismen sowie die große Mehrheit von isolierten Enzymen benötigen zunächst eine Vorbehandlung des Holzes, welche die chemisch/physikalische Bindung der Kohlenhydrate mit dem Lignin lockert, bzw. den Ligningehalt reduziert oder das Substrat zugänglicher macht (Porenraum-, Oberflächenvergrößerung). Die verschiedenen Möglichkeiten einer Vorbehandlung (u. a. Wood 1985b) lassen sich gliedern in chemische Verfahren (Holzverzuckerung, Zellstoffproduktion) und physikalische Methoden (Dampf-Druck-Aufschluß).

9.1 Mikrobiologische Umsetzung von Lignocellulosen ohne Vorbehandlung

9.1.1 Speisepilzzucht

Weltweit werden etwa 2 Mio. Tonnen Speisepilze (Frischgewicht) pro Jahr auf Stroh und Holz produziert, so daß der Pilzanbau die ökonomisch bedeutendste mikrobiologisch/enzymatische Umsetzung von Lignocellulosen darstellt (Chang und Hayes 1978, Wood 1985b, Grabbe und Hilber 1989).

Tabelle 35. Erschwernisse für eine biologische Umsetzung von Lignocellulosen

Resistenz des Lignins gegenüber den meisten Mikroorganismen
Inkrustierung der Kohlenhydrate durch Lignin
stellenweise Kristallinität der Cellulose
geringe Porengröße für Enzyme in der Zellwand
geringe Substratoberfläche für Enzymaktivität
Polymerisation der Hauptkomponenten

Abb. 57. Shii-take-Fruchtkörper auf Rundhölzern und Schüttsubstraten

Ohne Kenntnis der biologischen Hintergründe wurde bereits vor etwa 2000 Jahren in Asien der Shii-take [*Lentinula* (*Lentinus*) *edodes*] auf Holz angebaut (nachfolgende Ausführungen überwiegend aus Schmidt 1990; Abb. 57). Für den Anbau dieses vorzüglichen Speisepilzes wurden zunächst Holzabschnitte, meist Astholz von Eichen (besonders *Quercus serrata*), Buchen oder Kastanien, zur Pilzinfektion dem natürlichen Sporenanflug ausgesetzt und dann zur Fruchtkörperbildung im Walde belassen.

Seit etwa 300 Jahren wird der Shii-take im Extensivanbau von Bauern zumeist als Nebenerwerb für den Verkauf auf örtlichen Märkten kultiviert, wobei die Hölzer angebohrt und die Löcher mit Pilzmycel infiziert werden. Für das Durchwachsen des Mycels durch das Holz werden die Hölzer zunächst in Mieten im Wald oder in Gewächshäusern gelagert und dann zur Fruchtkörperbildung und Ernte für etwa 6 Jahre einzeln im Freiland oder in Gewächshäusern (Abb. 57) aufgestellt.

Seit etwa 1974 wird der Shii-take im Intensivanbau auf Schüttsubstraten (Abb. 57) unter kontrollierten Bedingungen (definierte Substratzusammensetzung, Temperatur, relative Luftfeuchtigkeit, Holzfeuchtigkeit, Belichtung) kommerziell angebaut. Hierzu wird Sägemehl, z. B. Eiche oder Buche, mit Zuschlagstoffen (Kleie, Schrot) aufgewertet und mit ausgewählten Kulturstämmen beimpft. Nach kurzer Durchwachsphase, häufig in Plastiksäcken, werden in etwa 1 Jahr mehrere Ernten möglich. Die Erträge liegen bei 70 bis 100% (Frischgewicht Pilz/Trockenmasse Holz = Biologische Effizienz, Müller und Schmidt 1990). Bei lediglich einem Kulturzyklus (10 bis 12 Wochen Dauer) sollten die Erträge 12 bis 16% des Substrates betragen (Lemke 1992). In Taiwan wurden z. B. 1985 in 516 Betrieben etwa 24000 t Frischpilze auf Schüttsubstraten und eine ähnliche Menge, jedoch von über 5000 Anbauern, auf Holzstämmen erzeugt.

Im Jahre 1987 wurden weltweit insgesamt etwa 376500 t Shii-take-Frischpilze geerntet, und für 1990 belaufen sich die Schätzungen auf 390000 bis 450000 t (Lemke 1992, E. Schmidt 1993). Der Shii-take war lange der zweithäufigste Speisepilz nach dem auf kompostiertem Stroh angebauten Kulturchampignon (*Agaricus bisporus* u. a.) mit 1990 ca. 2 Mio. t; er wurde jedoch durch die Produktionssteigerung der auf Holz oder Stroh wachsenden Seitlinge (*Pleurotus* spp., s. u.) von 169000 t (1986) auf 909000 t (1989/90), besonders in China (800000 t: E. Schmidt 1993), auf den dritten Rang verdrängt. Derzeit erfolgt der Shii-take-Anbau in etwa 230000 Betrieben besonders in China (1990: 210000 t), Japan (191000 t), Taiwan (23400 t) und Korea (15300 t); weitere 4500 t wurden in der EG, den USA, in Kanada und auf den Philippinen erzeugt (Lemke 1992, E. Schmidt 1993). Ein Großteil des japanischen Shii-take geht als Trockenware in den Export, hauptsächlich nach Hongkong, Taiwan, Singapur, in die USA, nach Kanada und Australien. In Hamburg kosten 100 g Trockenware etwa 25 DM. Seit einigen Jahren wird der Shii-take auch außerhalb Asiens angebaut, überwiegend auf Astabschnitten meist von Hobbyzüchtern, aber auch kommerziell. Der hiesige regional- und saisonabhängige Marktpreis von 20 bis 85 DM pro kg Frischware ist für eine breite Käuferschicht jedoch zu hoch. Daher wird in zahlreichen europäischen und nordamerikanischen Forschungsinstituten über die biologischen Grundlagen (Zadražil und Grabbe 1983, Schmidt und Kebernik 1987) eines Anbaues auf Schüttsubstraten unter heimischen Bedingungen gearbeitet. Wegen der Langsamwüchsigkeit wird das zerkleinerte Holzmaterial leicht von Fremdpilzen (*Trichoderma viride*) besiedelt, und es kommt zu Ausfällen. Daher wird meist empfohlen, die Druchwachsphase des zuvor in Plastiksäcken autoklavierten Holzes unter Reinkulturbedingungen durchzuführen (Schmidt und Kebernik 1986), wobei das kostenintensive Autoklavieren jedoch die Wirtschaftlichkeit in Frage stellt. Verschiedene Betriebe haben dennoch mit dem kommerziellen Anbau auf Schüttsubstraten begonnen. Es wird mit sterilisierten oder lediglich pasteurisierten (60 bis 75 °C) Substraten gearbeitet. In einigen Ländern wird Verschimmeln von nicht autoklavierten Substraten durch Hemmstoffe wie Benomyl verhindert. Als wirtschaftliches Minimum für einen Betrieb wurden 20 bis 40 t jährliche Erzeugung bei einem Verkaufspreis von ca. 12 bis 15 DM genannt

(Lemke 1992). In Deutschland gibt es drei bis vier Betriebe, die nennenswerte Mengen Shii-take auf Schüttsubstraten produzieren, zusammen jährlich jedoch nur etwa 150 t (E. Schmidt 1991); insgesamt dürften 1991 ca. 300 t Shiitake produziert worden sein (Behr 1992). Für 1990 wurde die europäische Shiitake-Erzeugung auf 1600 t geschätzt: Niederlande: 500 t, Frankreich: 350 t, Deutschland: 250 t, Belgien: 200 t, Schweiz: 150 t, Italien, Spanien und Osteuropa: 150 t (Lemke 1992). Bei einer Variante des Anbaues auf Schüttsubstraten werden lediglich Substratherstellung, Sterilisation, Beimpfung und Durchwachsphase vorgenommen und die bewachsenen Substrate verkauft (Götz 1993).

Neben dem Shii-take werden auf Holz und Stroh verschiedene Seitlinge (*Pleurotus* spp.), der Winterpilz (*Flammulina velutipes*), der Reisstrohpilz (*Volvariella volvacea*) u. a. angebaut. In Europa, besonders in Italien (1987: 8000 bis 10000 t) und Ungarn (3000 t), wird häufig der Austernseitling (*Pleurotus ostreatus*) auf Stroh, Rundholzabschnitten oder Spänen von Hobbyzüchtern sowie kommerziell kultiviert (Lelley 1991, Kalberer 1992); ein großer Produzent in Deutschland erzeugte etwa 1000 t pro Jahr (Behr 1992), hat jedoch die Produktion eingestellt. Der Großmarktpreis betrug im Herbst 1992 10 bis 12 DM pro kg Frischpilze.

Hinsichtlich des Nährwertes von Pilzen ist zu bedenken, daß frische Fruchtkörper überwiegend Wasser und je nach Pilzart und Wuchsbedingungen lediglich etwa 8 bis 12% Trockenmasse enthalten. Diese besteht aus etwa 30% Kohlenhydraten, 20% Eiweiß, 20 % Ballaststoffen, 3% Fetten sowie verschiedenen Mineralien (K, P, Mg, Ca, Na, Fe) und Vitaminen (B_1, B_2, Nicotinamid, C, E) und liegt damit im Bereich verschiedener Gemüse, jedoch mit besserer biologischer Wertigkeit des Proteins (Bötticher 1974), so daß die überwiegende Bedeutung der Pilze als Nahrungsmittel eher in ihrem Geschmack und Aroma liegt. In Asien werden dem Shii-take antitumorale, antivirale (HIV: Kajihara et al. 1993) und cholesterinsenkende Wirkung nachgesagt (Mori und Takehara 1989, Yang und Jong 1989, Mori et al. 1989).

In Hinblick auf erhöhte Schwermetallgehalte und Strahlungsbelastung (Zadražil 1992), wie bei einigen Waldpilzen, gelten unter Dach gezüchtete Kulturpilze als unbedenklich.

9.1.2 Palo podrido

In den Regenwäldern Südchiles fand Philippi (1893) im Kern absterbender und gefallener Laubbäume (u. a. *Eucryphia cordifolia*, *Nothofagus* spp.) ein weißes, schwammig-nasses Gewebe (Abb. 58). Dieses als palo podrido (faules Holz, „huempe") bezeichnete Holz war durch einen langjährigen Fäulnisprozeß unter natürlichen Bedingungen in dem feuchten Waldklima entstanden und wurde früher an Vieh verfüttert. Hierbei handelt es sich um ein weißfaules Holz mit selektivem Ligninabbau durch *Ganoderma australe* (Martínez et al. 1991 a, b, Barrasa et al. 1992, Bechtold et al. 1993) und andere Basidiomyceten, vergesellschaftet mit Hefen und Bakterien (González et al. 1986).

Abb. 58. Palo podrido. (Aufnahmen J. Grinbergs)

Aufgrund des pilzlichen Ligninabbaues im Bereich von Mittellamelle/Primärwand wird das Holzgewebe aufgelockert und für Kühe freßbar. Durch die Verringerung des Ligningehaltes insgesamt, von z. B. 22% bei gesundem *Nothofagus*-Holz auf etwa 6% bei der entsprechenden palo podrido-Probe (Dill und Kraepelin 1986), können die nunmehr enzymatisch zugänglichen Kohlenhydrate von den anaeroben Pansenbakterien zu Fettsäuren (Essig-, Propion-, Buttersäure) abgebaut werden, welche die Kuh neben der Zellsubstanz der abgestorbenen Bakterien (Schlegel 1992) letztlich zu Fleisch und Milch umsetzt.

Unter Mykofutter werden Lignocellulosen verstanden, die gezielt mit Pilzen beimpft und inkubiert werden, um die Kohlenhydrate für Wiederkäuer zugänglich zu machen und dadurch die Verdaulichkeit des Substrates zu erhöhen (Zadražil 1985). Eine zweimonatige Behandlung von Stroh mit *Lentinula edodes* steigerte die Verdaulichkeit um 28% (Zadražil und Brunnert 1980). Die gewachsenen Pilzfruchtkörper können zudem als Speisepilze verwendet werden.

9.1.3 Myko-Holz

In Deutschland begann J. Liese um 1930 in Eberswalde mit dem Anbau von Speisepilzen auf Holz (*Flammulina velutipes, Kuehneromyces mutabilis, Lentinula edodes* und *Pleurotus ostreatus*), später mit der Zielsetzung, die Ernährungslage der Bevölkerung durch Speisepilzzucht zu verbessern (Liese (1934).

Wegen des Importstopps von Zedernholz aus Übersee nach Kriegsende in die damalige DDR hat Luthardt über Einsatzmöglichkeiten des nach dem Pilzanbau verbleibenden Restholzes für Bleistifte und andere formstabile Produkte gearbeitet. Im Jahre 1956 ließ sich Luthardt für die DDR und 1957 in Lizenz für die BRD ein Verfahren zur Herstellung von Myko-Holz patentieren: „Myko-Holz ist ein durch gesteuerte Einwirkung gewisser holzbewohnender Pilze aufgelockertes Holz, das seine technologischen Eigenschaften weitgehend verändert hat bzw. durch den gesteuerten pilzlichen Abbau bestimmte technische Daten erlangen kann" (Luthardt 1969). In ehemaligen Bunkern wurden bis 1000 fm 50-cm-Stammabschnitte von Buche auf den Hirnflächen mit im Labor hergestellten Impfpasten von *Pleurotus ostreatus* oder *Trametes versicolor* bestrichen und in dem gleichmäßigen Klima für bestimmte Zeiten inkubiert. Durch die gesteuerte Weißfäule entstand ein weißer, poröser und spannungsfreier Rohstoff mit verbesserter Schnitz- und Spitzbarkeit und rascherer Wasseraufnahme und -abgabe für spannungsfreie und formkonstante Produkte wie Bleistifte, Lineale und Reißbretter sowie für Holzformen in der Glasindustrie. Mit einer Holzform aus Myko-Holz konnten aufgrund des Wasserdampfmantels zwischen Holz und Glas 12000 Kelchoberteile geformt werden, statt bisher 800 bei normalem Holz (Luthardt 1963). Nach z. B. 3 Monaten Pilzeinwirkung war das Holz bei 30% Masseverlust in Faserrichtung völlig vom Mycel durchwachsen und nun besonders für Lineale geeignet. Insgesamt wurden in der DDR von 1958 bis 1965 etwa 55 Mio. Bleistifte aus Myko-Holz hergestellt. Gleichsinnige Versuche erfolgten auch an Tropenhölzern (Eusebio und Quimio 1975, Arenes et al. 1978) und Bambus (Liese, persönl. Mitteilung).

9.1.4 Rindenverwertung

Der Rindenanteil beträgt z. B. bei einem Fichtenstamm durchschnittlich 10% (Zöttl 1989). Aus Gründen der Rationalisierung ging die deutsche Forstwirtschaft Ende der 60er Jahre dazu über, einen Großteil Holz unentrindet zu vermarkten.

Bei etwa 100 Werksentrindern der Säge-, Holz- und Zellstoffindustrie fallen jährlich ca. 4 bis 5 Mio. m³ Rinde an (Gaebeler 1980), die aufgrund steigender Deponiekosten sowie wegen der hiesigen Unwirtschaftlichkeit des Trocknens nasser Rinde im Freien für eine Verbrennung zu Entsorgungsproblemen geführt haben. Daher wurden Verfahren einer biologischen Verwertung von Rinde zur Bodenverbesserung erarbeitet (auch Wilhelm 1976). In der Bundesrepublik sind etwa 30 rindenverwertende Betriebe tätig, die jährlich ca. 2 Mio. m³ Produkte absetzen (Torfverbrauch: 10 bis 12 Mio. m³!). Es werden verschiedene Produktgruppen unterschieden.

Rindenmulch wird zur Bodenabdeckung (Minderung von Unkrautwuchs, Verbesserung des Wasserhaushaltes) in Grünanlagen und im Landschaftsbau eingesetzt. Hierzu wird die Rinde lediglich zerkleinert; Mikroorganismen spielen erst später bei der Zersetzung des Mulches im Boden eine Rolle.

Zur Gewinnung von Rindenhumus wird zerkleinerte Rinde in längerer Lagerung unter gesteuerten Bedingungen (Feuchtigkeit, Temperatur, Nährstoffe) einem Rotteprozeß unterworfen, bei dem es durch mikrobielle (überwiegend Bakterien) und biochemische Vorgänge zu einer Fermentierung kommt und die wachstumshemmenden, phenolischen Inhaltsstoffe abgebaut werden. Nach einer zunächst mehrmonatigen Vorrotte in großen Haufen wird die Rohrinde von Fremdmaterial (Metall durch Magnete, Grobholz und Steine durch Siebe) gereinigt und meist in Hammermühlen zerkleinert (2 bis 20 mm), um die Substratoberfläche für die Mikroorganismen zu vergrößern. Wegen des geringen Stickstoffgehaltes (bei Fichte nur 5 mg N/g Trockenmasse Rinde) wird Harnstoff zugesetzt. Die Fermentation verläuft in der Regel als Freilandrotte in Mieten von etwa 3 m Höhe und dauert ungefähr 6 Monate, wobei für ausreichende mikrobielle Sauerstoffversorgung in Abständen von 4 bis 6 Wochen umgeschichtet wird. Besonders zu Beginn erhöht sich die Temperatur auf etwa 60 °C, so daß Schädlinge und Samen abgetötet werden. Durch die Fermentation entsteht, nach Einarbeiten in den Oberboden, ein wertvoller Bodenhilfsstoff zur Strukturverbesserung mit Langzeitwirkung (Speicherung von Wasser, Nährstoffen, Luft und Wärme), der im gewerblichen Gemüseanbau, bei der Zierpflanzenkultur und in Baumschulen Anwendung findet.

Rindenkultursubstrate als Blumenerde für Topfblumen und ähnliches werden aus Rindenhumus hergestellt, dem Ton oder Torf und z. T. auch weitere Nährstoffe zugefügt werden.

Als weitere Produktgruppe ist Rindenerde hinzugekommen (Gaebeler 1993).

Produkte von Mitgliedsfirmen der Gütegemeinschaft „Rinde für Pflanzenbau" (1981) tragen das RAL-Gütezeichen (Zöttl 1989).

9.1.5 Biologische Zellstoffherstellung

Mechanische und chemische Zellstoffverfahren sind energieaufwendige Prozesse. Ende der 60er Jahre begann Eriksson in Stockholm mit Versuchen, den Ligningehalt im Holz durch Behandlung der Hackschnitzel mit Weißfäulepilzen zu vermindern (biopulping, biomechanical pulping; Eriksson 1990, Eriksson et al. 1990).

Da Weißfäulepilze, auch bei selektivem Ligninabbau, früher oder später die Kohlenhydrate abbauen würden, wurde der Celluloseabbau zunächst durch Tränken der Hackschnitzel versuchsweise mit einer 1%igen Glucoselösung repremiert. Zwar ergab die Pilzeinwirkung eine Energieeinsparnis, jedoch verminderten Weißgrad des Papiers. Daher wurden Konidien mit UV-Licht bestrahlt, um Mutanten zu erhalten, die die Fähigkeit zum Celluloseabbau verloren haben. Im Labor bewirkten diese Cel⁻-Mutanten eine geringe Energieeinsparung beim nachfolgenden mechanischen Aufschluß, jedoch auch Festigkeitsminderung. Entsprechende Cel⁻-Mutanten von *Sporotrichum pulverulentum* (Hauptfruchtform: *Phanerochaete chrysosporium*) führten zu 23% Einsparung, aber nur nach Glucosezugabe. Erst 1985 wurden zur Stammverbesserung Kreuzungen unter Einbeziehung von Basidiosporen aus der Hauptfruchtform durchgeführt. Hierzu wurden Cel⁻-Mutanten mit Monokaryonten aus Basidiosporen von Wildstämmen mit großer ligninolytischer Aktivität zu Dikaryonten gekreuzt (Johnsrud 1988). Einige der erhaltenen Stämme ergaben 1% Alkali-Ersparnis und einen besseren Weißgrad bei der Sulfatkochung von Birkenholz (Eriksson und Johnsrud 1986). Bei derartig geringen Erfolgen machen die Extrakosten der Pilzbehandlung ein Biopulping von Holz unwirtschaftlich. Dagegen sollen Einjahrespflanzen, wie Bagasse und Weizenstroh, für eine Pilzvorbehandlung besser geeignet sein als Holz (Eriksson 1990).

Ebenfalls Ende der 60er Jahre begann Kirk in Madison mit Grundlagenuntersuchungen an *Phanerochaete chrysosporium* über den enzymatischen Ligninabbau (Tien und Kirk 1983). Seit etwa 1989 wird über die biologische Zellstoffgewinnung auch in den USA gearbeitet (Sachs et al. 1989, Blanchette et al. 1992b, Kirk et al. 1992, 1993, Akhtar et al. 1993). Die Energieersparnis für mechanischen Zellstoff erreichte 50%, jedoch wurde die 4wöchige Pilzvorbehandlung als unwirtschaftlich eingestuft. Zahlreiche Weißfäulepilze wurden auf ihre Eignung zum Ligninabbau aus Sulfit-Holzschliff untersucht (Job-Cei et al. 1991). Bei Sulfatzellstoff wurden 3 bis 5% höhere Ausbeuten erreicht (Oriaran et al. 1991, auch Puls und Stork 1993).

9.2 Umsetzung nach Vorbehandlung

Die Wirtschaftlichkeit verschiedener Verfahren zur biotechnologischen Nutzung von Lignocellulosen wird von mehreren Faktoren bestimmt (Tabelle 36). Zwei Verfahren werden kommerziell durchgeführt.

Tabelle 36. Kriterien für die Wirtschaftlichkeit biotechnologischer Verfahren mit Ligno-cellulosen

---

Preis des Konkurrenzproduktes
  Der derzeitige Erdölpreis favorisiert die Herstellung von Petrochemikalien.
Preis des Ausgangsstoffes
  Ein zur Entsorgung anstehendes Abfallprodukt aus einem anderen Prozeß, wie Sulfit-ablauge, ist günstiger als der land- oder forstwirtschaftliche Anbau des Ausgangsstoffes.
Aufschlußmöglichkeit des Materials
  Die Gewinnung von Ethanol aus Zuckerrüben durch Gärung ist einfacher als aus Glucose
  nach saurer Hydrolyse von Holz.
regional und politisch unterschiedliche Gegebenheiten
  Die Gewinnung von Ethanol aus Zuckerrohr ist für Länder wie Brasilien interessant, die
  weder über Erdöl noch Kohle verfügen, dafür aber über große Territorien im Verhältnis
  zur Bevölkerungszahl.

9.2.1 Holzverzuckerung

Bei der sauren Holzhydrolyse werden die Kohlenhydrate des Holzes mittels Säure in Monosaccharide umgewandelt. Die Holzhydrolyse ist seit etwa 160 Jahren bekannt, wurde während des 1. Weltkrieges in den USA und während des 2. Weltkrieges in Deutschland und in der Schweiz praktiziert. In großem Umfang wurde sie in der Sowjetunion durchgeführt, wo um 1983 etwa 10 Mio. m^3 Holz durch saure Hydrolyse mit bis zu 48 % der möglichen Zuckerausbeu-te (etwa 70 %) verzuckert wurden (Wienhaus und Fischer 1983).

Hauptprodukt ist Glucose, die für die Mehrheit der Organismen den Universalzucker darstellt. Glucose kann mittels Hefen [*Torula (Candida) utilis*] aerob zu Futterhefe oder für die menschliche Ernährung verheft (single cell protein, SCP) und anaerob zu Ethanol als Industrie-Rohstoff oder Benziner-satz vergoren werden. Pilze sowie aerobe und anaerobe Bakterien setzen Glu-cose bzw. zuckerhaltige Rückstände wie Melasse in großtechnischem Maßstab unter anderem zu Aminosäuren, Antibiotika, Enzymen, organischen Säuren, Lösemitteln und Vitaminen um (Rehm 1980, Meussdoerffer und Hirsinger 1991).

9.2.2 Verhefen von Sulfitablaugen

Die Sulfitablaugen der Zellstoffindustrie enthalten etwa 50 % des eingesetzten Holzes in Form von Ligninsulfonsäuren und einfachen Zuckern aus den Hemi-cellulosen. Seit Beginn dieses Jahrhunderts werden die Hexosen der Nadel-holzablaugen mittels Hefen zu Gärungsalkohol umgesetzt und die Pentosen der Laubholzablaugen zu Futterhefe verheft, wobei mit Beginn der 70er Jahre weiterhin Gesichtspunkte der Umweltbelastung durch die kohlenhydrathalti-gen Ablaugen ausschlaggebend waren. Beispielsweise erzeugte ein Zellstoff-werk in der Schweiz 1980 in zwei Tanks (320 m³) anaerob 82 000 hl Alkohol und aerob 7000 t Futter- und Nährhefe. In Schweden produzierten 1945 insgesamt 33 Anlagen etwa 1,2 Mio. hl Gärungsalkohol (Herrick und Hergert 1977).

Seit 1975 werden beim finnischen Pekilo-Prozeß die Zucker (95% Abbau) in Sulfitablaugen mit *Paecilomyces variotii* zu Mycel für Viehfutter umgesetzt (Forss et al. 1986).

9.3 Biotechnologische Verfahren in der Entwicklungsphase

Aufgrund der Begrenztheit der fossilen Ressourcen sowie wegen des zunehmenden Umweltbewußtseins befinden sich zahlreiche weitere Verfahren zur biotechnologischen Verwertung von Lignocellulosen in der Entwicklungsphase oder bereits in Erprobung in Pilotanlagen. Nachfolgend werden einige Beispiele angeführt (auch Eriksson et al. 1990, Little 1991, Dart und Betts 1991).

Beim Dampf-Druck-Extraktionsverfahren wird zerkleinertes Holz in wäßriger oder alkalischer Lösung einige Minuten bei 185 bis 190 °C (entsprechend 1100 bis 1200 kPa Druck) behandelt, defibriert und mit Wasser oder verdünnter Natronlauge gewaschen und dadurch in eine Feststoffkomponente aus Lignin und Cellulose und in eine flüssige Phase aus Hemicellulosen getrennt (Dietrichs et al. 1978). Die nun freiliegende Cellulose kann enzymatisch zu Glucose verzuckert oder nach Verfüttern von den Pansenbakterien verwertet werden. Die *in vivo*-Verdaulichkeit im Rinderpansen von unbehandeltem Holzmehl verschiedener Holzarten erhöhte sich durch die Dampf-Druckbehandlung von etwa 5% bei der Kontrolle auf 37% (Kaufmann et al. 1978) bis 80% (Puls et al. 1983). Die Hemicellulosen können als Substrate für chemische, biochemische oder mikrobielle Prozesse verwendet werden. Beispielsweise bildete *Paecilomyces variotii* mit den Hemicellulosen als Nährstoff Mycel und Enzyme (Schmidt et al. 1979). Das extrahierte Lignin kann als Chemierohstoff dienen (Puls et al. 1983).

Rindenextrakte von Wattle (*Acacia mearnsii*) und Holzextrakte von Quebracho (*Schinopsis* spp.) sind reich an Tanninen, die seit langem zur Ledergerbung und zur Herstellung von Leimharzen für Verklebungen verwendet werden; 1950 wurden weltweit etwa 300000 t Tanninextrakt gewonnen (Herrick und Hergert 1977). Der Rindenheißwasserextrakt von Fichte besteht jedoch nur etwa zur Hälfte aus Tanninen; aufgrund des hohen Kohlenhydratgehaltes ergaben sich keine brauchbaren Klebstoffe. *Paecilomyces variotii* baute in Rindenextrakten von Fichte und Lärche die unerwünschten Kohlenhydrate weitgehend ab, so daß die Tannine von pilzbehandelten Proben versuchsweise für Leimharze eingesetzt wurden (Schmidt et al. 1984, Schmidt und Weißmann 1986, auch Wagenführ 1989).

Die Bindefestigkeit von Pappe wurde durch Behandlung (Zutropfverfahren) von Holzfasern mit der Laccase von *Trametes versicolor* (und niedermolekularen Phenolen) erhöht (Yamaguchi et al. 1992).

Lignin-Peroxidase wurde versuchsweise zur enzymatischen Bleiche von Sulfitzellstoff („bio-bleaching") eingesetzt (Srebotnik und Messner 1990b). Cellulasefreie Xylanase lockerte die Bindungen zwischen Hemicellulosen, Lignin und Cellulose bei Sulfatzellstoff, so daß Lignin in der nachfolgenden Bleichstufe trotz geringeren Chloreinsatzes leichter entfernt werden konnte (S. Schmidt 1992, auch Puls und Stork 1993, Kantelinen et al. 1993).

Phanerochaete chrysosporium, Trametes versicolor und andere Pilze sowie isolierte Lignin-Peroxidase wurden auf ihre Eignung zum Abbau von Chlorligninen in Bleichwässern untersucht (Eriksson et al. 1990, Archibald 1992, Lamar 1992, Wang et al. 1992). *Phanerochaete chrysosporium* setzte in 2 Monaten Kultivierung etwa 40% CO_2 aus einem ^{14}C-Chlorlignin frei (Eriksson und Kolar 1985).

Persistente Umweltgifte, wie DDT, wurden im Laborversuch zumindest teilweise von *P. chrysosporium* (Eriksson 1990) und Dibenzo-*p*-dioxin (Fortnagel et al. 1989, Harms et al. 1990, Wittich et al. 1992) sowie Pentachlorphenol (Golovleva et al. 1992) von Bakterien angegriffen. Die Literatur zum mikrobiellen Abbau halogenierter organischer Verbindungen ist bei Engesser und Fischer (1991) zusammengestellt.

Mit verschiedenen Giftstoffen belastete Böden wurden durch schichtenweises Mischen mit pilzinfiziertem Stroh durch *Pleurotus ostreatus* teilweise entgiftet (Loske et al. 1990).

Ein dringendes und bisher unzureichend gelöstes Problem ist die Entsorgung holzschutzmittelbehandelter Althölzer. Hierfür kommen Recycling durch Wiedergewinnung der eingesetzten Wirkstoffe, Reststoffverwertung in Form von Mehrfachverwendung, Deponie und Verbrennen in Frage (Marutzky 1990, Willeitner 1990). Im Hinblick auf eine biologische Entsorgung brachte *Antrodia vaillantii* Chrom und Arsen aus salzimprägniertem Holz durch die Oxalsäureausscheidung in Lösung (bio-leaching) (Göttsche und Borck 1990, Stephan und Peek 1992, Göttsche et al. 1992). Weltweit betrug 1957 der Bestand an mit Steinkohlenteeröl imprägnierten Bahnschwellen etwa 2 Milliarden (Schulz 1983), und in Deutschland fallen derzeit jährlich etwa 38 000 t Bundesbahn-Altschwellen an, die entsorgt werden müssen. Wuchsversuche mit einigen Bakterien und Pilzen in Nährmedien mit Steinkohlenteeröl, die jedoch wegen der Vielzahl von toxischen Stoffen in dem Gemisch Teeröl nicht zu einem Abbau geführt haben, sind bei Schmidt et al. (1991) beschrieben (auch Schocken und Gibson 1984, Bumpus 1989, Petrowitz 1993). Verschiedene OrganojodPräparate wurden von *Serpula lacrymans* und *Trametes versicolor* teilweise abgebaut (Lee et al. 1992 a, b).

Biofilter in Form von Röhren, die mit *Pleurotus ostreatus*-bewachsenem Stroh gefüllt waren, filterten das die Umwelt belastende Ammoniak aus der Abluft von Viehställen (Majcherczyk et al. 1990).

Glossar

Agar(-Agar) Polysaccharid aus Rotalgen als Gelierungsmittel für Nährböden in der Mikrobiologie

amyloid Hyphenwände und Sporen, die sich mit Melzer's-Jodreagenz blau bis blaugrau verfärben

Anamorph ungeschlechtliches Konidienstadium eines Asco- bzw. Basidiomyceten mit eigenem Namen, Nebenfrucht(form)

Antagonismus hemmende Beeinflussung zwischen Organismen

Antheridium männliches Gametangium der Ascomyceten

Apothecium schalenförmiger, offener Fruchtkörper der Ascomyceten

Appressorium spezialisierte Hyphe für den mechanischen Halt an einem Substrat

Arthrospore, Oidie asexuelle, durch Fragmentation mit Mitosen innerhalb von Hyphen entstandene Spore

Ascocarp, Ascoma Fruchtkörper der Ascomyceten

ascogene Hyphe dikaryotische Hyphe mit Hakenbildung am Ascogon von Ascomyceten

Ascogon weibliches Gametangium der Ascomyceten mit Trichogyne

Ascomyceten innerhalb der höheren Pilze die Gruppe der Schlauchpilze mit ca. 45000 Arten

Ascospore geschlechtlich gebildete Spore der Ascomyceten

Ascus Sporangium der Ascomyceten mit meist 8 Ascosporen nach Karyogamie und Meiose

Autotrophie Fähigkeit der grünen Pflanzen, durch Photosynthese aus CO_2 und H_2O organische Moleküle und Sauerstoff zu bilden

Bakterien Prokaryonten von Kugel- oder Stäbchenform, z.T. mit Endosporen, aerob und anaerob, etwa 0,5 bis 5 µm Größe, Actinomyceten mit pilzähnlichem Wuchs

Ballistospore aktiv von der Basidie abgesprengte Spore der Hymenomyceten

Basidie ständerförmiges Sporangium der Basidiomyceten mit meist 4 Basidiosporen in Sterigmen nach Karyogamie und Meiose

Basidiocarp, Basidioma Fruchtkörper der Basidiomyceten

Basidiomyceten innerhalb der höheren Pilze Gruppe der Ständerpilze mit ca. 30000 Arten

Basidiospore geschlechtlich gebildete Spore der Basidiomyceten

Bavendamm-Test Labormethode zur Unterscheidung von Braun- und Weißfäulepilzen auf Agar, indem nur Weißfäuleerreger Ligninmodellsubstan-
zen (Tannin) mittels Laccase oxidativ braun verfärben

Bläue bläulich bis blauschwarze Verfärbung (Farbfehler) in Laub- und Nadelholz durch braune Hyphen der Bläuepilze

Bläuepilze Ascomyceten und/oder Deuteromyceten; Ernährung von Zellinhaltsstoffen (Parenchym) im Splint, keine wesentliche Holzschädigung,
aber Farbfehler

Braunfäule Holzfäule durch Braunfäulepilze im Splint und Kern von Nadel-
und Laubholz lebender Bäume, lagerndem und verbautem Holz

Braunfäulepilz saprophytischer oder parasitischer Basidiomycet im Zellumen
wachsend mit Cellulose- und Hemicelluloseabbau

Braunlochfäule lokalisierte Braunfäulebereiche umgeben von nicht abgebautem Holz

Cellulasen Komplex extracellulärer Endo- und Exoenzyme zum Abbau von
Cellulose zu Oligomeren und Cellobiose

Cellulose lineares Kohlenhydrat (Polysaccharid) aus β-1,4-glykosidisch verknüpften Glucose-Bausteinen, kristallin und amorph, etwa 45% der Holz-
zellwandtrockenmasse

Chitin polymerer Zellwandbaustein von Asco- und Basidiomyceten aus β-1,4-
glykosidisch verknüpften N-Acetylglucosamin-Bausteinen

Chlamydospore braune, dickwandige (innere zweite Wand), vegetative Dauer-
spore u. a. bei Bläuepilzen

coenocytisch vielkernige Hyphe

cyanophil Sporen oder Hyphen, die sich mit Baumwollblau-Lactophenol blau
färben

Demarkationslinie, Zonenlinie dünne braunschwarze Streifen im Laubholz
durch pilzliche Stoffwechsel- oder Holzabbauprodukte bei Weißfäulepilzen, häufig als Begrenzung lokalisierter Befallszonen

Deuteromyceten, Fungi imperfecti, Schimmelpilze Pilzgruppe mit etwa 30000
Arten innerhalb der höheren Pilze, bei der entweder nur asexuelle Vermehrung (imperfekt) durch Konidien erfolgt, oder Konidien entstehen zusätzlich (dann Nebenfruchtform) zur sexuellen Vermehrung (Hauptfruchtform)

dextrinoid Sporen- und Hyphenwände, die sich mit Melzer's Jodreagenz rot
bis rotbraun verfärben

Dikaryont, dikaryotisches Mycel, Dikaryophase, Zweikernphase, n+n spezielle Wuchsform von Asco- und Basidiomyceten; geschlechtlich verschiedene Hyphen verschmelzen; da keine Karyogamie erfolgt, enthält jede Hyphe
2 Kerne; bei Ascomyceten Dikaryont mit Hakenbildung nur kurzlebig im
Fruchtkörper vor der Ascusbildung, bei Basidiomyceten langlebiges Mycel
(konjugierte Teilungen, Schnallenmycel) mit Ernährungsfunktion

dimitisch Hyphensystem im Fruchtkörperfleisch aus generativen und Skelett-,
seltener Bindehyphen

diploid, diploide Kernphase, 2n Zellkern mit doppeltem Chromosomensatz
nach Karyogamie von 2 haploiden Kernen

Diplont Organismus, der außer in seinen Gameten, stets diploid ist

Dunkelfruchtkörper untypischer, häufig steriler Fruchtkörper, z. B. in Bergwerken

Ektoenzym vom Pilz ausgeschiedenes Enzym zur Zerlegung von Makromolekülen außerhalb der Pilzhyphe

Endoenzym innerhalb eines Makromoleküls angreifendes Enzym

Enzym Eiweißverbindung, die eine biochemische Reaktion einleitet, beschleunigt und lenkt

Eukaryont Organismus mit echtem Zellkern (meiste Algen, Pilze, Höhere Pflanzen)

Faserhyphe, Skeletthyphe dünne Hyphe mit dicker Zellwand und geringem Lumen in den Strängen von Hausfäulepilzen zur Festigung

Fruchtkörper Pilzorgan als Träger und Schutz der sexuellen Vermehrungseinheiten

Gamet geschlechtlich determinierter Zellkern im Gametangium der Ascomyceten

Gametangiogamie Sexualform der Ascomyceten, bei der Gametangien durch Plasmogamie miteinander verschmelzen

Gametangium Sexualorgan (Ascogon und Antheridium) der Ascomyceten mit Gameten

Gefäßhyphe, Schlauchhyphe dünnwandige, weitlumige Hyphe besonders in den Strängen der Hausfäulepilze zum Nährstoff- und Wassertransport

Glucan Makromolekül (Polymeres, Kohlenhydrat) aus Glucosebausteinen; z. B. Stärke, Cellulose

Grünfäule Grünfärbung von lagerndem Holz durch *Chlorociboria aeruginascens*

Hakenmycel kurzlebige dikaryotische Phase im Fruchtkörper von Ascomyceten nach Gametangiogamie mit konjugierten Teilungen; Hyphenspitze krümmt sich hakenförmig nach hinten, Kernpaar teilt sich gleichzeitig (konjugiert), oberes Kernpaar wird durch 2 Querwände sowohl von der Stielzelle (mit 1 Zellkern) als auch von der Hakenzelle (mit 1 Zellkern) abgetrennt, Haken fusioniert mit Stiel, Kern aus Haken wandert in Stiel (wieder n + n)

haploid, haploide Kernphase, n Zellkern mit 1 Chromosomensatz

Haplont haploider Organismus, dessen diploide Phase auf die Zygote beschränkt ist

Hauptfruchtform sexueller (perfekter) Entwicklungsabschnitt bei Ascomyceten und Basidiomyceten mit Karyogamie, Meiose und Ascosporenbildung; Teleomorph

Hausfäule Braunfäule innerhalb von Gebäuden durch Haus-, Keller-, Porenhausschwämme u. a.

Haustorium spezialisierte „Saughyphe" in einer Wirtszelle zur Entnahme von Nährstoffen oder Wasser

Hemicellulosen neben Cellulose und Pektin Kohlenhydrate (Polysaccharide) in der pflanzlichen Zellwand; besonders Xylane und Mannane

Heterotrophie Ernährungsform, bei der von anderen Organismen synthetisierte, organische Stoffe benötigt werden

Hitzestarre Mycel überlebt Temperaturen oberhalb des Wuchsmaximums

Hymenium Fruchtschicht im Fruchtkörper höherer Pilze aus Asci oder Basidien und sterilen Hyphen

Hymenophor röhrenförmiger, lamelliger o. ä. Träger des Hymeniums im Fruchtkörper von Basidiomyceten

Hyphe röhrenförmige Einzelzelle des Pilzmycels

Inkompatibilität Unverträglichkeit von Zellkernen durch Vorhandensein von gleichen Kreuzungsfaktoren

Innenbläue Bläue lediglich im Holzinneren infolge Austrocknens oder chemischen Holzschutzes im Außenbereich

Kältestarre Mycel überlebt Temperaturen unterhalb des Wuchsminimums

Karyogamie Verschmelzen von 2 haploiden Kernen zum diploiden Zygotenkern

Kaverne rautenähnliche Höhlung in der Sekundärwand durch Moderfäulepilze

Kernfäule Fäule im Kernholz meist noch lebender Bäume

Kernphase Zustand einer Zelle bezüglich der Anzahl ihrer Chromosomensätze; haploid, diploid, dikaryotisch

Kleistothecium auch im Reifezustand geschlossener (ohne spezielle Öffnung), kugelförmiger Fruchtkörper der Ascomyceten

Konidie, Konidiospore asexuelle Spore zur Vermehrung bei Deuteromyceten (sowie Ascomyceten und Basidiomyceten) durch Mitosen und Abschnüren von Zellen oder durch Fragmentation; häufig auf speziellem Konidienträger (Konidiophor)

Konidioma Fruktifikation der Deuteromyceten bzw. Anamorphen

konjugierte Teilung gleichzeitige Kern- und Zellteilung in dikaryotischen Hyphen bei Ascomyceten durch Haken- und bei Basidiomyceten durch Schnallenbildung

Koremium bündelartiger, oben baumförmig verzweigter Fruchtstand von Deuteromyceten und Anamorphen

Lagerfäule Fäule bei unsachgemäßer Lagerung

Lamelle blattartig, senkrecht stehende, radial orientierte, vom Hymenium bedeckte Leiste auf der Unterseite des Fruchtkörperhutes eines Lamellenpilzes

Lignin in der verholzten Zellwand in Vergesellschaftung mit Hemicellulosen und Cellulose; 20–30% der Holztrockenmasse; dreidimensionales Makromolekül aus p-Cumar-, Coniferyl- und Sinopinalkohol, häufig über C_β-04-Bindung miteinander verknüpft

Mannane überwiegende Hemicellulosen der Nadelhölzer, z. B. O-Acetylgalactoglucomannane, Abbau durch Mannanasen und β-Mannosidasen

Meiose Reduktionsteilung, Reifeteilung; nach der Karyogamie erfolgende Rückführung des diploiden Zustandes in vier haploide Tochterzellen durch zwei aufeinanderfolgende Kernteilungen mit Mischen des Erbmaterials

Meiosporangium Organ der Meiosporenbildung, Ascus bei Ascomyceten und Basidie bei Basidiomyceten

Meiospore bei Ascomyceten: Ascospore und bei Basidiomyceten: Basidiospore

Mitose asexuelle Kernteilung ohne Mischen des Erbmaterials

Mitosporangium Zelle von Ascomyceten und Deuteromyceten, in der asexuelle Sporen gebildet werden

Mitospore asexuell durch Mitose entstandene Spore, Konidie, Arthrospore

Moderfäule um 1950 entdeckte Fäule durch Asco- und Deuteromyceten mit kavernenförmigem Abbau von Cellulose und Hemicellulose in der Sekundärwand von Laub- und Nadelholz mit hohem Wassergehalt (Typ 1); auch Erosionen (Typ 2)

Monokaryont Mycel aus einkernigen Hyphen nach Keimung von Konidien, Asco- und Basidiosporen

monomitisch Hyphensystem im Fruchtkörperfleisch, das nur aus generativen Hyphen besteht

Mycel Gesamtheit der Hyphen eines Pilzes

Mycelia sterilia Pilze mit ausschließlich vegetativer Entwicklung

Mykofutter durch Pilzvorbehandlung für Futterzwecke besser verdauliches und mit Nährstoffen angereichertes Holz oder Stroh

Myko-Holz Laubholz mit durch gelenkte Weißfäule aufgelockerter Struktur für spezielle Verwendungen, wie Bleistifte, Lineale und Modellholz

Mykorrhiza Symbiose zwischen einem Pilz und der Wurzel einer höheren Pflanze

Nebenfruchtform zur Hauptfruchtform zusätzliche asexuelle (imperfekte) Vermehrung durch Konidien; Anamorph

Nekrophyt Organismus, der eine Wirtspflanze durch Toxine abtötet oder als Schwächeparasit befällt und dann saprophytisch abbaut

Nekrose absterbendes Gewebe in einer lebenden Pflanze

Oberflächenmycel Mycel auf der Oberfläche eines Substrates

Ökotyp umweltbedingte, erbliche Variante innerhalb einer Art

Parasit auf Kosten eines anderen Organismus lebend

Perithecium oben offener, rundlich-flaschenförmiger Fruchtkörper von Ascomyceten

Plasmogamie Verschmelzen von 2 Zellen

Plectenchym Scheingewebe aus dicht verflochtenen Hyphen

Pleomorphie Verschiedengestaltigkeit

Poren dicht stehende Röhren im Hymenium von Fruchtkörpern

Primordium noch nicht ausgereifter Fruchtkörper

Prokaryont Organismus ohne echten Zellkern; Bakterien, Blaualgen

Pyknidium Perithecium-ähnlicher Fruchtkörper der Deuteromyceten und Anamorphen

resupinat flach ausgebreiteter Fruchtkörper

Rhizomorphe gewebeähnlich differenzierter, braunschwarzer Mycelstrang besonders beim Hallimasch im Boden oder unter Rinde

Rotfäule Bezeichnung für Weißfäule im Kern lebender Nadelbäume, besonders durch den Wurzelschwamm, mit rötlicher Verfärbung

Rotstreife, Rotstreifigkeit von Hirn- und Mantelrissen sich ausbreitender rotbrauner Lagerschaden im Splint und Kern von Nadelholz durch Weißfäulepilze, wie *Stereum*-Arten

Saprophyt von totem, organischem Material lebender Organismus

Sarkophyt Erstbesiedler frisch abgestorbener Gewebe; den Befall von Saprophyten vorbereitend

Schlauchpilze Name für Ascomyceten wegen der Schlauchform des Ascus

Schleimfluß dickflüssiger, meist mit Bakterien und Pilzen infizierter Schleim aus Rinde oder Holz von Laubbäumen nach einem physiologischen Schaden

Schnallenmycel langlebige Dikaryophase der Basidiomyceten mit Ernährungsfunktion durch konjugierte Kern- und Zellteilungen; nach Kernteilung wandert 1 Kern in rückwärtsgerichteten Hyphenauswuchs, vordere Zelle wird durch Septum abgetrennt und die dikaryotische Phase durch Fusion der Schnalle mit hinterem Zellteil wiederhergestellt

Schwächeparasit ursprünglich Saprophyt mit parasitischer Lebensweise in alten und geschwächten Bäumen

Schwarzschimmel Befall von Holz durch *Aspergillus* und *Penicillium*-Arten

Schwarzstreifigkeit schwarze, radiär angeordnete Streifen auf Hirnflächen von lagerndem Buchenholz durch *Bispora antennata*

Septum, Septe Querwand zwischen 2 Hyphen im Mycel der höheren Pilze

Simultanfäule, Korrosionsfäule Weißfäule mit etwa gleichmäßigem Abbau von Cellulose, Hemicellulose und Lignin

Sklerotium verfestigtes, mehrzelliges Dauerorgan

Somatogamie Verschmelzen geschlechtlich verschiedener Hyphen (ohne Gametangienbildung) durch Plasmogamie von Körperzellen bei Basidiomyceten zur Dikaryophase

Sporangium Organ mit endogener Sporenbildung

Sporodochium polsterförmiges Fruchtlager von Deuteromyceten und Anamorphen

Stammfäule Fäulnis im Stammholz lebender Bäume

Sterigmen meist 4 apikale Ausstülpungen an der Basidienspitze, in welche die Basidienkerne wandern

Stockfäule Fäulnis an der Stammbasis

Strang je nach Pilzart weißer, grauer bis schwarzer, zwirnsfadendünner bis bleistiftdicker Mycelstrang aus Grundhyphen, Faserhyphen (Skeletthyphen) zur Festigkeit und Gefäßhyphen zum Nährstoff- und Wassertransport; besonders bei Haus-, Keller- und Porenhausschwämmen

Substratmycel Mycel wächst im Substrat

Sukzession Aufeinanderfolge verschiedener Organismen bei Besiedelung und Abbau eines Substrates mit Synergismus und Antagonismus

Symbiose Zusammenleben verschiedener Organismen mit Vorteilen für die Partner

Synergismus gegenseitige fördernde Beeinflussung verschiedener Organismen

Teleomorph geschlechtliche Hauptfrucht(form)

Thallus Vegetationskörper der Pilze (Thallophyten) ohne Differenzierung in die Grundorgane Sproß, Blatt und Wurzel (Kormus, Höhere Pflanzen)

Trama „Fleisch" des Fruchtkörpers

Transpressorium spezialisierte Hyphe bei Bläuepilzen zum Durchdringen verholzter Zellwände mittels mechanischem Druck und/oder Enzymaktivität

Trichogyne, Empfängnishyphe Hyphe am Ascogon zum Einwandern der Kerne des Antheridiums

trimitisch Hyphensystem im Fruchtkörperfleisch aus generativen, Skelett- und Bindehyphen

Trockenstarre Pilz überlebt Trockenheit

Velum Hüllbildung um junge hymeniale Fruchtkörper

Verstocken oxidative Verfärbung mit Pilzbefall

Weißfäule Abbau von Cellulose, Hemicellulose und Lignin durch im Zellumen von lebendem und totem Laub- und Nadelholz wachsende Basidiomyceten

Weißlochfäule lochförmige Weißfäule durch stellenweisen Abbau meist im Kern lebender Laubbäume

Wundfäule Fäulnis nach Verwundung

Wundparasit durch Wunden in den Wirt eindringender Pilz

Wurzelfäule Fäulnis nach Wurzelbefall

Xylanase (Endo-β-1,4-xylanase) und β-Xylosidase Hydrolasen zur Spaltung von Xylanen zu Xylose

Xylane überwiegende Hemicellulosen der Laubhölzer aus β-1,4-glykosidisch verknüpften Xyloseeinheiten; z. B. O-Acetyl-4-O-methylglucuronoxylan

Zygote Zelle mit diploidem Kern nach Karyogamie

Zystide sterile Endhyphe im Hymenium zwischen den Basidien

Mit wissenschaftlichem Namen genannte Pilze

Verändert und ergänzt nach Ritter 1985, Breitenbach und Kränzlin 1986, Schönhar 1989, Larsen und Rentmeester 1992, Hübsch 1991 sowie Rune und Koch 1992

Name	Synonym Deutscher Name	Bedeutung
Agaricus bisporus	Kulturchampignon	Speisepilz
Agrocybe aegerita	Südlicher Schüppling	Säurebildung
Amylostereum areolatum	*Stereum areolatum* Braunfilziger Schichtpilz	Rotstreifigkeit
Antrodia serialis	*Trametes serialis* Reihige Tramete	Porenhausschwamm
Antrodia sinuosa	*Poria sinuosa* Schmalsporiger weißer Porenschwamm	Porenhausschwamm
Antrodia vaillantii	*Fibroporia vaillantii* Breitsporiger weißer Porenschwamm	Porenhausschwamm
Antrodia xantha	*Amyloporia xantha* Gelber Porenschwamm	Porenhausschwamm
Armillaria borealis	Nordischer Hallimasch	Parasit
Armillaria cepestipes	Zwiebelfüßiger Hallimasch	Parasit
Armillaria gallica	*A. bulbosa* Knolliger Hallimasch	Parasit
Armillaria mellea	*Armillariella mellea* Honiggelber Hallimasch	Parasit, Speisepilz
Armillaria ostoyae	*A. obscura* Dunkler Hallimasch	Parasit
Aspergillus niger	Schwarzer Gießkannenschimmel	
Aspergillus flavus	Weißer Gießkannenschimmel	Toxine
Aureobasidium pullulans	*Pullularia pullulans*	Anstrichbläue
Bispora antennata	*Bispora monilioides*	Schwarzstreifigkeit
Bjerkandera adusta	Angebrannter Rauchporling	Ligninase
Ceratocystis fagacearum	NF: *Chalara quercina*	Eichenwelke
C. fimbriata f. *platani*	NF: *Chalara fimbriata*	Platanenwelke
Ceratocystis minor	*Ophiostoma pini*	Stammholzbläue
Ceratocystis piceae	*Ophiostoma piceae*	Stammholzbläue
Ceratocystis ulmi	NF: *Pesotum ulmi*	Ulmensterben
Chaetomium globosum		Moderfäule, Prüfpilz
Chlorociboria aeruginascens	*Chlorosplenium* *aeruginascens* Kleinsporiger Grünspanbecherling	„Grünfäule"
Chondrostereum purpureum	*Stereum purpureum* Violetter Schichtpilz	

Name	Synonym Deutscher Name	Bedeutung
Cladosporium spp.		Schnittholzbläue
Climacocystis borealis	*Polyporus borealis* Nordischer Porling	
Coniophora arida	Trockener Warzenschwamm	
Coniophora olivacea	*Coniophorella olivacea* Olivbrauner Warzenschwamm	
Coniophora puteana	*Coniophora cerebella* Kellerschwamm	Prüfpilz EN 113
Cylindrobasidium laeve	*Corticium evolvens* Ablösender Rindenpilz	
Daedalea quercina	*Lenzites quercina* Eichenwirrling	Eichenkernholz
Daedaleopsis confrogosa	Rötende Tramete	
Discola pinicola		Schnittholzbläue
Endothia parasitica	NF: *Cryphonectria parasitica*	Kastanienrindenkrebs
Fistulina hepatica	Ochsenzunge	
Flammulina velutipes	Winterpilz	Speisepilz
Fomes fomentarius	*Polyporus fomentarius* Zunderschwamm	Parasit
Fomitopsis pinicola	*Polyporus marginatus* Rotrandiger Baumschwamm	
Ganoderma adspersum	*Ganoderma europaeum* Wulstiger Lackporling	
Ganoderma australe		Palo podrido
Ganoderma lipsiense	*Ganoderma applanatum* Flacher Lackporling	
Gloeophyllum abietinum	*Lenzites abietina* Tannenblättling	Fensterholz
Gloeophyllum sepiarium	*Lenzites sepiaria* Zaunblättling	
Gloeophyllum trabeum	*Lenzites trabea* Balkenblättling	Prüfpilz EN 113
Grifola frondosa	Klapperschwamm	
Heterobasidion annosum	*Fomes annosus* Wurzelschwamm NF: *Spiniger meineckellus*	„Rotfäule"
Inonotus dryadeus	Tropfender Schillerporling	
Inonotus hispidus	Zottiger Schillerporling	
Kuehneromyces mutabilis	Stockschwämmchen	Speisepilz
Laetiporus sulphureus	*Polyporus sulphureus* Schwefelporling	Parasit
Lentinula edodes	*Lentinus edodes* Shii-take	Speisepilz
Lentinus lepideus	*Neolentinus lepideus* Schuppiger Sägeblättling	Teerölresistenz Prüfpilz EN 113
Leucogyrophana mollusca	Faltig-weiche Gewebehaut	„Hausschwamm"
Leucogyrophana pinastri	*Serpula pinastri* Gelbrandiger Hausschwamm	
Leucogyrophana pulverulenta	*Merulius minor* Kleiner Hausschwamm	
Meripilus giganteus	Riesenporling	Straßenbäume
Meruliporia incrassata	*Serpula incrassata*	„Hausschwamm" USA

Name	Synonym Deutscher Name	Bedeutung
Nectria coccinea		Buchenrindennekrose
Onnia tomentosa	*Trametes circinatus* Gestielter Filzporling	
Paxillus panuoides	*Tapinella panuoides* Muschelkrempling	
Paecilomyces variotii		Moderfäule Pekilo-Prozeß
Penicillium spp.	Pinselschimmel	
Phaeolus spadiceus	*Phaeolus schweinitzii* Kiefern-Braunporling	Parasit
Phanerochaete chrysosporium	NF: *Sporotrichum* *pulverulentum*	Ligninabbau
Phellinus igniarius	*Fomes igniarius* Grauer Feuerschwamm	
Phellinus pini	*Trametes pini* Kiefernfeuerschwamm	Parasit
Phellinus robustus	Eichenfeuerschwamm	
Phlebiopsis gigantea	*Phanerochaete gigantea* Großer Rindenpilz	Antagonismus
Pholiota squarrosa	Sparriger Schüppling	
Piptoporus betulinus	*Polyporus betulinus* Birkenporling	Parasit
Pleurotus ostreatus	Austernseitling	Speisepilz, Myko-Holz
Polyporus squamosus	*Melanopus squamosus* Schuppiger Porling	Parasit
Resinicium bicolor	*Odontia bicolor* Zweifarbiger Harz-Rindenpilz	
Schizophyllum commune	Spaltblättling	Genetik
Serpula lacrymans	*Merulius lacrymans* Echter Hausschwamm	
Serpula himantioides	*Merulius silvester* Lilarandiger (Wilder) Hausschwamm	
Sparassis crispa	Krause Glucke	
Stereum hirsutum	Striegeliger Schichtpilz	
Stereum rugosum	Runzeliger Schichtpilz	
Stereum sanguinolentum	*Haematostereum* *sanguinolentum* Blutender Schichtpilz	Wundfäule bei Fichte Rotstreifigkeit
Torula utilis	*Candida utilis*	Sulfitablaugen
Trametes versicolor	*Coriolus versicolor* Schmetterlingsporling	Simultanfäule, Myko-Holz Prüfpilz EN 113
Trichaptum abietinum	*Hirschioporus abietinus* Tannentramete	
Trichoderma viride	*Trichoderma reesei* Grüner Holzschimmel	Cellulasen
Tyromyces placenta	*Postia (Oligoporus) placenta* Rosafarbener Saftporling	Porenhausschwamm Prüfpilz EN 113
Tyromyces stipticus	*Postia stiptica* Bitterer Saftporling	
Volvariella volvacea	Reisstrohpilz	Speisepilz
Xylobolus frustulatus	*Stereum frustulosum* Mosaik-Schichtpilz	„Rebhuhnfäule"

NF = Nebenfruchtform

Literatur

* empfohlen für ein vertiefendes Studium

Abou Heilah AN, Hutchinson SA (1977) Range of wood-decaying ability of different isolates of *Serpula lacrymans.* Trans Br Mycol Soc 68:251−257

Adolf FP (1975) Über eine enzymatische Vorbehandlung von Nadelholz zur Verbesserung der Wegsamkeit. Holzforsch 29:181−186

Adolf P, Gerstetter E, Liese W (1972) Untersuchungen über einige Eigenschaften von Fichtenholz nach dreijähriger Wasserlagerung. Holzforsch 26:18−25

Agerer R, Brand F, Gronbach E (1986) Die exakte Kenntnis der Ectomykorrhizen als Voraussetzung für Feinwurzeluntersuchungen im Zusammenhang mit dem Waldsterben. Allg Forstz 41:497−503

Ainsworth AM, Rayner ADM (1990) Mycelial interactions and outcrossing in the *Coniophora puteana* complex. Mycol Res 94:627−634

Akamatsu Y, Takahashi M, Shimada M (1992) Cell-free extraction and assay of oxaloacetase from the brown-rot fungus *Tyromyces palustris.* Mokuzai Gakkaishi 38:495−500

Akamatsu Y, Takahashi M, Shimada M (1993a) Cell-free extraction of oxaloacetase from white-rot fungi, including *Coriolus versicolor.* Wood Res 79:1−6

Akamatsu Y, Takahashi M, Shimada M (1993b) Influences of various factors on oxaloacetase activity of the brown-rot fungus *Tyromyces palustris.* Mokuzai Gakkaishi 39:352−356

Akhtar M, Attridge MC, Myers GC, Blanchette RA (1993) Biomechanical pulping of loblolly pine chips with selected white-rot fungi. Holzforsch 47:36−40

Allen MF (1991) The ecology of mycorrhizae. Cambridge Studies in Ecology. Cambridge University Press, Cambridge

Ammer U (1964) Über den Zusammenhang zwischen Holzfeuchtigkeit und Holzzerstörung durch Pilze. Holz Roh-Werkstoff 22:47−51

Ammer U (1966) Untersuchungen über den Schutz von Kiefernholz gegen Bläue. Forstw Cbl 85:165−178

Anagnost SE, Worrall JJ, Wang CJK (1992) Diffuse cavity formation in soft rot of pine. Int res group wood preserv IRG/WP/1541−92: 9 pp

Ananthapadmanabha HS, Nagaveni HC, Srinivasan VV (1992) Control of wood biodegradation by fungal metabolites. IRG/WP/1527-92: 7 pp

Ander P, Eriksson K-E (1976) Degradation of lignin with wild type and mutant strains of the white-rot fungus *Sporotrichum pulverulentum.* Suppl 3 Mat Org: 129−140

Anderson JB, Korhonen K, Ullrich RC (1980) Relationships between European and North American biological species of *Armillaria mellea.* Exp Mycol 4:87−95

Anderson JB, Ullrich RC (1979) Biological species of *Armillaria mellea* in North America. Mycologia 71:402−414

Anderson JG (1978) Temperature-induced fungal development. In: Smith JE, Berry DR (eds) The filamentous fungi, Vol 3. Developmental mycology. Arnold, London, 358−375

Anonymus (1986) Der Echte Hausschwamm. Dtsch Malerbl 6:542−544

Anonymus (1988) Auch baulicher Holzschutz ist notwendig. Althaus-Modernisierung 16:52, 54, 56−57

Anonymus (1990) Alternative Holzschädlingsbekämpfung. Heißluft kann sich als heiße Luft entpuppen. Holz-Zbl 116:2136

Anonymus (1991) Dr. Gerda Fritsche. Auf der Höhe des Erfolgs. Champignon 359:2−3

Anonymus (1992a) Das größte Lebewesen der Welt ist ein Hallimasch-Pilz in den USA. Holz-Zbl 118:1227

Anonymus (1992b) Korrektur der Zahl der Pilzarten. Naturwiss Rundschau 45:150–151

Anonymus (1992c) Bizarrer Mikroorganismus entdeckt. Naturwiss Rundschau 45:357

Anonymus (1992d) Schutz des Holzes in der praktischen Anwendung. Holz-Zbl 118:B+H 14–16

Anonymus (1993a) Artenschutz für Bakterien. Naturwiss Rundschau 46:196

Anonymus (1993b) Umweltbundesamt: Regelungen für die Zulassung von Holzschutzmitteln erforderlich. Allg Forstz 48:786–787

Appel DN, Kurdyla T, Lewis R (1990) Nitidulids as vectors of the oak wilt fungus and other Ceratocystis spp. in Texas. Eur J For Pathol 20:412–417

Archibald FS (1992) The role of fungus-fiber contact in the biobleaching of kraft brownstock by *Trametes* (*Coriolus*) *versicolor*. Holzforsch 46:305–310

Arenas CV, Giron MY, Escolano EU (1978) Microbially-modified wood for pencil slats. Forpridge Digest VII:73–74

Arx von JA (1981) The genera of fungi sporulating in pure culture, 3rd edn. Cramer, Vaduz

Aufseß von H (1976) Über die Wirkung verschiedener Antagonisten auf das Mycelwachstum von einigen Stammfäulepilzen. Mat Org 11:183–196

Aufseß von H (1980) Untersuchungen über das Auftreten von Innenbläue in Kiefernschnittholz. Forstw Cbl 99:233–242

Aufseß von H (1986) Lagerverhalten von Stammholz aus gesunden und erkrankten Kiefern, Fichten und Buchen. Holz Roh-Werkstoff 44:325

Aziz AY, Foster HA, Fairhurst CP (1993) *In vitro* interactions between *Trichoderma* spp. and *Ophiostoma ulmi* and their implications for the biological control of Dutch elm disease and other fungal diseases of trees. Arboricult J 17:145–157

Backa S, Gierer J, Reitberger T, Nilsson T (1992) Hydroxyl radical activity in brown-rot fungi studied by a new chemiluminescence method. Holzforsch 46:61–67

Bailey PJ, Liese W, Rösch R (1968) Some aspects of cellulose degradation in lignified cell walls. Biodeterioration of Materials. Proc 1st Int Biodetn Symp Southampton. Elsevier, Essex: 546–557

Baines EF, Millbank JW (1976) Nitrogen fixation in wood in ground contact. Suppl 3 Mat Org: 167–173

Balder H (1992) Europaweite Eichenschäden durch Frost. Allg Forstz 47:747–752

Balder H, Lakenberg E (1987) Neuartiges Eichensterben in Berlin. Allg Forstz 42:684–685

Balder H, Liese W (1990) Zum Eichensterben in der südlichen UdSSR. Allg Forstz 45:380–381

Barnett HL, Hunter BB (1987) Illustrated genera of imperfect fungi, 4th edn. MacMillan, New York

Barnett JA, Payne RW, Yarrow D (1990) Yeasts: characteristics and identification, 2nd edn. Univ Press, Cambridge

Barrasa JM, González AE, Martínez AT (1992) Ultrastructural aspects of fungal delignification of Chilean woods by *Ganoderma australe* and *Phlebia chrysocrea*. A study of natural and *in vitro* degradation. Holzforsch 46:1–8

Bastawde KB (1992) Xylan structure, microbial xylanases, and their mode of action. World J Microbiol Biotechnol 8:353–368

Bauch J (1973) Biologische Eigenschaften des Tannennaßkerns. Mittg Bundesforschungsanst Forst-Holzwirtsch 93:213–232

Bauch J (1980) Variation of wood structure due to secondary changes. Mittg Bundesforschungsanst Forst-Holzwirtsch 131:69–97

Bauch J (1984) Development and characteristics of discoloured wood. IAWA Bull n s 5:91–98

Bauch J (1986) Verfärbungen von Rund- und Schnittholz und Möglichkeiten für vorbeugende Schutzmaßnahmen. Holz-Zbl 112:2217–2218

Bauch J, Höll W, Endeward R (1975) Some aspects of wetwood formation in fir. Holzforsch 29:198–205

Bauch J, Hundt von H, Weißmann G, Lange W, Kubel H (1991) On the causes of yellow discolorations of oak heartwood (*Quercus* Sect. *Robur*) during drying. Holzforsch 45:79–85

Bauch J, Schmidt O, Yazaki Y, Starck M (1985) Significance of bacteria in the discoloration of Ilomba wood (*Pycnanthus angolensis* Exell). Holzforsch 39:249–252

Bauch J, Seehann G, Fitzner H (1976) Microspectrophotometrical investigations on lignin of decayed wood. Suppl 3 Mat Org: 141–152

Bauch J, Shigo AL, Starck M (1980) Wound effects in the xylem of Acer and Betula species. Holzforsch 34:153–160

Bavendamm W (1928) Über das Vorkommen und den Nachweis von Oxydasen bei holzzerstörenden Pilzen. Z Pflanzenkr Pflanzenschutz 38:257–276

* Bavendamm W (1936) Erkennen, Nachweis und Kultur der holzverfärbenden und holzzersetzenden Pilze. In: Abderhalben E (Hrsg) Handb biol Arbeitsmethod, Abt XII, Teil 2/II. Urban & Schwarzenberg, Berlin 927–1134

Bavendamm W (1951a) Holzschädlingstafeln: *Coniophora cerebella* (Pers.) Duby. Holz Roh-Werkstoff 9:447–448

Bavendamm W (1951b) Holzschädlingstafeln: *Merulius lacrimans* (Wulf.) Schum. ex Fries. Holz Roh-Werkstoff 9:251–252

Bavendamm W (1952a) Holzschädlingstafeln: *Lentinus lepideus* (Buxb.) Fr. Holz Roh-Werkstoff 10:337–338

Bavendamm W (1952b) Holzschädlingstafeln: *Lenzites abietina* (Bull.) Fr. Holz Roh-Werkstoff 10:261–262

Bavendamm W (1952c) Holzschädlingstafeln: *Poria vaporaria* (Pers.) Fr. Holz Roh-Werkstoff 10:39–40

Bavendamm W (1953) Holzschädlingstafeln: *Paxillus panuoides* Fr. Holz Roh-Werkstoff 11:331–332

Bavendamm W (1954) Holzschädlingstafeln: Bläuepilze. Holz Roh-Werkstoff 12:205–208

Bavendamm W (1966) Physiologie der Holzpilze. Ein Überblick über neuere Forschungsergebnisse. Beih 1 Mat Org: 214–236

Bavendamm W (1969) Der Hausschwamm und andere Bauholzpilze. Fischer, Stuttgart

Bavendamm W (1970) Mikroskopisches Erkennen und Bestimmen von Holzpilzen. Handb Mikroskopie in der Technik V, Teil 2. Umschau, Frankfurt, 345–368

* Bavendamm W (1974) Die Holzschäden und ihre Verhütung. Wissenschaftl Verlagsanst, Stuttgart

Bavendamm W, Reichelt H (1938) Die Abhängigkeit des Wachstums holzzersetzender Pilze vom Wassergehalt des Nährsubstrates. Arch Mikrobiol 9:486–544

Bavendamm W, Schneider I, Mielke H (1963) Ergebnisse einer Schiffsforschungsreise nach Äquatorialafrika zwecks Untersuchung von Importholzschäden. Holz Roh-Werkstoff 21:1–13

Bech-Andersen J (1985) Alkaline building materials and controlled moisture conditions as causes for dry rot Serpula lacrymans growing only in houses. IRG/WP/1272:5 pp

Bech-Andersen J (1987a) The influence of the dry rot fungus (*Serpula lacrymans*) in vivo on insulation materials. Mat Org 22:191–202

Bech-Andersen J (1987b) Production, function and neutralization of oxalic acid produced by the dry rot fungus and other brown rot fungi. IRG/WP/1330:16 pp

Bech-Andersen J (1993) The dry rot fungus and other fungi in houses. Part 2. IRG/WP/93-10001:19–34

Bech-Andersen J, Andersen C (1992) Theoretical and practical experiments with eradication of the dry rot fungus by means of microwaves. IRG/WP/1577-92:4 S

Bech-Andersen J, Elborne SA, Goldie F, Singh J, Singh S, Walker B (1993) The true dry rot fungus (Serpula lacrymans) found in the wild in the forests of the Himalaya. IRG/WP/93-10002:35–47

Bechtold R, González AE, Almendros G, Martínez MJ, Martíinez AT (1993) Lignin alteration by *Ganoderma australe* and other white-rot fungi after solid-state fermentation of beech wood. Holzforsch 47:91–96

Becker G (1993) Verfahren der zerstörensfreien Holzprüfung – Entwicklungstendenzen in Nordamerika und Folgerungen für die Anwendung in Mitteleuropa – Optische, mechanische, elektrische Verfahren. Holz Roh-Werkstoff 51:83–87

Becker G, Beall FC (1993) Verfahren der zerstörungsfreien Holzprüfung – Entwicklungstendenzen in Nordamerika und Folgerungen für die Anwendung in Mitteleuropa – Akustische Verfahren zur zerstörungsfreien Prüfung von Holz und Holzwerkstoffen und zur Prozeßsteuerung in der Holzindustrie. Holz Roh-Werkstoff 51:177–180

* Becker G, Liese W (Hrsg) (1966) Holz und Organismen. Beih 1 Mat Org. Duncker & Humblot, Berlin

* Becker G, Liese W (Hrsg) (1976) Organismen und Holz. Beih 3 Mat Org. Duncker & Humblot, Berlin

Beguin P, Gilkes NR, Kilburn DG, Miller RC, O'Neill GP, Warren RAJ (1987) Cloning of cellulase genes. CRC Crit Rev Biotechnol 6:129–162

Behr H-C (1991) Der deutsche Markt für Speisepilze. Champignon 368:119–121

* Benedix EH et al (1991) Die große farbige Enzyklopädie Urania-Pflanzenreich: Viren, Bakterien, Algen, Pilze. Urania, Leipzig

Benizry E, Durrieu G, Rovane P (1988) Heart rot of spruce (*Picea abies*) in the Auvergne: ecological study. Ann Sci Forestières 45:141–156

Benko R (1989) Biological control of blue stain on wood with *Pseudomonas cepacia* 6253. Laboratory and field test. IRG/WP/1380:6 pp

Benko R (1992) Wood colonizing fungi as a human pathogen. IRG/WP/1523-92:7 pp

Benko R, Highley TL (1990) Selection of media for screening interaction of wood-attacking fungi and antagonistic bacteria. II. Interaction on wood. Mat Org 25:174–180

* Bergmeyer HU (1984) Methods of enzymatic analysis, 3rd edn, Vol I–IV. Verl. Chemie, Weinheim

Berndt H, Liese W (1973) Untersuchungen über das Vorkommen von Bakterien in wasserberieselten Buchenholzstämmen. Zbl Bakt II 128:578–594

Bernier R, Desrochers M, Jurasek L (1986) Antagonistic effect between *Bacillus subtilis* and wood staining fungi. J Inst Wood Sci 10:214–216

* Betts WB (ed) (1991) Biodegradation: Natural and synthetic materials. Springer, Berlin

Betts WB, Dart RK, Ball AS, Pedlar SL (1991) Biosynthesis and structure of lignocellulose. In: Betts WB (ed) Biodegradation: Natural and synthetic materials. Springer, Berlin, 139–155

Biggs AR (1992) Anatomical and physiological responses of bark tissues to mechanical injury. In: Blanchette RA, Biggs AR (eds) Defense mechanisms of woody plants against fungi. Springer, Berlin, 13–40

Bjurman J (1992a) ATP assay for the determination of mould activity on wood at different moisture conditions. IRG/WP/5383:25

Bjurman J (1992b) Analysis of volatile emissions as an aid in the diagnosis of dry rot. IRG/WP/5383:25

Blaich R, Esser K (1975) Function of enzymes in wood destroying fungi. II. Multiple forms of laccase in white rot fungi. Arch Microbiol 103:271–277

Blanchette RA (1983) An unusual decay pattern in brown-rotted wood. Mycologia 75:552–556

Blanchette RA (1984a) Screening wood decayed by white rot fungi for preferential lignin degradation. Appl Environ Microbiol 48:647–653

Blanchette RA (1984b) Manganese accumulation in wood decayed by white rot fungi. Ecol Epidemiol 74:725–730

Blanchette RA (1992) Anatomical responses of xylem to injury and invasion by fungi. In: Blanchette RA, Biggs AR (eds) Defense mechanisms of woody plants against fungi. Springer, Berlin, 76–95

Blanchette RA, Abad AR (1992) Immunocytochemistry of fungal infection processes in trees. In: Blanchette RA, Biggs AR (eds) Defense mechanisms of woody plants against fungi. Springer, Berlin, 424–444

Blanchette RA, Abad AR, Farrell RL, Leathers TD (1989) Detection of lignin peroxidase and xylanase by immunochemical labeling in wood decayed by basidiomycetes. Appl Environ Microbiol 55:1457–1465

* Blanchette RA, Biggs AR (eds) (1992) Defense mechanisms of woody plants against fungi. Springer, Berlin

Blanchette RA, Burnes TA, Eerdmans MM, Akhtar M (1992b) Evaluating isolates of *Phanerochaete chrysosporium* and *Ceriporiopsis subvermispora* for use in biological pulping processes. Holzforsch 46:109–115

Blanchette RA, Iiyama K, Abad AR, Cease KR (1991) Ultrastructure of ancient buried wood from Japan. Holzforsch 45:161–168

Blanchette RA, Otjen L, Effland MJ, Eslyn WE (1985) Changes in structural and chemical components of wood delignified by fungi. Wood Sci Technol 19:35–46

Blanchette RA, Wilmering AM, Baumeister M (1992a) The use of green-stained wood caused by the fungus *Chlorociboria* in intarsia masterpieces from the 15th century. Holzforsch 46:225–232

Blow DP (1987) The biodeterioration of in-service timber in buildings. In: The biodeterioration of constructional materials. Biodetn Soc, Kew, 115–127

Boddy L (1992) Microenvironmental aspects of xylem defenses to wood decay fungi. In: Blanchette RA, Biggs AR (eds) Defense mechanisms of woody plants against fungi. Springer, Berlin, 96–132

Boidin J (1986) Intercompatibility and the species concept in the saprobic Basidiomycotina. Mycotaxon 26:319–336

* Bon M (1988) Pareys Buch der Pilze. Parey, Hamburg

Bosshard W (1985) Holz – sein Werden und Vergehen, seine Verwendung, sein Schutz. Architektur Technik 9:28–32

Böhner G, Wagner L, Säcker M (1993) Elektrische Messung hoher Holzfeuchten bei Fichte. Holz Roh-Werkstoff 51:163–166

Bötticher W (1974) Technologie der Pilzverwertung. Ulmer, Stuttgart

Braid GH, Line MA (1981) A sensitive assay for the estimation of fungal biomass in hardwoods. Holzforsch 35:10–18

Brandt M, Rinn F (1989) Eine Übersicht über Verfahren zur Stammfäulediagnose. Der Blick ins Innere von Bäumen. Holz-Zbl 115:1268, 1270

Brasier CM, Takai S, Nordin JH, Richards WC (1990) Differences in cerato-ulmin production between the EAN, NAN and non-aggressive subgroups of *Ophiostoma ulmi*. Plant Pathol 39:231–236

Braun HJ (1977) Das Rindensterben der Buche, *Fagus sylvatica* L., verursacht durch die Buchenwollschildlaus *Cryptococcus fagi* Bär. II. Ablauf der Krankheit. Eur J For Pathol 7:76–93

Braun MRW, Melling J (1971) Inhibition and destruction of microorganisms by heat. In: Hugo WB (ed) Inhibition and destruction of the microbial cell. Academic Press, London, 1–37

Bravery AF (1991) The strategy for eradication of *Serpula lacrymans*. In: Jennings DH, Bravery AF (eds) *Serpula lacrymans*: Fundamental biology and control strategies. Wiley, Chichester, 117–130

Brefeld O (1889) Untersuchungen aus dem Gesamtgebiete der Mykologie 8. Basidiomyceten III. Arthur Felix, Leipzig

* Breitenbach J, Kränzlin F (1981/1986/1991) Pilze der Schweiz. Ascomyceten. Nichtblätterpilze. Röhrlinge und Blätterpilze 1. Teil. Mykologia, Luzern

Breuil C, Luck BT, Rossignol L, Little J, Brown DL (1990) The visualization of fungal infection of wood using immunogold silver staining and light microscopy. J Inst Wood Sci 12:77–81

Breuil C, Seifert KA, Yamada J, Rossignol L, Saddler JN (1988) Quantitative estimation of fungal colonization of wood using an enzyme-linked immunosorbent assay. Can J For Res 18:374–377

Bricknell JM (1991) Surveying to determine the presence and extent of an attack of dry rot within buildings in the United Kingdom. In: Jennings DH, Bravery AF (eds) *Serpula lacrymans*: Fundamental biology and control strategies. Wiley, Chichester, 95–115

Brill H, Bock E, Bauch J (1981) Über die Bedeutung von Mikroorganismen im Holz von Abies alba Mill. für das Tannensterben. Forst Cbl 100:195–206

Bruce A (1992) Biological control of wood decay. IRG/WP/1531-92:13 pp
* Buchanan RE, Gibbons NE (eds) (1974) Bergey's manual of determinative bacteriology, 8th edn. Williams & Wilkins, Baltimore
Bues CT (1993) Qualität von beregnetem Fichtenholz nach Auslagerung und Einschnitt. Teil 2: Untersuchungsergebnisse. Holz-Zbl 119:524, 526
Bumpus JA (1989) Biodegradation of polycyclic aromatic hydrocarbons by *Phanerochaete chrysosporium*. Appl Environ Microbiol 55:154–158
Burdsall HH (1991) *Meruliporia (Poria) incrassata*: Occurrence and significance in the United States as a dry rot fungus. In: Jennings DH, Bravery AF (eds) *Serpula lacrymans*: Fundamental biology and control strategies. Wiley, Chichester, 189–191
Burdsall HH, Banik M, Cook ME (1990) Serological differentiation of three species of *Armillaria* and *Lentinula edodes* by enzyme-linked immunosorbent assay using immunized chickens as a source of antibodies. Mycologia 82:415–423
Burmester A (1970) Formbeständigkeit von Holz gegenüber Feuchtigkeit, Grundlagen und Vergütungsverfahren. Bundesanst Materialprüf Berlin Ber 4:179 S
* Burnett JH (1976) Fundamentals of mycology. Arnold, London
Burnett JH (1983) Presidential address. Speciation in fungi. Trans Br Mycol Soc 81:1–14
Burschel P (1986) Waldbau und Waldschäden. Argumente und Überlegungen. Forst-Holzwirt 41:235–240
Butcher JA (1975) Colonization of wood by soft-rot fungi. In: Liese W (ed) Biological transformation of wood by microorganisms. Springer, Berlin, 24–38
Butcher JA, Drysdale J (1977) Relative tolerance of seven wood-destroying basidiomycetes to quaternary ammonium-compounds and copper-chrome-arsenate preservative. Mat Org 12:271–277
Butin H (1965) Untersuchungen zur Ökologie einiger Bläuepilze an verblautem Kiefernholz. Flora 155:400–440
* Butin H (1983) Krankheiten der Wald- und Parkbäume. Thieme, Stuttgart
Butin H, Kowalski T (1992) Die natürliche Astreinigung und ihre biologischen Voraussetzungen. VI. Versuche zum Holzabbau durch Astreiniger-Pilze. Eur J For Pathol 22:174–182
Butin H, Wagner C (1985) Mykologische Untersuchungen zur Nadelröte der Fichte. Forstw Cbl 104:178–186
Capretti P, Korhonen K, Mugnai L, Romagnoli C (1990) An intersterility group of *Heterobasidion annosum* specialized to *Abies alba*. Eur J For Pathol 20:231–240
Capretti P, Mugnai L (1989) Saprophytic growth of Heterobasidion annosum on silver-fir logs interred in different types of forest soils. Eur J For Pathol 19:257–262
Carmichael JW, Kendrick WB, Conners IL, Sigler L (1980) Genera of Hyphomycetes. Univ Alberta Press, Edmonton
Carter JC (1945) Wetwood of elms. Ill Natl Hist Surv 23:407–448
* Cartwright KStG, Findlay WPK (1969) Decay of timber and its prevention, 2nd edn. His Majesty's Stationery Office, London
Casselton LA (1978) Dikaryon formation in higher basidiomycetes. In: Smith JE, Berry DR (eds) The filamentous fungi, Vol 3. Developmental mycology. Arnold, London, 275–297
Casselton LA, Economou A (1985) Dikaryon formation. In: Moore D, Casselton LA, Wood DA, Frankland JC (eds) Developmental biology of higher fungi. Cambridge University Press, Cambridge, 213–229
Cetto B (1979–1984) Der große Pilzführer. 4 Bde. BLV, München
Chase TE, Ullrich RC (1990) Genetic basis of biological species in *Heterobasidion annosum*: Mendelian determinants. Mycologia 82:67–72
* Chang ST, Hayes H (1978) The biology and cultivation of edible mushrooms. Academic Press, New York
Chen GC (1992) Fungal decay resistance and dimensional stability of loblolly pine reacted with 1,6-diisocyanatohexane. Wood Fiber Sci 24:307–314
Cherfas J (1991) Disappearing mushrooms: another mass extinction? Science 254:1458
Claus D (1992) A standardized Gram staining procedure. World J Microbiol Biotechnol 8:451–452

Clausen CA, Green III F (1992) Double sandwich ELISA to detect *Postia placenta* using a self contained detection device. IRG/WP/5383-92:28

Clausen CA, Green III F, Highley TL (1991) Early detection of brown-rot decay in southern yellow pine using immunodiagnostic procedures. Wood Sci Technol 26:1–8

Clausen CA, Green F, Highley TL (1993) Characterization of monoclonal antibodies to wood-derived β-1,4-xylanase of *Postia placenta* and their application to detection of incipient decay. Wood Sci Technol 27:219–228

Cochrane VW (1965) Physiology of fungi. Wiley, New York

Cockcroft R (ed) (1981) Some wood-destroying basidiomycetes, Vol 1 of a collection of monographs. Int Res Group Wood Preserv, Boroko, Papua New Guinea

Codd P, Banks WB, Cornfield JA, Williams GR (1992) The biological effectiveness of wood modified with hepadecenylsuccinic anhydride against two brown rot fungi: Coniophora puteana and Gloeophyllum trabeum. IRG/WP/3705-92:21 pp

* Coggins CR (1980) Decay of timber in buildings. Dry rot, wet rot and other fungi. Rentokil, East Grinstead

Coggins CR (1991) Growth characteristics in a building. In: Jennings DH, Bravery AF (eds) *Serpula lacrymans.* Fundamental biology and control strategies. Wiley, Chichester, 81–93

Collett O (1992) Comparative tolerance of the brown-rot fungus *Antrodia vaillantii* (DC.: Fr.) Ryv. isolates to copper. Holzforsch 46:293–298

Cooper PA, Ung YT (1992a) Leaching of CCA-C from jack pine sapwood in compost. For Prod J 42:57–59

Cooper PA, Ung YT (1992b) Accelerated fixation of CCA-treated poles. For Prod J 42:27–32

Cosenza J, McCreary M, Buck JD, Shigo AL (1970) Bacteria associated with discolored and decayed tissues in beech, birch, and maple. Phytopathol 60:167–174

Courtois H (1963) Mikromorphologische Befallssymptome beim Holzabbau durch Moderfäulepilze. Holzforsch Holzverwert 15:88–101

Courtois H (1983) Die Pathogenese des Tannensterbens und ihre natürlichen Mechanismen. Allg Forst Jagdz 154:93–98

Courtois H (1990) Die Pilzflora im Kronenbereich und in der Rhizosphäre von Fichten (*Picea abies* Karst.) und ihre Bedeutung zur Interpretation von „Waldsterbe"Symptomen. Angew Bot 64:381–392

Cox TRG, Richardson BA (1979) Chromium in wood preservation; health and environmental aspects. Int J Wood Preserv 1:27–32

Croan SC, Highley TL (1990) Biological control of the blue stain fungus *Ceratocystis coerulescens* with fungal antagonists. Mat Org 25:255–266

Croan SC, Highley TL (1991) Antifungal activity in metabolites from *Streptomyces rimosus.* IRG/WP/1495:14 pp

Croan SC, Highley TL (1992a) Conditions for carpogenesis and basidiosporogenesis by the brown-rot basidiomycete *Gloeophyllum trabeum.* Mat Org 27:1–9

Croan SC, Highley TL (1992b) Biological control of sapwood-inhabiting fungi by living bacterial cells of *Streptomyces rimosus* as a bioprotectant. IRG/WP/1564-92:8 pp

Croan SC, Highley TL (1992c) Synergistic effect of boron on *Streptomyces rimosus* metabolites in preventing conidial germination of sapstain and mold fungi. IRG/WP/1565-92:11 pp

Croan SC, Highley TL (1993) Controlling the sapstain fungus *Ceratocystis coerulescens* by metabolites obtained from *Bjerkandera adusta* and *Talaromyces flavus.* IRG/WP/93-10024:15 pp

Cserjesi AJ, Byrne A, Johnson EL (1984) Long-term protection of stored lumber against mould, stain, and specifically decay: a comparative field test of fungicidal formulations. IRG/WP/3281:7 pp

Cserjesi AJ, Roff JW (1975) Toxicity tests of some chemicals against certain wood staining fungi. Int Biodetn Bull 11:104–109

Cymorek S, Hegarty B (1986a) Differences among growth and decay capacities of 25 old and new strains of the dry-rot fungus *Serpula lacrymans* using a special test arrangement. Mat Org 21:237–249

Cymorek S, Hegarty B (1986b) A technique for fructification and basidiospore production by Serpula lacrymans (Schum. ex Fr.) SF GRAY in artificial culture. IRG/WP/2255:13 pp

Czaja AT, Pommer EH (1959) Untersuchungen über die Keimungsphysiologie der Sporen holzzerstörender Pilze: Merulius lacrymans und Coniophora cerebella. I. Die Sporenkeimung in vitro. Qualitas Plantarium Materiae Vegetabiles 3:209–267

Da Costa EWB (1959) Abnormal resistance of Poria vaillantii (D.C. ex Fr.) Cke. strains to copper-chrome-arsenate wood preservatives. Nature 183:910–911

Da Costa EWB (1975) Natural decay resistance of wood. In: Liese W (ed) Biological transformation of wood by microorganisms. Springer, Berlin, 103–117

Da Costa EWB, Kerruish RM (1964) Tolerance of Poria species to copper-based wood preservatives. For Prod J 14:106–112

Da Costa EWB, Kerruish RM (1965) The comparative wood-destroying ability and preservative tolerance of monokaryotic and dikaryotic mycelia of Lenzites trabea (Pers.) Fr. and Poria vaillantii (DC ex Fr.) Cke. Ann Bot 29:241–252

Dam van BC, Voet van der H (1991) Testing Fraxinus excelsior, Fraxinus americana and Fraxinus pennsylvanica for resistance to Pseudomonas syringae subsp. savastanoi pv. fraxini. Eur J For Pathol 21:365–376

Daniel G, Nilsson T (1985) Ultrastructural and T.E.M.-EDAX studies on the degradation of CCA treated radiata pine by tunnelling bacteria. IRG/WP/1260:35 pp

Daniel G, Nilsson T, Pettersson B (1989) Intra- and extracellular localization of lignin peroxidase during degradation of solid wood and wood fragments by Phanerochaete chrysosporium by using transmission electron microscopy and immuno-gold labeling. Appl Environ Microbiol 55:871–881

Daniel G, Pettersson B, Nilsson T, Volc J (1990) Use of immunogold cytochemistry to detect Mn(II)-dependent lignin peroxidases in wood degraded by the white-rot fungi Phanerochaete chrysosporium and Lentinula edodes. Can J Bot 68:920–933

Dart RK, Betts WB (1991) Uses and potential of lignocellulose. In: Betts WE (ed) Biodegradation: natural and synthetic compounds. Springer, London, 201–217

Davidson RS, Campbell WA, Blaisdell DJ (1938) Differentiation of wood-decaying fungi by their reactions on gallic or tannic acid medium. J Agric Res 57:683–695

Davidson RS, Campbell WA, Blaisdell Vaughn D (1942) Fungi causing decay of living oaks in the eastern United States and their cultural identification. Techn Bull US Dept Agric Washington 785:65 pp

Dean JFD, Eriksson K-EL (1992) Biotechnological modification of lignin structure and composition in forest trees. Holzforsch 46:135–147

Delatour C (1991) A very simple method for long-term storage of fungal cultures. Eur J For Pathol 21:444–445

Dence CW, Lin SY (1992) Introduction. In: Lin SY, Dence CW (eds) Methods in lignin chemistry. Springer, Berlin, 3–19

Desowag Düsseldorf (1986a) „Holzschädlinge": Kellerschwamm. Maler Lackiererhandw 12:19–20

Desowag Düsseldorf (1986b) „Holzschädlinge": Hausschwamm. Maler Lackiererhandw 11:17–18

Desowag Düsseldorf (1987a) „Holzschädlinge": Blättlinge. Maler Lackiererhandw 3:25–26

Desowag Düsseldorf (1987b) „Holzschädlinge": Bläue. Maler Lackiererhandw 1:27–28

Desowag Düsseldorf (1987c) „Holzschädlinge": Weißer Porenschwamm. Maler Lackiererhandw 4:27–28

Desowag Düsseldorf (1988) Bekämpfung von Holzschädlingen. Finish 4:12 S

Dickinson D, Henningsson B (1984) A field test with anti-sapstain chemicals on sawn pine timber stored and seasoned under different conditions. IRG/WP/3245:8 pp

Dickinson DJ (1982) The decay of commercial timbers. In: Frankland JC, Hedger JN, Swift MJ (eds) Decomposer basidiomycetes. Univ Press, Cambridge, 179–190

Dickinson DJ, McCormack PW, Calver B (1992) Incidence of soft rot in creosoted poles. IRG/WP/1554-92:7 pp

Dickinson DJ, Sorkhoh NAA, Levy JF (1976) The effect of the microdistribution of wood preservatives on the performance of treated wood. Rec Br Wood Preserv Assoc: 1–16

Dietrichs HH, Sinner M, Puls J (1978) Potential of steaming hardwoods and straw for feed and food production. Holzforsch 32:193–199

Dill I, Kraepelin G (1986) Palo podrido: model for extensive delignification of wood by *Ganoderma applantum*. Appl Environ Microbiol 52:1305–1312

Dimitri L (1976) Die Resistenz der Fichte gegenüber dem Wurzelschwamm *Fomes annosus*. In: Zycha H et al (Hrsg) Der Wurzelschwamm (Fomes annosus) und die Rotfäule der Fichte (Picea abies). Beih 36 Forstw Cbl: 67–75

Dimitri L (1978) Stand der Kenntnisse über Wurzel- und Stammfäulen. Von einer internationalen Konferenz der Forstpathologen in Kassel. Holz-Zbl 104:1735–1737

Dimitri L (1982) Wurzel- und Stammfäulen in Kiefernbeständen. Von einer internationalen Konferenz der Forstpathologen in Posen/Polen. Holz-Zbl 108:277–278

Dimitri L (1993) Waldschutzsituation 1992/93 in Hessen. Allg Forstz 48:334–339

Dimitri L, Fröhlich HJ (1971) Einige Fragen zur Resistenzzüchtung bei der durch Fomes annosus (Fr.) Cooke verursachten Rotfäule der Fichte. Silvae genetica 20:184–191

DIN Deutsches Institut für Normung e.V. (1991) Holzschutz Normen, 3. Aufl. Beuth, Berlin

Dirol D, Fougerousse M (1981) *Schizophyllum commune* Fr. In: Cockcroft R (ed) Some wood-destroying basidiomycetes, Vol 1 of a collection of monographs. Int Res Group Wood Preserv, Boroko, Papua New Guinea, 129–139

Dirol D, Vergnaud J-M (1992) Water transfer in wood in relation to fungal attack in buildings – Effect of condensation and diffusion. IRG/WP/1543-92:18 pp

Dodson P, Evans CS, Harvey PJ, Palmer JH (1987) Production and properties of an extracellular peroxidase from *Coriolus versicolor* which catalyses C_α-C_β cleavage in a lignin model compound. FEMS Microbiol Letters 42:17–22

Doi S (1983) The evaluation of a survey of dry rot damages in Japan. IRG/WP/1179:12 pp

Doi S (1989) Evaluation of preservative-treated wooden sills using a fungus cellar with *Serpula lacrymans* (Fr.) Gray. Mat Org 24:217–225

Doi S (1991) *Serpula lacrymans* in Japan. In: Jennings DH, Bravery AF (eds) *Serpula lacrymans*. Fundamental biology and control strategies. Wiley, Chichester, 173–187

Doi S, Togashi I (1989) Utilization of nitrogenous substance by Serpula lacrymans. IRG/WP/1397:7 pp

Doi S, Yamada A (1991) Antagonistic effect of *Trichoderma* spp. against *Serpula lacrymans* in the soil treatment test. IRG/WP/1473:13 pp

Doi S, Yamada A (1992) Preventing wood decay with *Trichoderma* spp. J Hokkaido For Prod Res Inst 6:1–5

Domański S (1972) Fungi. Polyporaceae I (resupinatae), Mucronoporaceae I (resupinatae). Natl Center Sci Econ Inform, Warschau

Domański S, Orlos H, Skirgiello A (1973) Fungi. Polyporaceae II (pileatae), Mucronoporaceae II (pileatae), Ganodermataceae, Bondarzewiaceae, Boletopsidaceae, Fistulinaceae. Natl Center Sci Econ Inform, Warschau

Domsch KH, Gams W, Anderson T (1980) Compendium of soil fungi, 2 Vols. Academic Press, New York

Donk MA (1974) Check list of European polypores. North-Holland Publ Co, Amsterdam

* Drews G (1976) Mikrobiologisches Praktikum, 3. Aufl. Springer, Berlin

Drysdale JA (1986) A field trial to assess the potential of antisapstain chemicals for long-term protection of sawn radiata pine. IRG/WP/3375:17 pp

Du QP, Geissen A, Noack D (1991 a) Die Genauigkeit der elektrischen Holzfeuchtemessung nach dem Widerstandsprinzip. Holz Roh-Werkstoff 49:1–6

Du QP, Geissen A, Noack D (1991 b) Widerstandskennlinien einiger Handelshölzer und ihre Meßbarkeit bei der elektrischen Holzfeuchtemessung. Holz Roh-Werkstoff 49:305–311

Dubbel V (1992) Pilze an Bucheckern. Allg Forstz 47:642–645

Duchesne LC, Hubbes M, Jeng RS (1992) Biochemistry and molecular biology of defense reactions in the xylem of angiosperm trees. In: Blanchette RA, Biggs AR (eds) Defense mechanisms of woody plants against fungi. Springer, Berlin, 133–146

Dujesiefken D (1992) Einfluß von Wundverschlußmitteln auf die Wundreaktionen von Bäumen. Gesunde Pflanzen 44:306–310

Dujesiefken D, Kowol T (1991) Das Plombieren hohler Bäume mit Polyurethan. Forstw Cbl 110:176–184

Dujesiefken D, Kowol T, Liese W (1988) Vergleich der Schnittführungen bei der Astung von Linde und Rosskastanie. Allg Forstz 43:331–332, 336

Dujesiefken D, Liese W (1990) Einfluß der Verletzungszeit auf die Wundheilung bei Buche (Fagus sylvatica L.). Holz Roh-Werkstoff 48:95–99

Dujesiefken D, Liese W (1991) Sanierungszeit und Kronenschnitt – Stand der Kenntnis. Gartenamt 40:455–459

Dujesiefken D, Liese W (1992) Holzschutzmittel zur Wundbehandlung bei Bäumen? Gesunde Pflanzen 44:303–306

Dujesiefken D, Peylo A, Liese W (1991) Einfluß der Verletzungszeit auf die Wundreaktionen verschiedener Laubbäume und der Fichte. Forstw Cbl 110:371–380

Dujesiefken D, Seehann G (1992) Desinfektion und Pilzbefall künstlicher Baumwunden. Gesunde Pflanzen 44:157–160

Dumas MT (1992) Inhibition of Armillaria by bacteria isolated from soils of the Boreal Mixedwood Forest of Ontario. Eur J For Pathol 22:11–18

Dumas MT, Boyonoski NW (1992) Scanning electron microscopy of mycoparasitism of Armillaria rhizomorphs by species of Trichoderma. Eur J For Pathol 22:379–383

Dzierzon M, Zull J (1990) Altbauten zerstörungsarm untersuchen. Bauaufnahme, Holzuntersuchung, Mauerfeuchtigkeit. Verlagsges Müller, Köln

Ebrahim-Nesbat F, Izadpanah K (1992) Viruslike particles associated with ringfleck mosaic of mountain ash and a mosaic disease of raspberry in the Bavarian Forest. Eur J For Pathol 22:1–10

Eckstein D, Dujesiefken D (1993) Frost: Auslöser, aber nicht Beginn der Komplexkrankheit. Zum Eichensterben in Berlin. Allg Forstz 48:666

Eckstein D, Liese W (1979) Untersuchungen über die gegenseitige Beeinflussung einiger Moderfäulepilze auf künstlichem Nährboden. Mat Org 5:81–93

Eguchi F, Higaki M (1992) Production of new species of edible mushrooms by protoplast fusion method. I. Protoplast fusion and fruiting body formation between Pleurotus ostreatus and Agrocybe cylindricea. Mokuzai Gakkaishi 38:403–410

Eisenhut G (1992) Kein Wassertransport in Bäumen durch „negativen Druck". Allg Forstz 47:1292–1294

Elliott CG, Abou-Heilah AN, Leake DL, Hutchinson SA (1979) Analysis of wood-decaying ability of monokaryons and dikaryons of Serpula lacrymans. Trans Br Mycol Soc 73:127–133

Elliott ML, Watkinson S (1989) The effect of α-aminoisobutyric acid on wood decay and wood spoilage fungi. Int Biodetn 25:355–371

Elliott TJ (1985) Developmental genetics. In: Moore D, Casselton LA, Wood DA, Frankland JC (eds) Developmental biology of higher fungi. Cambridge University Press, Cambridge, 451–465

Elstner E (1983) Baumkrankheiten und Baumsterben. Naturwiss Rundschau 36:381–388

Elstner EF, Osswald W (1984) Fichtensterben in „Reinluftgebieten": Strukturresistenzverlust. Naturwiss Rundschau 37:52–61

Engesser KH, Fischer P (1991) Degradation of haloaromatic compounds. In: Betts WE (ed) Biodegradation: natural and synthetic compounds. Springer, London, 15–54

Enoki A, Tanaka H, Fuse G (1988) Degradation of lignin-related compounds, pure cellulose, and wood components by white-rot and brown-rot fungi. Holzforsch 42:85–93

Enoki A, Yoshioka S, Tanaka H, Fuse G (1990) Extracellular H_2O_2-producing and one electron oxidation system of brown-rot fungi. IRG/WP/1445:16 pp

Erb B, Matheis W (1983) Pilzmikroskopie. Präparation und Untersuchung von Pilzen. Franckh, Stuttgart

Eriksson K-E (1985) Potential use of microorganisms in wood bioconversion. Symp Proc 2 Marcus Wallenberg Found, 9–26

Eriksson K-E, Grünewald A, Nilsson T, Vallander L (1980) A scanning electron microscopy study of the growth and attack on wood by three white-rot fungi and their cellulase-less mutants. Holzforsch 34:207–213

Eriksson K-E, Johnsrud SC (1986) Microbial delignification of lignocellulosic materials. Papier 40:33–37

Eriksson K-E, Kolar M-C (1985) Microbial degradation of chlorolignins. Environ Sci Technol 19:1086–1089

Eriksson K-E, Petterson B, Volc J, Musilek V (1986) Formation and partial characterization of glucose-2-oxidase, a H_2O_2 producing enzyme in *Phanerochaete chrysosporium*. Appl Microbiol Biotechnol 23:257–262

Eriksson K-EL (1990) Biotechnology in the pulp and paper industry. Wood Sci Technol 24:79–101

* Eriksson K-EL, Blanchette RA, Ander P (1990) Microbial and enzymatic degradation of wood and wood components. Springer, Berlin

Eslyn E, Lombard FF (1983) Decay in mine timbers. II. Basidiomycetes associated with decay of coal mine timbers. For Prod J 33:19–23

Esser K (1989) Anwendung von Methoden der klassischen und molekularen Genetik bei der Züchtung von Nutzpflanzen. Mushroom Sci XII, Vol I:1–23

Esser K, Hoffmann P (1977) Genetic basis for speciation in higher basidiomycetes with special reference to the genus *Polyporus*. In: Clémençon H (ed) The species concept in Hymenomycetes. Cramer, Vaduz, 189–214

Esser K, Kuenen R (1967) Genetik der Pilze. Springer, Berlin

Esser PM, Tas AC (1992) Detection of dry rot by air analysis. IRG/WP/5383:28

Eusebio MA, Quimio MJ (1975) Microbially modified wooden-pencil slats. Forpridge Digest IV:11–18

Evans CS (1991) Enzymes of lignin degradation. In: Betts WE (ed) Biodegradation: natural and synthetic compounds. Springer, London, 175–184

Faison BD, Kirk TK (1985) Factors involved in the regulation of a ligninase activity in *Phanerochaete chrysosporium*. Appl Environ Microbiol 49:299–304

Faix O (1992) New aspects of lignin utilization in large amounts. Papier 46:733–740

Faix O (1993) Lignin, das verkannte (verbrannte) Naturprodukt. Holz-Zbl 119:185–186

Faix O, Böttcher JH (1993) Determination of phenolic hydroxyl group contents in milled wood lignins by FTIR spectroscopy applying partial least-squares (PLS) and principal components regression (PCR). Holzforsch 47:45–49

Faix O, Bremer J, Schmidt O, Stevanović J (1991) Monitoring of chemical changes in white-rot degraded beech wood by pyrolysis-gas chromatography and Fourier-transform infra-red spectroscopy. J Anal Appl Pyrolysis 21:147–162

Faix O, Meier D, Fortmann I (1990) Thermal degradation products of wood. Gas chromatographic separation and mass spectrometric characterization of monomeric lignin derived products. Holz Roh-Werkstoff 48:281–285

Falck R (1909) Die Lenzites-Fäule des Coniferenholzes. Hausschwammforsch 3:234 S

Falck R (1912) Die Meruliusfäule des Bauholzes. Hausschwammforsch 6:405 S

Falck R (1927) Gutachten über Schwammfragen. Hausschwammforsch 9:12–64

* Fengel D, Wegener G (1989) Wood: Chemistry, Ultrastructure, Reactions, 2nd edn. de Gruyter, Berlin

Fergus CL (1960) Illustrated genera of wood decay fungi. Burgess, Minneapolis

* Findlay WPK (1967) Timber pests and diseases. Pergamon, Oxford

Findlay WPK (ed) (1985) Preservation of timber in the tropics. Martinus Nijhoff/Dr W Junk Publ, Dordrecht

Findlay WPK, Savory JG (1954) Moderfäule. Die Zersetzung von Holz durch niedere Pilze. Holz Roh-Werkstoff 12:293–296

Fink S, Braun HJ (1978a) Zur epidemischen Erkrankung der Weißtanne *Abies alba* Mill. I. Untersuchungen zur Symptomatik und Formulierung einer Virus-Hypothese. Allg Forst Jagdz 149:145–150

Fink S, Braun HJ (1978 b) Zur epidemischen Erkrankung der Weißtanne *Abies alba* Mill. II. Vergleichende Literaturbetrachtung hinsichtlich anderer „Baumsterben". Allg Forst Jagdz 149:184 – 195

Flick M, Lelley J (1985) Die Rolle der Mykorrhiza in den Waldgesellschaften unter besonderer Berücksichtigung der Baumschäden. Forst-Holzwirt 40:154 – 162

Florence EJM, Sharma JK (1990) *Botryodiplodia theobromae* associated with blue staining in commercially important timbers of Kerala and its possible biological control. Mat Org 25:193 – 199

Flournoy DS, Kirk TK, Highley TL (1991) Wood decay by brown-rot fungi: changes in pore structure and cell wall volume. Holzforsch 45:383 – 388

Forss K, Jokinen K, Lehtomäki M (1986) Aspects of the pekilo protein process. Paperi ja Puu 11:839 – 844

Fortnagel P, Wittich R-M, Harms H, Schmidt S, Franke S, Sinnwell W, Wilkes H, Francke W (1989) New bacterial degradation of the biaryl ether structure. Regioselective dioxygenation prompts cleavage of ether bonds. Naturwissensch 76:523 – 524

Fougerousse M (1959) Das Problem des Schutzes frischer Hölzer in den Tropen. Mitt Dtsch Ges Holzforsch 46:5 – 7

Fougerousse M (1966) Champignons lignicoles des bois fraichement abattus en Afrique Tropicale. Suppl 1 Mat Org: 343 – 349

Fougerousse M (1985) Protection of logs and sawn timber. In: Findlay WPK (ed) Preservation of timber in the tropics. Martinus Nijhoff/Dr W Junk Publ, Dordrecht, 75 – 119

Fox RTV (1990) Diagnosis and control of *Armillaria* honey fungus root rot of trees. Profess Horticult 4:121 – 127

Francke-Grosmann H (1958) Über die Ambrosiazucht holzbrütender Ipiden im Hinblick auf das System. 14. Verhandlungsber Dtsch Ges angew Entomol 1957:139 – 144

* Frankland JC, Hedger JN, Swift MJ (eds) (1982) Decomposer basidiomycetes: their biology and ecology. Univ Press, Cambridge

Frenzel B (1983) Beobachtungen eines Botanikers zur Koniferenerkrankung. Allg Forstz 38:743 – 747

Fujimura T, Inoue M, Furuno T, Imamura Y, Jodai S (1993) Improvement of the durability of wood with acrylic-high-polymer. V. Adsorption of hydrophilic acrylic polymer onto woods swollen with acetone. Mokuzai Gakkaishi 39:315 – 321

Furuno T, Shimada K, Uehara T, Jodai S (1992) Combinations of wood and silicate. II. Wood-mineral composites using water glass and reactants of barium chloride, boric acid, and borax, and their properties. Mokuzai Gakkaishi 38:448 – 457

Gaebeler J (1980) Neuester Stand der Rindenverwertung zu Humus. Holz-Zbl 106:33 – 34

Gaebeler J (1993) Aktueller Stand des Rindenmarktes. Die Werksentrindung in der Holzindustrie wird 25 Jahre alt. Holz-Zbl 119:1497, 1506

Gasch J, Pekny G, Krapfenbauer A (1991) Mykoplasmen-ähnliche Organismen und Eichensterben. MLO in den Siebröhren des Bastes erkrankter Eichen. Allg Forstz 46:500

Gentle T, Barclay RL, Fairbairn G (1978) The conservation of a large exterior wood sculpture: „Sally Grant" restored. Oxford Corgr 1978. Int Inst Conserv Historic Artistic Works London, 111 – 115

Gersonde M (1958a) Untersuchungen über die Giftempfindlichkeit verschiedener Stämme von Pilzarten der Gattungen *Coniophora, Poria, Merulius* und *Lentinus*. II. *Poria vaporaria* Fr. und *Poria vaillantii* (D.C.) Fr. Holzforsch 12:104 – 114

Gersonde M (1958b) Untersuchungen über die Giftempfindlichkeit verschiedener Stämme von Pilzarten der Gattungen *Coniophora, Poria, Merulius* und *Lentinus*. I. *Coniophora cerebella* (Pers.) Duby. Holzforsch 12:73 – 83

Gilbertson RL, Ryvarden L (1986, 1987) North American Polypores, 2 Vols. Fungiflora, Oslo

Giron MY, Morrell JJ (1989) Interactions between microfungi isolated from fumigant-treated Douglas-fir heartwood and *Poria placenta* and *Poria carbonica*. Mat Org 24:39 – 49

Glancy H, Palfreyman JW (1993) Production of monoclonal antibodies to *Serpula lacrymans* and their application in immunodetection systems. IRG/WP/93-10004:10 pp

Glancy H, Palfreyman JW, Button D, Bruce A, King B (1990a) Use of an immunological method for the detection of Lentinus edodes in distribution poles. J Inst Wood Sci 12:59−64

Glancy H, Palfreyman JW, Nicoll G, Button D, King B (1990b) Production of monoclonal antibodies to *Serpula lacrymans*. IRG/WP/5355:5 pp

Glenn JK, Morgan MA, Mayfield MB, Kuwahara M, Gold MH (1983) An extracellular H_2O_2-requiring enzyme preparation involved in lignin biodegradation by the white rot basidiomycete Phanerochaete chrysosporium. Biochem Biophys Res Commun 114:1077−1083

Golovleva LA, Zaborina O, Pertsova R, Baskunov B, Schurukhin Y, Kuzmin S (1992) Degradation of polychlorinated phenols by *Streptomyces rochei* 303. Biodegradation 2:201−208

González AE, Grinbergs J, Griva E (1986) Biologische Umwandlung von Holz in Rinderfutter − „Palo podrido". Zentralbl Mikrobiol 141:181−186

Gooday GW (1985) Elongation of stipe of *Coprinus cinereus*. In: Moore D, Casselton LA, Wood DA, Frankland JC (eds) Developmental biology of higher fungi. Cambridge University Press, Cambridge, 311−331

Goodell B, Daniel G, Jellison J, Nilsson T (1988) Immunolocalization of extracellular metabolites from *Postia placenta*. IRG/WP/1361:16 pp

Göbl F (1993a) Biologische Eignungsprüfung für Containersubstrate. Österreichische Forstztg 2:16−17

Göbl F (1993b) Mykorrhiza- und Feinwurzeluntersuchungen in Fichtenbeständen des Böhmerwaldes. Österreichische Forstztg 2:35−38

Görlacher R (1987) Zerstörungsfreie Prüfung von Holz: Ein „in situ"-Verfahren zur Bestimmung der Rohdichte. Holz Roh-Werkstoff 45:273−278

Göttsche R, Borck HV (1990) Wirksamkeit Kupfer-haltiger Holzschutzmittel gegenüber *Agrocybe aegerita* (Südlicher Schüppling). Mat Org 25:29−46

Göttsche R, Borck H-V, Peek R-D, Stephan I (1992) Zur Reaktion von kupferhaltigen Holzschutzmitteln mit oxalsäurebildenden Basidiomyceten. 19. Holzschutztagung 1992. Dtsch Ges Holzforsch: 33−80

Göttsche-Kühn H, Frühwald A (1986) Holzeigenschaften von Fichten aus Waldschadensgebieten. Untersuchungen an gelagertem Holz. Holz Roh-Werkstoff 44:313−318

Götz W (1993) Von der Holz- zur Substratkultur von Shiitake. Champignon 371:13−16

Götze H, Schultze-Dewitz G, Liese W (1989) Zum 150. Geburtstag von Robert Hartig. Beitr Forstwirtsch 23:92−97

* Grabbe K, Hilber O (eds) (1989) Proceedings of the twelfth international congress on the science and cultivation of edible fungi 1987. Mushroom Sci XII, 2 Vols

Granata G, Parisi A, Cacciola SO (1992) Electrophoretic protein profiles of strains of Ceratocystis fimbriata f. sp. platani. Eur J For Pathol 22:58−62

Greaves H, Nilsson T (1982) Soft rot and the microdistribution of water-borne preservatives in three species of hardwoods following field test exposure. Holzforsch 36:207−213

Green III F, Clausen CA, Larsen MJ, Highly TL (1991b) Immuno-scanning electron microscopic localization of extracellular polysaccharidases within the fibrillar sheath of the brown-rot fungus *Postia placenta*. IRG/WP/1497:12 pp

Green III F, Hackney JM, Clausen CA, Larsen MJ, Highley TL (1993) The role of oxalic acid in short fiber formation by the brown-rot fungus *Postia placenta*. IRG/WP/ 93-10028:9 pp

Green F, Larsen MJ, Murmanis LL, Highley TL (1989) Proposed model for the penetration and decay of wood by the hyphal sheath of the brown-rot fungus *Postia placenta*. IRG/WP/1391:16 pp

Green III F, Larsen MJ, Winandy JE, Highley TL (1991a) Role of oxalic acid in incipient brown-rot decay. Mat Org 26:191−213

Griffin DM (1977) Water potential and wood-decay fungi. Ann Rev Phytopathol 15:319−329

Griffith GS, Boddy L (1991) Fungal decomposition of attached angiosperm twigs. III. Effect of water potential and temperature on fungal growth, survival and decay of wood. New Phytologist 117:259−269

Grinda M, Kerner-Gang W (1982) Prüfung der Widerstandsfähigkeit von Dämmstoffen gegenüber Schimmelpilzen und holzzerstörenden Basidiomyceten. Mat Org 17:135–156

Grosclaude C, Olivier R, Romiti C, Pizzuto JC (1990) *In vitro* antagonism of some wood destroying basidiomycetes towards *Ceratocystis fimbriata* f.sp. *platani*. Agronomie 10:403–405

Groß M, Mahler G, Rathke K-H (1991) Holzqualität, Auslagerung und Bearbeitung von beregnetem Fichten/Tannen-Stammholz. Holz-Zbl 117:2440–2442

* Grosser D (1985) Pflanzliche und tierische Bau- und Werkholzschädlinge. DRW Weinbrenner, Leinfelden-Echterdingen

Grosser D, Eichhorn M, Grabow F (1990) WTA-Merkblatt 1-2-90 (Entwurf). Der Echte Hausschwamm – Erkennung, Lebensbedingungen, vorbeugende und bekämpfende Maßnahmen, Leistungsverzeichnis. Bautenschutz Bausanierung 13:35–52

Grosser D, Lesnino G, Schulz H (1991) Histologische Untersuchungen über das Schutzholz einheimischer Laubbäume. Holz Roh-Werkstoff 49:65–73

Grosser D, Weißbrodt A (1987) WTA-Merkblatt 1-87 (Entwurf). Das Heißluftverfahren zur Bekämpfung tierischer Holzzerstörer in Bauwerken. Bautenschutz Bausanierung 1:53–60

Grove SN (1978) The cytology of hyphal tip growth. In: Smith JE, Berry DR (eds) The filamentous fungi, Vol 3. Developmental mycology. Arnold, London, 28–50

Gull K (1978) Form and function of septa in filamentous fungi. In: Smith JE, Berry DR (eds) The filamentous fungi, Vol 3. Developmental mycology. Arnold, London, 78–93

Guillaumin J-J et al (1993) Geographical distribution and ecology of the Armillaria species in western Europe. Eur J For Pathol 23:321–341

Habermehl A, Ridder H-W (1992) Methodik der Computer-Tomographie zur zerstörungsfreien Untersuchung des Holzkörpers von stehenden Bäumen. Holz Roh-Werkstoff 50:465–474

Habermehl A, Ridder H-W (1993a) Anwendung der mobilen Computer-Tomographie zur zerstörungsfreien Untersuchung des Holzkörpers von stehenden Bäumen. Forstbotanische Untersuchungen. Holz Roh-Werkstoff 51:1–6

Habermehl A, Ridder H-W (1993b) Anwendung der mobilen Computer-Tomographie zur zerstörungsfreien Untersuchung des Holzkörpers von stehenden Bäumen. Untersuchungen an Allee- und Parkbäumen. Holz Roh-Werkstoff 51:101–106

Hagen P-O (1971) The effect of low temperatures on microorganisms: conditions under which cold becomes lethal. In: Hugo WB (ed) Inhibition and destruction of the microbial cell. Academic Press, London, 39–76

Haider K (1988) Der mikrobielle Abbau des Lignins und seine Bedeutung für den Kreislauf des Kohlenstoffs. Forum Mikrobiol 11:477–483

Hajny GJ (1966) Outside storage of pulpwood chips. A review and bibliography. Tappi J 49:97–105

Hallaksela A-M (1984) Causal agents of butt-rot in Norway spruce in southern Finland. Silva Fenn 18:237–243

Halmschlager E, Butin H, Donaubauer E (1993) Endophytische Pilze in Blättern und Zweigen von Quercus petraea. Eur J For Pathol 23:51–63

Handke HH (1963) Zur Fruchtkörperbildung holzbewohnender Basidiomyceten in Kultur. In: Lyr H, Gillwald W (Hrsg) Holzzerstörung durch Pilze. Akademie Verl, Berlin, 43–50

Hanlin RT (1990) Illustrated genera of ascomycetes. Am Phytopathol Soc, Minnesota

Hansen K (1988) Bacterial staining of Samba (Triplochiton scleroxylon). IRG/WP/1362:8 pp

Harms H, Wittich R-M, Sinnwell V, Meyer H, Fortnagel P, Francke W (1990) Transformation of dibenzo-*p*-dioxin by *Pseudomonas* sp. strain HH69. Appl Environ Microbiol 56:1157–1159

Harmsen L (1960) Taxonomic and cultural studies of brown spored species of the genus *Merulius*. Friesia 6:233–277

Harmsen L, Bakshi BK, Choudhury TG (1958) Relationship between *Merulius lacrymans* and *M. himantioides*. Nature 4614:1011

Hartford WH (1993) The environmental chemistry of chromium: science vs. U.S. law. IRG/WP/93-50014:8 pp

Hartig R (1874) Wichtige Krankheiten der Waldbäume. Beiträge zur Mykologie und Phytopathologie für Botaniker und Forstmänner. Springer, Berlin

Hartig R (1878) Die Zersetzungserscheinungen des Holzes der Nadelbäume und der Eiche in forstlicher, botanischer und chemischer Richtung. Springer, Berlin

Hartig R (1982) Lehrbuch der Baumkrankheiten. Springer, Berlin

Hartig R (1985) Die Zerstörung des Bauholzes durch Pilze. Der ächte Hausschwamm. Springer, Berlin

Härtig C, Lorbeer H (1991) Mikroorganismen zur Bioconversion von Lignin. Mat Org 26:31–52

Hartley C, Davidson RW, Crandall BS (1961) Wetwood, bacteria, and increased pH in trees. For Prod Lab Madison Rep 2215:34 pp

Hartmann G, Blank R (1992) Winterfrost, Kahlfraß und Prachtkäferbefall als Faktoren im Ursachenkomplex des Eichensterbens in Norddeutschland. Forst Holz 47:443–452

Hartmann G, Blank R, Lewark S (1989) Eichensterben in Norddeutschland. Verbreitung, Schadbilder, mögliche Ursachen. Forst Holz 44:475–487

Härtner H, Barth V (1992) Ein neuer fungizider und insektizider Wirkstoff – entwickelt speziell für den Einsatz im Holzschutz. 19. Holzschutztagung 1992. Dtsch Ges Holzforsch: 87–95

Hawksworth DL, Sutton BC, Ainsworth GC (1983) Ainsworth and Bisby's dictionary of the fungi, 7th edn. Commw Mycol Inst, Kew

Hedley M, Meder R (1992) Bacterial brown stain on sawn timber cut from water-stored logs. IRG/WP/1532-92:9 pp

Hedley ME, Drysdale JA (1986) Decay of preservative treated softwood posts used in horticulture in New Zealand. I. A national survey to assess incidence and severity. Mat Org 20:35–51

Hegarty B (1991) Factors affecting the fruiting of the dry rot fungus Serpula lacrymans. In: Jennings DH, Bravery AF (eds) Serpula lacrymans. Fundamental biology and control strategies. Wiley, Chichester, 39–53

Hegarty B, Buchwald G, Cymorek S, Willeitner H (1986) Der Echte Hausschwamm – immer noch ein Problem? Mat Org 21:87–99

Hegarty B, Schmitt U (1988) Basidiospore structure and germination of Serpula lacrymans and Coniophora puteana. IRG/WP/1340:15 pp

Hegarty B, Schmitt U, Liese W (1987) Light and electronmicroscopical investigations on basidiospores of the dry rot fungus Serpula lacrymans. Mat Org 22:179–189

Hegarty B, Seehann G (1987) Influence of natural temperature variation on fruitbody formation by Serpula lacrymans (Wulfen: Fr.) Schroet. Mat Org 22:81–86

Henningsson B (1967) The physiology, inter-relationship and effects on the wood of fungi which attack birch and aspen pulpwood. Swed Univ Agric Sci Dept For Prod Res Note 19:10 pp

Henningsson B (1975) Methods for determining fungal biodeterioration in wood and wood products. Swed Univ Agric Sci Dept For Prod Res Note 49:277–292

Hering TF (1982) Decomposition activity of basidiomycetes in forest litter. In: Frankland JC, Hedger JN, Swift MJ (eds) Decomposer basidiomycetes: their biology and ecology. Univ Press, Cambridge, 213–225

Herrick FW, Hergert HL (1977) Utilization of chemicals from wood: retrospect and prospect. In: Loewus FA, Runeckles VC (eds) The structure, biosynthesis and degradation of wood. Plenum, New York, 443–515

Hettler W, Breyne S, Maler M (1992) Gesundheits- und Umweltaspekte bei der praktischen Anwendung von Cu-HDO-haltigen Holzschutzmitteln im Kesseldruckverfahren. 19. Holzschutztagung 1992. Dtsch Ges Holzforsch: 217–239

Heybroek HM (1982) Der stille Tod der Ulmen. Umschau 82:154–158

Highley TL (1988) Cellulolytic activity of brown-rot and white-rot fungi on solid media. Holzforsch 42:211–216

Highley TL (1991) Degradation of cellulose by brown-rot fungi. In: Rossmoore HW (ed) Biodeterioration and biodegradation 8. Elsevier Appl Sci, New York, 529–530

Highley TL, Illmann BL (1991) Progress in understanding how brown-rot fungi degrade cellulose. Biodetn Abstr 5:231–244

Highley TL, Murmanis LL (1984) Ultrastructural aspects of cellulose decomposition by white-rot fungi. Holzforsch 38:73–78

Highley TL, Ricard J (1988) Antagonism of *Trichoderma* spp. and *Gliocladium virens* against wood decay fungi. Mat Org 23:157–169

Higuchi T (1990) Lignin biochemistry: Biosynthesis and biodegradation. Wood Sci Technol 24:23–63

Hilber O, Wüstenhöfer B (1992) Revitalisierung eines Fichtenbestandes durch Mykorrhizapilze. Allg Forstz 47:370–371

Hillis WE (1977) Secondary changes in wood. Rec Adv Phytochem 11:247–309

Hillner K, Streckert G (1992) Steinkohlenteer-Imprägnieröle für den Holzschutz. 19. Holzschutztagung 1992. Dtsch Ges Holzforsch: 99–113

Hintika V (1982) The colonisation of litter and wood by basidiomycetes in Finnish forests. In: Frankland JC, Hedger JN, Swift MJ (eds) Decomposer basidiomycetes: their biology and ecology. Univ Press, Cambridge, 227–239

Hock B, Bartunek A (1984) Ektomykorrhiza. Naturwiss Rundschau 37:437–444

Hof T (1971) Water storage as cause of occasional paint failure on preservative treated spruce in the Netherlands. Mitt Bundesforschungsanst Forst-Holzwirtsch 83:59–70

Hof T (1981a) *Gloeophyllum abietinum* (Bull. ex Fr.) Karst. In: Cockcroft R (ed) Some wood-destroying basidiomycetes, Vol 1 of a collection of monographs. Int Res Group Wood Preserv, Boroko, Papua New Guinea, 55–66

Hof T (1981b) *Gloeophyllum sepiarium* (Wulf. ex Fr.) Karst. In: Cockcroft R (ed) Some wood-destroying basidiomycetes, Vol 1 of a collection of monographs. Int Res Group Wood Preserv, Boroko, Papua New Guinea, 67–79

Hof T (1981c) *Gloeophyllum trabeum* (Pers. ex Fr.) Murrill. In: Cockcroft R (ed) Some wood-destroying basidiomycetes, Vol 1 of a collection of monographs. Int Res Group Wood Preserv, Boroko, Papua New Guinea, 81–94

Holdenrieder O (1982) Kristallbildung bei Heterobasidion annosum (Fr.) Bref. (Fomes annosus P. Karst) und anderen holzbewohnenden Pilzen. Eur J For Pathol 12:41–58

Holdenrieder O (1984a) Untersuchungen zur biologischen Bekämpfung von Heterobasidion annosum an Fichte (Picea abies) mit antagonistischen Pilzen. I. Inokulumproduktion und Interaktionstests in vitro. Eur J For Pathol 14:17–32

Holdenrieder O (1984b) Untersuchungen zur biologischen Bekämpfung von Heterobasidion annosum an Fichte (Picea abies) mit antagonistischen Pilzen. II. Interaktionstests auf Holz. Eur J For Pathol 14:137–153

Holdenrieder O (1989) *Heterobasidion annosum* und *Armillaria mellea* s.l.: Aktuelle Forschungsansätze zu zwei alten forstpathologischen Problemen. Schweiz Z Forstwesen 140:1055–1067

Hopper DJ (1991) Aspects of the aerobic degradation of aromatics by microorganisms. In: Betts WE (ed) Biodegradation: natural and synthetic compounds. Springer, London, 1–14

Horrière F (1978) Etude comparative des exigences trophiques de quelques basidiomycètes supérieurs fructifiant sur milieux synthétiques – analyse bibliographie. Mushroom Sci X, Vol I:665–682

Horvath RS, Brendt MM, Cropper DG (1976) Paint deterioration as a result of the growth of *Aureobasidium pullulans* on wood. Appl Environ Microbiol 32:505–507

Höster HR (1974) Verfärbungen bei Buchenholz nach Wasserlagerung. Holz Roh-Werkstoff 52:270–277

Houston DR (1984) Stress related to diseases. Arboricult J 8:137–149

Hübsch P (1991) Abteilung Ständerpilze, Basidiomycota. In: Benedix EH et al (Hrsg) Die große farbige Enzyklopädie Urania-Pflanzenreich: Viren, Bakterien, Algen, Pilze. Urania, Leipzig, 469–568

Hulme MA, Shields JK (1975) Antagonistic and synergistic effects for biological control of decay. In: Liese W (ed) Biological transformation of wood by microorganisms. Springer, Berlin, 52–63

Hundt von H (1985) Die Verfärbung von Ilomba-Schnittholz (*Pycanthus angolensis* Exell.) während der Trocknung und Möglichkeiten zur Verhinderung der Verfärbung. Diplomarb Fachb Biol Univ Hamburg

Hüttermann A (1991) Richard Falck, his life and work. In: Jennings DH, Bravery AF (eds) *Serpula lacrymans*. Fundamental biology and control strategies. Wiley, Chichester, 193–206

Illman BL (1991) Oxidative degradation of wood by brown-rot fungi. In: Pell E, Steffen K (eds) Active oxygen/oxidase stress and plant metabolism. Americ Soc Plant Physiologists 6, Rockville, 97–196

Illman BL, Meinholtz DC, Highley TL (1988a) An electron spin resonance study of manganese changes in wood decayed by the brown-rot fungus, *Postia placenta*. IRG/WP/1359:10 pp

Illman BL, Meinholtz DC, Highley TL (1988b) Generation of hydroxyl radical by the brown-rot fungus. *Postia placenta*. IRG/WP/1360:9 pp

Illner HM (1992) Entsorgungsprobleme in Holzschutzmittel-verarbeitenden Betrieben – Erfahrungen aus der Praxis. 19. Holzschutztagung 1992. Dtsch Ges Holzforsch: 269–279

Jacquiot C (1981) Coriolus versicolor (L. ex Fr.) Quél. In: Cockcroft R (ed) Some wood-destroying basidiomycetes, Vol 1 of a collection of monographs. Int Res Group Wood Preserv, Boroko, Papua New Guinea, 27–37

* Jahn H (1990) Pilze an Bäumen. Patzer, Berlin

Jakob F, Jäger EJ, Ohmann E (1987) Botanik, 3. Aufl. Fischer, Stuttgart

Jansen E, Forster B, Engesser R, Odermatt O, Meier F (1993) Forstschutzsituation 1992 in der Schweiz. Allg Forstz 48:348–351

Jellison J, Chandhoke V, Goodell B, Fekete F (1991) The action of siderophores isolated from *Gloeophyllum trabeum* on the structure and crystallinity of cellulose compounds. IRG/WP/1479:16 pp

Jellison J, Goodell B (1988) Immunological detection of decay in wood. Wood Sci Technol 22:293–297

Jellison J, Smith KC, Shortle WT (1992) Cation analysis of wood degraded by white- and brown-rot fungi. IRG/WP/1552-92:16 pp

Jennings DH (1987) Translocation of solutes in fungi. Biol Rev 62:215–243

Jennings DH (1989) Some thoughts on the future strategy for eradicating *Serpula lacrymans* in buildings. IRG/WP/1405:6 pp

Jennings DH (1991) The physiology and biochemistry of the vegetative mycelium. In: Jennings DH, Bravery AF (eds) *Serpula lacrymans*. Fundamental biology and control strategies. Wiley, Chichester, 55–79

* Jennings DH, Bravery AF (eds) (1991) *Serpula lacrymans*: Fundamental biology and control strategies. Wiley, Chichester

Jensen FK (1969) Oxygen and carbon dioxide concentrations in sound and decaying red oak trees. For Sci 59:246–251

Job-Cei C, Keller J, Job D (1991) Selective delignification of sulphite pulp paper: assessment of 40 white rot fungi. Mat Org 26:215–226

Johnson BR (1980) Responses of wood decay fungi to polyoxin D, an inhibitor of chitin synthesis. Mat Org 15:9–24

Johnson BR (1986) Sensitivity of some wood stain and mold fungi to an inhibitor of chitin synthesis. For Prod J 36:54–56

Johnson BR, Chen GC (1983) Occurrence and inhibition of chitin in cell walls of wood-decay fungi. Holzforsch 37:255–259

Johnson BR, Croan SC, Illman BL (1992) Chitin synthetase in cellular fractions of wood-decay fungi. IRG/WP/1524-92:6 pp

Johnson GC, Thornton JD (1991) An in-ground natural durability field test of Australian timbers and exotic reference species. VII. Incidence of white, brown and soft rot in hardwood stakes after 19 and 21 years' exposure. Mat Org 26:183–190

Johnsrud SC (1988) Selection and screening of white-rot fungi for delignification and upgrading of lignocellulosic materials. In: Zadražil F, Reiniger P (eds) Treatment of lignocellulosics with white rot fungi. Elsevier Appl Sci, London, 50–55

Jones EBW (1982) Decomposition by basidiomycetes in aquatic environments. In: Frankland JC, Hedger JN, Swift MJ (eds) Decomposer basidiomycetes: their biology and ecology. Univ Press, Cambridge, 191–212

Jones EBW, Turner RD, Furtado SEJ, Kühne H (1976) Marine biodeteriogenic organisms. I. Lignicolous fungi and bacteria, and the wood boring molluscs and crustacea. Int Biodetn Bull 12:120–134

Jordan H-D (1992) Wald schützen – Holz nutzen. Holz-Zbl 118:2037–2038

Jülich W (1984) Basidiomyceten 1. Teil. Die Nichtblätterpilze, Gallertpilze und Bauchpilze (Aphyllophorales, Heterobasidiomycetes, Gastromycetes). In: Gams H (Hrsg) Kleine Kryptogamenflora, Band 2b/1. Fischer, Stuttgart

Käärik A (1965) The identification of the mycelia of wood-decay fungi by their oxidation reactions with phenolic compounds. Stud For Suec 31:80 pp

Käärik A (1975) Succession of microorganisms during wood decay. In: Liese W (ed) Biological transformation of wood by microorganisms. Berlin, Springer, 39–51

Käärik A (1980) Fungi causing sap stain in wood. Swed Univ Agric Sci Dept For Prod 114:112 pp

Käärik A (1981) Coniophora puteana (Schum. ex Fr.) Karst. In: Cockcroft R (ed) Some wood-destroying basidiomycetes, Vol 1 of a collection of monographs. Int Res Group Wood Preserv, Boroko, Papua New Guinea, 11–21

Kajihara J-i, Hattori T, Shirono H, Shimada M (1993) Characterization of antiviral water-soluble lignin from bagasse degraded by Lentinus edodes. Holzforsch 47:479–485

Kalberer P (1992) Moderne Methoden des Pleurotus-Anbaus. Champignon 369:176–184

Kallio T (1971) Protection of spruce stumps against Fomes annosus (Fr.) Cooke by some woodinhabiting fungi. Acta For Fenn 117:20 pp

Kandler O (1983) Waldsterben: Emissions- oder Epidemie-Hypothese. Naturwiss Rundschau 36:488–490

Kantelinen A, Hortling B, Ranua M, Viikari L (1993) Effects of fungal and enzymatic treatments on isolated lignins and on pulp bleachability. Holzforsch 47:29–35

Kappen L (1993) Flechten. Algen als Partner oder als Opfer. Naturwiss Rundschau 46:260–267

Karnop G (1972a) Morphologie, Physiologie und Schadbild der Nicht-Cellulose-Bakterien aus wasserlagerndem Nadelholz. Mat Org 7:119–132

Karnop G (1972b) Celluloseabbau und Schadbild an einzelnen Holzkomponenten durch Clostridium omelianskii in wasserlagerndem Nadelholz. Mat Org 7:189–203

Karstedt P, Liese W, Willeitner H (1971) Untersuchungen zur Verhütung von Transportschäden bei anfälligen Tropenhölzern. Holz Roh-Werkstoff 29:409–415

Kattner D (1990) Zur Pathogenität von Trichoderma polysporum (Rifai) an Fichtenkeimlingen (Picea abies Karst.). Allg Forst Jagdz 162:60–62

Kaufmann W, Sinner M, Dietrichs HH (1978) Zur Verdaulichkeit von Stroh und Holz nach Aufschluß mit gesättigtem Wasserdampf sowie Extraktion mit Wasser und verdünnter Natronlauge. Z Tierphysiol Tierernährg Futtermittelkde 40:91–96

Kaune P (1967) Beitrag zur Laboratoriumsprüfung mit Moderfäulepilzen. Mat Org 2:229–238

Kawai S, Umezawa T, Higuchi T (1988) Degradation mechanisms of phenolic β-1 lignin substructure model compounds by laccase of Coriolus versicolor. Arch Biochem Biophys 262:99–110

Kawchuk LM, Hutchinson LJ, Reid J (1993) Stimulation of growth, sporulation, and potential staining capability in Ceratocystiopsis falcata. Eur J For Pathol 23:178–181

Kehr RD, Wulf A (1993) Fungi associated with above-ground portions of declining oaks (Quercus robur) in Germany. Eur J For Pathol 23:18–27

Keilisch G, Bailey P, Liese W (1970) Enzymatic degradation of cellulose, cellulose derivatives and hemicelluloses in relation to the fungal decay of wood. Wood Sci Technol 4:273–283

Keller R, Nussbaumer T (1993) Bestimmung des Stickstoffgehaltes von Holz und Holzwerkstoffen mittels Oxidation und Chemolumineszenz-Detektion von Stickstoffmonoxid. Holz Roh-Werkstoff 51:21–26

Keller T (1989) Neuere Ergebnisse. In: Schmidt-Vogt H (Hrsg) Die Fichte. Bd II/2 Krankheiten, Schäden, Fichtensterben. Parey, Hamburg, 280–314

Kern V, Monzer J, Dressel K (1991) Einfluß der Schwerkraft auf die Fruchtkörperentwicklung von Pilzen. Heraeus Instruments 2:2 S

Kerner-Gang W (1970) Untersuchungen an isolierten Moderfäule-Pilzen. Mat Org 5:33 – 57

Kerner-Gang W, Grinda M (1984) Prüfung der Widerstandsfähigkeit von Furnierplatten gegenüber holzzerstörenden Basidiomyceten. Holz Roh-Werkstoff 42:41 – 49

Kerner-Gang W, Nirenberg HI (1980) Isolierung von Pilzen aus beschädigten, langfristig gelagerten Büchern. Mat Org 15:225 – 233

Kerner-Gang W, Nirenberg HI (1985) Identifizierung von Schimmelpilzen aus Spanplatten und deren matrixbezogenes Verhalten in vitro. Mat Org 20:265 – 276

Kerner-Gang W, Schneider R (1969) Von optischen Gläsern isolierte Schimmelpilze. Mat Org 4:281 – 296

Kerr AJ, Goring DAI (1975) The ultrastructural arrangement of the wood cell wall. Cellul Chem Technol 9:563 – 573

Kerruish RM, Da Costa EWB (1963) Monocaryotization of cultures of *Lenzites trabea* (Pers.) Fr. and other wood-destroying basidiomycetes by chemical agents. Ann Bot 27:653 – 670

Keyserlingk van H (1982) Die Ulmenkrankheit und der Borkenkäfer. Ansatzpunkte zur Schadensminderung. Forschung Mitt DFG 4:12 – 14

Kile GA, Watling R (1983) *Armillaria* species from South Eastern Australia. Trans Br Mycol Soc 81:129 – 140

Kim YS (1987) Micromorphological and chemical changes of archaeological woods from wrecked ship's timbers. IRG/WP/4136:9 pp

Kim YS (1991) Immunolocalization of extracellular fungal metabolites from *Tyromyces palustris*. IRG/WP/1491:10 pp

Kim YS, Choi JH, Bae HJ (1992) Ultrastructural localization of extracellular fungal metabolites from *Tyromyces palustris* using TEM and immunogold labelling. Mokuzai Gakkaishi 38:490 – 494

Kim YS, Goodell B, Jellison J (1991) Immuno-electron microscopic localization of extracellular metabolites in spruce wood decayed by brown-rot fungus *Postia placenta*. Holzforsch 45:389 – 393

Kim YS, Goodell B, Jellison J (1993) Immunogold labelling of extracellular metabolites from the white-rot fungus *Trametes versicolor*. Holzforsch 47:25 – 28

Kim YS, Jellison J, Goodell B, Tracy V, Chandhoke V (1991) The use of ELISA for the detection of white- and brown-rot fungi. Holzforsch 45:403 – 406

Kim YS, Singh A (1993) Ultrastructural aspects of bacterial attacks on archaeological wood. IRG/WP/93-10007:11 pp

Kirk H (1973) Untersuchungen über die Zerstörungsintensität von Pilzstämmen verschiedener Herkunft der Gattungen *Coniophora, Lentinus, Poria, Gloeophyllum* und *Chaetomium*. Holztechnol 14:79 – 86

Kirk H, Schultze-Dewitz G (1989) 50 Jahre standardisierte mykologische Holzschutzmittelprüfung in Eberswalde. Holztechnol 30:225 – 228

Kirk TK (1985) The discovery and promise of lignin-degrading enzymes. Symp Proc 2 Marcus Wallenberg Found: 27 – 42

Kirk TK (1988) Lignin degradation by *Phanerochaete chrysosporium*. ISI Atlas Sci, Biochem 1:71 – 76

Kirk TK, Burgess RR, Koning JW (1992) Use of fungi in pulping wood: An overview of biopulping research. In: Leatham GF (ed) Frontiers in industrial mycology. Routledge, Chapman & Hall, New York, 99 – 111

Kirk TK, Ibach R, Mozuch MD, Connor AH, Highley TL (1991) Characteristics of cotton cellulose depolymerized by a brown-rot fungus, by acid, or by chemical oxidants. Holzforsch 45:239 – 244

Kirk TK, Tien M (1986) Lignin degrading activity of *Phanerochaete chrysosporium* Burds.: comparison of cellulase-negative and other strains. Enzyme Microb Technol 8:75 – 80

Kirk TK et al (1993) Biopulping – a glimpse of the future? USDA Forest Serv Res Pap FPL-RP-523:74 pp

Kjerulf-Jensen C, Koch AP (1992) Investigation of microwave heating as a means of eradicating dry rot attack in buildings. IRG/WP/1545-92:9 pp

Klein E (1991) Wunden, Naßkern und Baumsterben am Beispiel der Weißtanne (*Abies alba* Mill.). Holz-Zbl 117:2318, 2322, 2324−2326

Klein-Gebbinck HW, Blenis PV (1991) Spread of *Armillaria ostoyae* in juvenile lodgepole pine stands in west central Alberta. Can J For Res 21:20−24

Knigge H (1985) Struktur und Topochemie der Tüpfelmembranen und der Thyllen von Laubhölzern und Möglichkeiten ihrer enzymatischen Veränderung zur Verbesserung der Wegsamkeit. Diss Fachb Biol Univ Hamburg

Knoch L (1992) Entsorgung schutzbehandelter Hölzer als Sonderabfall. 19. Holzschutztagung 1992. Dtsch Ges Holzforsch: 281−292

Knowles J, Lehtovaara P, Teeri T (1987) Cellulase families and their genes. Tibtech 5:255−261

Knutson DM (1973) The bacteria, wetwood, and heartwood of trembling aspen (*Populus tremuloides*). Can J Bot 51:498−500

Koch AP (1990) Occurrence, prevention and repair of Dry Rot. IRG/WP/1439:9 pp

Koch AP (1991) The current status of dry rot in Denmark and control strategies. In: Jennings DH, Bravery AF (eds) *Serpula lacrymans*. Fundamental biology and control strategies. Wiley, Chichester, 147−154

Koenigs JW (1974) Hydrogen peroxide and iron: a proposed system for decomposition of wood by brown-rot basidiomycetes. Wood Fiber 6:66−80

Kofugita H, Matsushita A, Ohsaki T, Asada Y, Kuwahara M (1992) Production of phenol oxidizing enzyme in wood-meal medium by white rot fungi. Mokuzai Gakkaishi 38:950−955

Kohlmeyer J (1977) New genera and species of higher fungi from the deep sea (1615−5315 m). Rev Mycol 41:189−206

Koller M (1978) Altar retables of the late gothic period in Austria: wood construction and conservation problems. Oxford Congr 1978. Int Inst. Conserv Historic Artistic Works London, 89−98

Kollmann F (1987) Poren und Porigkeit in Hölzern. Holz Roh-Werkstoff 45:1−9

Komora F, Mahdakova O, Brechtl J, Babjak M (1992) Imprägnierung von Fichtenholz. Holz-Zbl 121:1922−1924

Korhonen K (1978a) Intersterility groups of *Heterobasidion annosum*. Commun Inst For Fenn 94:1−25

Korhonen K (1978b) Interfertility and clonal size in the *Armillaria mellea* complex. Karstenia 18:31−42

Korhonen K, Bobko I, Hanso S, Piri T, Vasiliaukas A (1992) Intersterility groups of Heterobasidion annosum in some spruce and pine stands in Byelorussia, Lithuania and Estonia. Eur J For Pathol 22:384−391

Körner I, Faix O, Wienhaus O (1992) Versuche zur Bestimmung des Braunfäule-Abbaus von Kiefernholz mit Hilfe der FTIR-Spektroskopie. Holz Roh-Werkstoff 50:363−367

Körner S, Niemz P, Wienhaus O, Bemmann A (1990b) Untersuchungen an Holz von immissionsgeschädigten Fichten mit Hilfe der IR-Spektroskopie. Holz Roh-Werkstoff 48:422

Körner S, Pecina H, Wienhaus O (1990a) Untersuchungen zur Erkennung des beginnenden Braunfäulebefalls an Holz mit Hilfe der Infrarotspektroskopie. Holz Roh-Werkstoff 48:413−416

Korotaev AA (1991) Untersuchungen zur künstlichen Mykorrhizabildung der Fichtensämlinge. Forstarch 62:182−184

Kottke I, Oberwinkler F (1986) Mycorrhiza of forest trees − structure and function. Trees: 1−24

Krahmer RL, Morrell JJ, Choi A (1986) Double-staining to improve visualisation of wood decay hyphae in wood sections. IAWA Bull n s 7:165−167

Krajewski KJ, Ważny J (1992a) Airborne algae as wood degradation factor. IRG/WP/1549-92:11 pp

Krajewski KJ, Ważny J (1992b) Die Struktur von mit aerophyten Algen infiziertem Holz. Holz Roh-Werkstoff 50:256

Kramer CL (1982) Production, release and dispersal of basidiospores. In: Frankland JC, Hedger JN, Swift MJ (eds) Decomposer basidiomycetes: their biology and ecology. Univ Press, Cambridge, 33−49

Kreber B, Morrell JJ (1993) Ability of selected bacterial and fungal bioprotectants to limit fungal stain in ponderosa pine sapwood. Wood Fiber Sci 25:23−34

Kreisel H (1961) Die phytopathogenen Großpilze Deutschlands. VEB Fischer, Jena

* Kreisel H (1969) Grundzüge eines natürlichen Systems der Pilze. VEB Fischer, Jena

Kučera KJ (1986) Kernspintomographie und elektrische Widerstandsmessung als Diagnosemethoden der Vitalität erkrankter Bäume. Schweiz Z Forstwesen 137:673−690

Kučera KJ (1990) Der Naßkern, besonders bei der Weißtanne. Schweiz Z Forstwesen 141:892−908

Kühn K-D (1992) Zusammensetzung einer VAM-Pilzpopulation eines natürlichen feuchten Standortes. Angew Bot 66:46−51

Kula M-R (1986) Enzymtechnologie. In: Gottschalk G et al (Hrsg) Biotechnologie. Verlagsges Schulfernsehen, Köln 75−90

Kumar S (1971) Causes of natural durability in timber. J Timber Dev Assoc India 18:1−15

Kutscheidt J (1992) Schutzwirkung von Mykorrhizapilzen gegenüber Hallimaschbefall. Allg Forstz 47:381−383

Lackner R, Srebotnik E, Messner K (1991) Secretion of ligninolytic enzymes by hyphal autolysis of the white rot fungus Phanerochaete chrysosporium. IRG/WP/1480:14 pp

Laks PE, Park CG, Richter DL (1993) Anti-sapstain efficacy of borates against Aureobasidium pullulans. For Prod J 43:33−34

Laks PE, Pruner MS, Pickens JB, Woods TL (1992) Efficacy of chlorothalonil against 15 wood decay fungi. For Prod J 42:33−38

Lam TH, Dimitri L, Schumann G (1984) Verfahrensvergleich beim Aufbringen von Schutzmitteln nach Rückeschäden an Fichte. Holz-Zbl 110:2045−2047

Lamar RT (1992) The role of fungal lignin-degrading enzymes in xenobiotic degradation. Curr Opinion Biotechnol 3:261−266

Landi L, Staccioli G (1992) Acidity of wood and bark. Holz Roh-Werkstoff 50:238

Langendorf G (1961) Handbuch für den Holzschutz. VEB Fachbuchverl, Leipzig

Larsen MJ, Rentmeester RM (1992) Valid names for some common decay fungi and their synonyms. IRG/WP/1522-92:18 pp

Lawniczak M (1978) Modification of wood and possibilities of lignomer. Application for floors in freight cars and railway ties production. Holzforsch Holzverwert 30:25−31

Leatham GF (1983) A chemically defined medium for fruiting of Lentinus edodes. Mycologia 75:905−908

Lederer W, Seemüller S (1991) Occurrence of mycoplasma-like organisms in diseased and non-symptomatic alder trees (Alnus spp.). Eur J For Pathol 21:90−96

Lee D-H, Takahashi M, Tsunoda K (1992a) Fungal detoxification of organoiodine wood preservatives. 1. Decomposition of the chemicals in shake cultures of wood-decaying fungi. Holzforsch 46:81−86

Lee D-H, Takahashi M, Tsunoda K (1992b) Fungal detoxification of organoiodine wood preservatives. 2. Fungal metabolism in the decomposition of the chemicals. Holzforsch 46:467−469

Lee J-S, Furukawa I, Tomoyasu S (1993) Preservative effectiveness against Tyromyces palustris in wood after pre-treatment with chitosan and impregnation with chromated copper arsenate. Mokuzai Gakkaishi 39:103−108

Lehringer S (1985) Welche Bedeutung haben Pilze, Viren und andere Mikroorganismen für die Walderkrankung? Allg Forstz 47:1283−1285

Leightley LE (1986) An evaluation of anti-sapstain chemicals in Queensland, Australia. IRG/WP/3374:6 pp

Leightley LE, Eaton RA (1980) Micromorphology of wood decay by marine microorganisms. Biodetn Proc 4th Int Symp Berlin 1978. Pitman, London, 83−88

Leiße D (1992) Holzschutzmittel im Einsatz: Bestandteile, Anwendungen und Umweltbelastungen. Bauverlag, Wiesbaden, Berlin

* Lelley J (1991) Pilzbau. Biotechnologie der Kulturspeisepilze. Ulmer, Stuttgart

Lelley J (1992) Erfahrungen aus der Versuchsanstalt in Krefeld. Problematik und Perspektiven der angewandten Mykorrhizaforschung. Allg Forstz 47:368−369

Lemke G (1992) Shii-take-Anbau. Verkürzte Übersetzung von Laborde J. Champignon-Bull 51, 1991. Champignon 366:38, 40

Leslie H, Morton G, Eggins HOW (1976) Studies of interactions between wood-inhabiting microfungi. Mat Org 11:197−214

Leslie JF, Leonard TJ (1979) Three independent genetic systems that control initiation of a fungal fruiting body. Mol gen Genet 171:257−260

Lessel-Dummel A (1983) Zum Stand von Forschung und Züchtung ulmenkrankheitsresistenter Ulmen. Allg Forstz 38:518−519

Levy JF (1966) The soft rot fungi and their mode of entry into wood and woody cell walls. Suppl 1 Mat Org: 55−60

Levy JF (1975 a) Colonization of wood by fungi. In: Liese W (ed) Biological transformation of wood by microorganisms. Springer, Berlin, 16−23

Levy JF (1975 b) Bacteria associated with wood in ground contact. In: Liese W (ed) Biological transformation of wood by microorganisms. Springer, Berlin, 64−73

Lewis KJ, Hansen EM (1991) Vegetative compatibility groups and protein electrophoresis indicate a role for basidiospores in spread of *Inonotus tomentosus* in spruce forests of British Columbia. Can J Bot 69:1756−1763

Lewis NG, Paice MG (1989) Plant cell wall polymers. Biogenesis and biodegradation. Am Chem Soc, Washington

Lewis PK (1976) The possible significance of the hemicelluloses in wood decay. Suppl 3 Mat Org: 113−119

Li CY (1981) Phenoloxidase and peroxidase activities in zone lines of *Phellinus weirii*. Mycologia 73:811−821

Liang ZR, Chang ST (1989) A study on intergeneric hybridization between *Pleurotus sajorcaju* and *Schizophyllum commune* by protoplast fusion. Mushroom Sci XII, Vol I:125−137

Libotte V (1984) Développement de champignons dans les boiseries et les joints de mortier. CSTC Rev 19:37−39

Liese J (1934) Über die Möglichkeit einer Pilzzucht im Walde. Dtsch Forstbeamte 25:3 S

Liese J (1950) Zerstörung des Holzes durch Pilze und Bakterien. In: Mahlke F, Troschel R, Liese J (Hrsg) Handbuch der Holzkonservierung, III. Aufl. Springer, Berlin, 44−111

Liese J, Stamer J (1934) Vergleichende Versuche über die Zerstörungsintensität einiger wichtiger holzzerstörender Pilze und die hierdurch verursachte Festigkeitsverminderung des Holzes. Angew Bot 16:363−372

Liese W (1955) On the decomposition of the cell wall by micro-organisms. Rec Br Wood Preserv Assoc: 159−160

Liese W (1959) Die Moderfäule, eine neue Krankheit des Holzes. Naturwiss Rundschau 11:419−425

Liese W (1964) Über den Abbau verholzter Zellwände durch Moderfäulepilze. Holz Roh-Werkstoff 22:289−295

Liese W (1966) Mikromorphologische Veränderungen beim Holzabbau durch Pilze. Beih 1 Mat Org: 13−26

Liese W (1967) History of wood pathology. Wood Sci Technol 1:169−173

Liese W (1970a) The action of fungi and bacteria during wood deterioration. Rec Br Wood Preserv Assoc: 281−294

Liese W (1970b) Ultrastructural aspects of woody tissue disintegration. Annu Rev Phytopathol 8:231−258

* Liese W (ed) (1975) Biological transformation of wood by microorganisms. Springer, Berlin

Liese W (1977) Entwicklungstendenzen der biologischen Holzschutzforschung. Holz-Zbl 103:2339−2340

Liese W (1981) Feinstruktur und mikrobieller Abbau des Holzes. In: Der Wald als Rohstoffquelle. Schriftenreihe Forstl Fak Univ Göttingen und Niedersächs Forstl Versuchsanst 69:140−149

Liese W (1982) Forschung für den Holzschutz durch Wissenschaft und Industrie. Holz-Zbl 108:1452−1465

Liese W (1986a) Biologische Resistenz und Tränkbarkeit von Fichtenholz aus Waldschadens-gebieten. Holz Roh-Werkstoff 44:325–326

Liese W (1986b) Strategien zur Lagerung und Konservierung von Rundholz. Int Kongr Interforst München Dok 5:277–295

Liese W (1989) 50 Jahre Holzschutzforschung in der DGFH. Holz Roh-Werkstoff 47:501–507

Liese W (1992a) 100 Jahre IUFRO – Tradition und Verpflichtung. Beitr Forstwirtsch Land-schaftsökol 26:49–51

Liese W (1992b) Holzbakterien und Holzschutz. Mat Org 27:191–202

Liese W, Adolf P, Gerstetter E (1973) Qualitätsänderungen an Rohmasten während längerer Freiluftlagerung. Holz Roh-Werkstoff 31:480–483

Liese W, Ammer U (1964) Über den Befall von Buchenholz durch Moderfäulepilze in Ab-hängigkeit von der Holzfeuchtigkeit. Holzforsch 18:97–102

Liese W, Dujesiefken D (1988) Reaktionen von Bäumen auf Verletzungen. Gartenamt 37:436–440

Liese W, Dujesiefken D (1989) Wundreaktionen bei Laubbäumen. 2. Symp Ausgewählte Probl Gehölzphysiol – Gehölze, Mikroorganismen und Umwelt. Tharandt: 75–80

Liese W, Karnop G (1968) Über den Befall von Nadelholz durch Bakterien. Holz Roh-Werk-stoff 26:202–208

Liese W, Karstedt P (1971) Erfahrungen mit der Wasserlagerung von Windwurfhölzern zur Qualitätserhaltung. Forstarch 42:41–47

Liese W, Pechmann von H (1959) Untersuchungen über den Einfluß von Moderfäulepilzen auf die Holzfestigkeit. Forstw Cbl 78:271–279

Liese W, Peek R-D (1985) Tränkbarkeit von Fichtenholz aus immissionsgeschädigten Beständen. Holz Roh-Werkstoff 43:507–509

Liese W, Peek R-D (1987) Erfahrungen bei der Lagerung und Vermarktung von Holz im Katastrophenfall. Allg Forstz 42:909–912

Liese W, Peters G-A (1977) Über mögliche Ursachen des Befalls von CCA-imprägniertem Laubholz durch Moderfäulepilze. Mat Org 12:263–270

Liese W, Schmid R (1962) Elektronenmikroskopische Untersuchungen über den Abbau von Holz durch Pilze. Angew Bot 36:291–298

Liese W, Schmid R (1963) Fibrilläre Strukturen an den Hyphen holzzerstörender Pilze. Naturwissensch 50:102–103

Liese W, Schmid R (1964) Über das Wachstum von Bläuepilzen durch verholzte Zellwände. Phytopathol Z 51:385–393

Liese W, Schmid R (1966) Untersuchungen über den Zellwandabbau von Nadelholz durch Trametes pini. Holz Roh-Werkstoff 24:454–460

Liese W, Schmidt O (1975) Zur Giftwirkung einiger Holzschutzmittel gegenüber Bakterien. Holz Roh-Werkstoff 33:62–65

Liese W, Schmidt O (1976) Hemmstoff-Toleranz und Wuchsverhalten einiger holzzerstören-der Basidiomyceten im Ringschalentest. Mat Org 11:97–108

Liese W, Schmidt O (1986) Zur möglichen Ausbreitung von Bakterien in saftfrischem Splint-holz von Fichte. Holzforsch 40:389–392

Liese W, Schmitt U (1988) On the involvement of viroids, viruses, and prokaryotic organisms in the West German forest dieback. Proc 9th IURFRO Mycoplasma Conf New Dehli 1985, Malhotra Publ House, 16–22

Liese W, Walter K (1980) Deterioration of bagasse during storage and its prevention. Proc 4th Int Biodetn Symp Berlin 1978. Pitman, London, 247–250

Liese W, Willeitner H (1980) Wood preservation research in the Federal Republic of Germa-ny. Am Wood Preserv Assoc Meet 1980, 182–190

Lindberg M (1992) S and P intersterility groups in Heterobasidion annosum: Infection fre-quencies through bark of Picea abies and Pinus sylvestris seedlings and in vitro growth rates at different oxygen levels. Eur J For Pathol 22:41–45

Lindberg M, Johansson M (1991) Growth of Heterobasidion annosum through bark of Picea abies. Eur J For Pathol 21:377–388

Lindner KE (1991) Die Viren. Die Bakterien. In: Benedix EH et al (Hrsg) Die große farbige Enzyklopädie Urania-Pflanzenreich: Viren, Bakterien, Algen, Pilze. Urania, Leipzig, 28 – 162

Linn J (1990) Über die Bedeutung von Viren und primitiven Mikroorganismen für das Waldökosystem. Forst Holz 13:378 – 382

Lipponen K (1991) Juurikäävän kantotartunta ja sen torjunta ensiharvennusmetsiköissä. (Stump infection by *Heterobasidion annosum* and its control in stands at the first thinning stage.) Folia For Helsinki 770:12 pp

Little BFP (1991) Commercial aspects of bioconversion technology. In: Betts WE (ed) Biodegradation: natural and synthetic compounds. Springer, London, 219 – 234

Livingston WH (1990) *Armillaria ostoyae* in young spruce plantations. Can J For Res 20:1773 – 1778

Livsey S, Barklund P (1992) Lophodermium piceae and Rhizosphaera kalkhoffii in fallen needles of Norway spruce (Picea abies). Eur J For Pathol 22:204 – 216

Lloyd JD, Dickinson DJ (1992) Comparison of the effects of borate, germanate and tellurate on fungal growth and wood decay. IRG/WP/1533-92:16 pp

Lombard FF (1990) A cultural study of several species of *Antrodia* (Polyporaceae, Aphyllophorales). Mycologia 82:185 – 191

Lombard FF, Chamuris GP (1990) Basidiomycetes. In: Wang CJK, Zabel RA (eds) Identification manual for fungi from utility poles in the eastern United States. Am Type Culture Collection, Rockville, 21 – 104

Lönnberg B, Bruun H, Lindquist J (1991) UV-Mikrospektrometrische Untersuchungen von Holz und Fasern. Teil 1. Ligninverteilung im Jahrring. Paperi ja Puu 75:848 – 851

Lopez SE, Bertoni MD, Cabral D (1990) Fungal decay in creosote-treated *Eucalyptus* power transmission poles. I. Survey of the flora. Mat Org 25:287 – 293

Loske D, Hüttermann A, Majcherczyk A, Zadražil F, Lorsen H, Waldinger P (1990) Use of white-rot fungi for clean-up of contaminated sites. In: Coughlan MP, Amaral Collaco MT (eds) Advances in biological treatment of lignocellulosic materials. Elsevier Appl Sci, London, 311 – 321

Lowe JL (1957) Polyporaceae of North America. The genus Fomes. State Univ Coll For Syracuse Univ Techn Publ 80, 97 pp

Lunderstädt J (1990) Untersuchungen zur Abhängigkeit der Buchen-Rindennekrose von der Stärke des Befalls durch Cryptococcus fagisuga in Buchen-(Fagus sylvatica-)Wirtschaftswäldern. Eur J For Pathol 20:65 – 76

Lunderstädt J (1992) Stand der Ursachenforschung zum Buchensterben. Forstarch 63:21 – 24

Luthardt W (1963) Myko-Holz-Herstellung, Eigenschaften und Verwendung. In: Lyr H, Gillwald W (Hrsg) Holzzerstörung durch Pilze. Akademie Verl, Berlin, 83 – 88

* Luthardt W (1969) Holzbewohnende Pilze. Ziemsen, Wittenberg

Lyr H (1958) Über den Nachweis von Oxydasen und Peroxydasen bei höheren Pilzen und die Bedeutung dieser Enzyme für die Bavendamm-Reaktion. Planta 50:359 – 370

* Lyr H, Gillwald W (Hrsg) (1963) Holzzerstörung durch Pilze. Akademie Verl, Berlin

Lysek G (1978) Circadian rhythms. In: Smith JE, Berry DR (eds) The filamentous fungi. Vol 3. Developmental mycology. Arnold, London, 376 – 388

Magel EA, Höll W (1993) Storage carbohydrates and adenine nucleotides in trunks of *Fagus sylvatica* L. in relation to discolored wood. Holzforsch 47:19 – 24

Mahler G (1992) Konservierung von Holz durch Schutzgas. Allg Forstz 47:1024 – 1025

Mahler G, Klebes J, Kessel N (1986) Beobachtungen über außergewöhnliche Holzverfärbungen bei der Rotbuche. Allg Forstz 41:328

Majcherczyk A, Braun-Lüllemann A, Hüttermann A (1990) Biofiltration of polluted air by a complex filter based on white rot fungi growing on lignocellulosic substrates. In: Coughlan MP, Amaral Collaco MT (eds) Advances in biological treatment of lignocellulosic materials. Elsevier Appl Sci, London, 323 – 329

Majunke C, Veldmann G, Apel KH, Heydeck P, Kontzog H-G (1993) Waldschutzsituation in Brandenburg, Mecklenburg-Vorpommern, Sachsen-Anhalt und Berlin. Allg Forstz 48:343 – 347

Malik KA (1992) Some universal media for the isolation, growth and purity checking of a broad spectrum of microorganisms. World J Microbiol Biotechnol 8:453−456

Mallett KI (1990) Host range and geographic distribution of *Armillaria* root rot in the Canadian prairie provinces. Can J For Res 20:1859−1863

Manachère G (1980) Conditions essential for controlled fruiting of macromycetes − a review. Trans Br mycol Soc 75:255−270

Manion PD (1981) Tree disease concepts. Englewood Cliffs, N J Prentice-Hall

Martínez AT, Barrasa JM, Prieto A, Blanco MN (1991 a) Fatty acid composition and taxonomic status of *Ganoderma australe* from Southern Chile. Mycol Res 95:782−784

Martínez AT, Gonzáles AE, Valmaseda M, Dale BE, Lambregts MJ, Haw JF (1991 b) Solidstate NMR studies of lignin and plant polysaccharide degradation by fungi. Holzforsch 45 Suppl: 49−54

Marutzky R (1990) Entsorgung von mit Holzschutzmitteln behandelten Hölzern. Holz Roh-Werkstoff 48:19−24

Marx DH (1991) The practical significance of ectomycorrhizae in forest establishment. Symp Proc 7 Marcus Wallenberg Found: 54−90

Matsuda H (1993) Preparation and properties of oligoesterified wood blocks based on anhydride and epoxide. Wood Sci Technol 27:23−34

Matsuo N, Mohamed ABB, Meguro S, Kawachi S (1992) The effects of yeast extract on the fruiting of *Lentinus edodes* in a liquid medium. Mokuzai Gakkaishi 38:400−402

McCarthy BJ (1988) Use of rapid methods in early detection and quantification of biodeterioration − Part 1. Biodetn Abstr 2:189−196

McCarthy BJ (1989) Use of rapid methods in early detection and quantification of biodeterioration − Part 2. Biodetn Abstr 3:109−116

McDowell HE, Button D, Palfreyman JW (1992) Molecular analysis of the basidiomycete Coniophora puteana. IRG/WP/1534-92:12 pp

Melcher E (1993) Erfassung von Holzschutzmitteln der ehemaligen DDR und zu entsorgende Altlasten in den neuen Bundesländern. Bundesforschungsanst Forst-Holzwirtsch Nachrichten 31, H 1:4

Merrill W (1992) Mechanisms of resistance to fungi in woody plants: a historical review. In: Blanchette RA, Biggs AR (eds) Defense mechanisms of woody plants against fungi. Springer, Berlin, 1−12

* Merrill W, Lambert D, Liese W (1975) Important diseases of forest trees. By Dr. Robert Hartig 1874. Übersetzung und Bibliographie. Phytopathol Classics 12. Am Phytopathol Soc, St. Paul

Messner K, Foisner R, Stachelberger H, Röhr M (1985) Osmiophilic particles as a typical aspect of brown and white rot systems in transmission electron microscope studies. Trans Br mycol Soc 84:457−466

Messner K, Srebotnik E (1989) Mechanismen des Holzabbaus. 18. Holzschutz-Tagung 1989. Dtsch Ges Holzforsch: 93−106

Messner K, Stachelberger H (1984) Transmission electronmicroscope observations on brown rot caused by *Fomitopsis pinicola* with respect to osmiophilic particles. Trans Br mycol Soc 83:113−130

Meussdoerffer F, Hirsinger F (1991) New opportunities for agriculture from biotechnological methods and procedures in the field of renewable raw materials. Plant Res Dev 33:7−24

Meyer FH (1985) Die Rolle des Wurzelsystems beim Waldsterben. Forst-Holzwirt 40:351−358

Meyer FH (1987) Das Wurzelsystem geschädigter Waldbestände. Allg Forstz 42:754−757

Meyers PA, Leenheer MJ, Erstfeld KM, Bourbonniere RA (1980) Changes in spruce composition following burial in lake sediments for 10000 yr. Nature 287:534−536

Mez C (1908) Der Hausschwamm und die übrigen holzzerstörenden Pilze der menschlichen Wohnungen. Lincke, Dresden

Micales JA (1992) Oxalic acid metabolism of *Postia placenta*. IRG/WP/1566-92:11 pp

Micales JA, Bonde MR, Peterson GL (1992) Isoenzyme analysis in fungal taxonomy and molecular genetics. In: Arora DK, Elander RP, Mukerji KG (eds) Handbook of applied mycology, Vol 4. Fungal biotechnology. Marcel Dekker Inc, New York, 57−79

Michael E, Hennig B (1958–1963) Handbuch für Pilzfreunde, 4 Bde. VEB Fischer, Jena

Militz H (1993) Der Einfluß enzymatischer Behandlungen auf die Tränkbarkeit kleiner Fichtenproben. Holz Roh-Werkstoff 51:135–142

Militz H, Homan WJ (1992) Vorbehandlung von Fichtenholz mit Chemikalien mit dem Ziel der Verbesserung der Imprägnierbarkeit, Literaturbesprechung, Auswahlkriterien und Versuche mit kleinen Holzproben. Holz Roh-Werkstoff 50:485–491

Miller VV (1932) Points in the biology and diagnosis of house fungi. Rev appl Mycol 12:257–259. Aus: Savory JG (1964) Dry rot – a re-appraisal. Rec Br Wood Preserv Assoc 1964:69–70

Mirić M, Willeitner H (1984) Lethal temperature for some wood-destroying fungi with respect to eradication by heat treatment. IRG/WP/1229:8 pp

Mohamed ABB, Meguro S, Kawachi S (1992) The effects of light on primordia and fruit body formation of Lentinus edodes in a liquid medium. Mokuzai Gakkaishi 38:600–604

Moore RT (1985) The challenge of the dolipore/parenthesome septum. In: Moore D, Casselton LA, Wood DA, Frankland JC (eds) Developmental biology of higher fungi. Cambridge University Press, Cambridge, 175–212

Mori K, Takehara M (1989) Antitumor effect of virus-like particles from Lentinus edodes (Shiitake) on Ehrlich ascites tumor in mice. Mushroom Sci XII, Vol I:661–669

Mori K, Toyomasu T, Nanba H, Kuroda H (1989) Antitumor action of fruit bodies of edible mushrooms orally administered to mice. Mushroom Sci XII, Vol I:653–660

Morris PI (1992) Available iron promotes brown-rot of treated wood. IRG/WP/5383-92:9 pp

Morris PI, Dickinson DJ, Calver B (1992) Biological control of internal decay in Scots pine poles: A seven year experiment. IRG/WP/1529-92:15 pp

Moser M (1983) Kleine Kryptogamenflora. Basidiomyceten 2. Teil. Die Röhrlinge und Blätterpilze (Polyporales, Boletales, Agaricales, Russulales), 5. Aufl. Fischer, Stuttgart

Muheim A, Fiechter A, Harvey PJ, Schoemaker E (1992) On the mechanism of oxidation of non-phenolic lignin model compounds by the laccase-ABTS couple. Holzforsch 46:121–126

Muheim A, Leisola MSA, Schoemaker HE (1990) Aryl-alcohol oxidase and lignin peroxidase from the white-rot fungus Bjerkandera adusta. J Biotechnol 13:159–167

* Müller E, Loeffler W (1992) Mykologie, 5. Aufl. Thieme, Stuttgart

Müller H, Schmidt O (1990) Zucht des Speisepilzes Shii-take auf Holzreststoffen. Naturwiss Rundschau 43:11–15

Murdoch CW, Campana RJ (1983) Bacterial species associated with wetwood of elm. Phytopathol 73:1270–1273

Murmanis L, Highley TL, Palmer JG (1987) Cytochemical localization of cellulases in decayed and nondecayed wood. Wood Sci Technol 21:101–109

Murmanis L, Highley TL, Ricard J (1988) Hyphal interaction of Trichoderma harzianum and Trichoderma polysporum with wood decay fungi. Mat Org 23:271–279

Mwangi LM, Lin D, Hubbes M (1989) Identification of Kenyan Armillaria isolates by cultural morphology, intersterility tests and analysis of isoenzyme profiles. Eur J For Pathol 19:399–406

Mwangi LM, Lin D, Hubbes M (1990) Chemical factors in Pinus strobus inhibitory to Armillaria ostoyae. Eur J For Pathol 20:8–14

Nakai Y (1978) The mode of cytoplasmic separation between a basidiospore and a sterigma in shiitake mushroom, Lentinus edodes. Mushroom Sci X, Vol 1:191–199

Narayanamurti D, Ananthanarayanan S (1969) Resistance of dethiaminized wood to decay – note on further experiments. Indian Plywood Industries Res Assoc 8. Aus: Rayner ADM, Boddy L (1988) Fungal decomposition of wood. Its biology and ecology. Wiley, Chichester, 233

Neger FW (1911) Die Rötung des frischen Erlenholzes. Z Forst Landwirtsch 9:96–105

* Nienhaus F (1985a) Viren, Mykoplasmen und Rickettsien. Uni-Taschenbuch 1361. Ulmer, Stuttgart

Nienhaus F (1985b) Zur Frage der parasitären Verseuchung von Forstgehölzen durch Viren und primitive Mikroorganismen. Allg Forstz 40:119–124

Nienhaus F (1985c) Infectious diseases in forest trees caused by viruses, mycoplasma-like organisms and primitive bacteria. Experientia 41:597–603

Nienhaus F, Castello JD (1989) Viruses in forest trees. Annu Rev Phytopathol 27:165–186

Niku-Paavola ML, Raaska L, Itävaara M (1990) Detection of white-rot fungi by a non-toxic stain. Mycol Res 94:27–31

Nilsson K, Bjurman J (1990) Estimation of mycelial biomass by determination of ergosterol content of wood decayed by *Coniophora puteana* and *Fomes fomentarius*. Mat Org 25:275–285

Nilsson T (1974) Formation of soft rot cavities in various cellulose fibres by Humicola alopallonella Meyers and Moore. Stud For Suec 112:1–30

Nilsson T (1976) Soft-rot fungi – decay patterns and enzyme production. Suppl 3 Mat Org: 103–112

Nilsson T (1982) Comments on soft rot attack in timbers treated with CCA preservatives: a document for discussion. IRG/WP/1167:10 pp

Nilsson T, Daniel G (1992) Attempts to isolate tunnelling bacteria through physical separation from other bacteria by the use of cellophane. IRG/WP/1535-92:5 pp

Nilsson T, Obst JR, Daniel G (1988) The possible significance of the lignin content and lignin type on the performance of CCA-treated timber in ground contact. IRG/WP/ 1357:6 pp

Nilsson T, Singh A, Daniel G (1992) Ultrastructure of the attack of *Eusideroxylon zwageri* wood by tunnelling bacteria. Holzforsch 46:361–367

Nimmann B, Knigge W (1989) Anatomische Holzeigenschaften und Lagerungsverhalten von Kiefern aus immissionsbelasteten Standorten der Norddeutschen Tiefebene. Forstarch 60:78–83

Nobles MK (1965) Identification of cultures of wood-inhabiting Hymenomycetes. Can J Bot 43:1097–1139

Nozaki M (1979) Oxygenases and dioxygenases. Topics Curr Chem 78:145–186

Nunes L, Peixoto F, Pedroso MM, Santos JA (1991) Field trials of anti-sapstain products. Part 1. IRG/WP/3675:10 pp

Nuss I, Jennings DH, Veltkamp CJ (1991) Morphology of *Serpula lacrymans*. In: Jennings DH, Bravery AF (eds) *Serpula lacrymans*. Fundamental biology and control strategies. Wiley, Chichester, 9–38

Obst JR et al (1991) Characterization of Canadian Arctic fossil woods. In: Christie RL, McMillan NJ (eds) Tertiary fossil forests of the Geodetic Hills, Axel Heiberg Island, Arctic Archipelago. Geol Surv Canada 403. Ottawa, Canadian Government Publ Centre, 123–146

Oldham ND, Wilcox WW (1981) Control of brown stain in sugar pine with environmentally acceptable chemicals. Wood Fiber 13:182–191

Oleksyn J, Przybyl K (1987) Oak decline in the Soviet Union – Scale and hypotheses. Eur J For Pathol 17:321–336

Oppermann A (1951) Das antibiotische Verhalten einiger holzzersetzender Basidiomyceten zueinander und zu Bakterien. Arch Mikrobiol 16:364–409

Oriaran TP, Labosky P, Blankenhorn PR (1991) Kraft pulp and papermaking properties of *Phanerochaete chrysosporium* degraded red oak. Wood Fiber Sci 23:316–327

Orsler RJ (1992) Wood preservation – BRE research and progress towards Europe. J Inst Wood Sci 12:305–316

Otjen L, Blanchette RA (1984) *Xylolobus frustulatus* decay of oak: patterns of selective delignification and subsequent cellulose removal. Appl Environ Microbiol 47:670–676

Otjen L, Blanchette RA (1985) Selective delignification of aspen wood blocks in vitro by three white rot basidiomycetes. Appl Environ Microbiol 50:568–572

Otjen L, Blanchette R, Effland M, Leatham G (1987) Assessment of 30 white rot basidiomycetes for selective lignin degradation. Holzforsch 41:343–349

Ouellette GB, Rioux D (1992) Anatomical and physiological aspects of resistance to Dutch elm disease. In: Blanchette RA, Biggs AR (eds) Defense mechanisms of woody plants against fungi. Springer, Berlin, 257–307

Paajanen L (1986) A field test with anti-sapstain chemicals on sawn pine timber in Finland. IRG/WP/3368:11 pp

Paajanen LM (1993) Iron promotes decay capacity of Serpula lacrymans. IRG/WP/ 93-10008:3 pp

Paajanen LM, Ritschkoff A-C (1991) Effect of mineral wools on growth and decay capacities of Serpula lacrymans and some other brown-rot fungi. IRG/WP/1481:6 pp

Paajanen LM, Ritschkoff A-C (1992) Iron in stone wool – one reason for the increased growth and decay capacity of *Serpula lacrymans*. IRG/WP/1537-92:6 pp

Paajanen L, Viitanen H (1989) Decay fungi in Finnish houses on the basis of inspected samples from 1978 to 1988. IRG/WP/1401:4 pp

Palfreyman JW, Glancy H, Button D, Bruce A, Vigrow A, Score A, King B (1988) Use of immunoblotting for the analysis of wood decay basidiomycetes. IRG/WP/2307:8 pp

Palfreyman JW, Vigrow A, Button D, Hegarty B, King B (1991) The use of molecular methods to identify wood decay organisms. 1. The electrophoretic analysis of *Serpula lacrymans*. Wood Protect 1:15–22

Pantke M, Kerner-Gang W (1988) Hygiene am Arbeitsplatz – Bakterien und Schimmelpilze. Restauro 1:50–58

Parameswaran N, Liese W (1988) Occurrence of rickettsialike organisms and mycoplasmalike organisms in beech trees at forest dieback sites in the Federal Republic of Germany. In: Hiruki C (ed) Tree mycoplasmas and mycoplasma diseases. Univ Alberta Press, 109–114

Paul O (1990) Hausschwammbekämpfung mit Heißluft. Bautenschutz Bausanierung 1:12–15

Pearce MH (1990) *In vitro* interactions between *Armillaria luteobubalina* and other wood decay fungi. Mycol Res 94:753–761

Pearce RB (1991) Reaction zone relics and the dynamics of fungal spread in the xylem of woody angiosperms. Physiol Molec Plant Pathol 39:41–55

Pearce RB, Woodward S (1986) Compartmentalization and reaction zone barriers at the margin of decayed sapwood in *Acer saccharinum* L. Physiol Mol Plant Pathol 29:197–216

* Pechmann von H, Aufseß von H, Liese W, Ammer U (1967) Untersuchungen über die Rotstreifigkeit des Fichtenholzes. Beih 27 Forstw Cbl: 112 S

Peek R-D (1991) Holzschutz – wie geht's weiter? Dtsch Architektenbl 23:971–972, 974

Peek R-D, Liese W (1976) Schadwirkung von *Fomes annosus* im Stammholz der Fichte. In: Zycha H et al (Hrsg) Der Wurzelschwamm (Fomes annosus) und die Rotfäule der Fichte (Picea abies). Beih 36 Forstw Cbl: 39–46

Peek R-D, Liese W (1979) Untersuchungen über die Pilzanfälligkeit und das Tränkverhalten naßgelagerten Kiefernholzes. Forstw Cbl 98:280–288

Peek R-D, Liese W (1987) Braunfärbungen an lagernden Fichtenstämmen durch Gerbstoffe. Holz-Zbl 113:1372

Peek R-D, Liese W, Parameswaran N (1972a) Infektion und Abbau der Wurzelrinde von Fichte durch Fomes annosus. Eur J For Pathol 2:104–115

Peek R-D, Liese W, Parameswaran N (1972b) Infektion und Abbau des Wurzelholzes von Fichte durch Fomes annosus. Eur J For Pathol 2:237–248

Peek R-D, Militz H, Kettenis JJ (1992) Improvement of some technological and biological properties of poplar wood by impregnation with aqueous macromolecular compounds. IRG/WP/3721-92:19 pp

Peek R-D, Willeitner H (1984) Beschleunigte Fixierung chromathaltiger Holzschutzmittel durch Heißdampfbehandlung. Wirkstoffverteilung, fungizide Wirksamkeit, anwendungstechnische Fragen. Holz Roh-Werkstoff 42:241–244

Peek R-D, Willeitner H, Harm U (1980) Farbindikatoren zur Bestimmung von Pilzbefall im Holz. Holz Roh-Werkstoff 38:225–229

Pegler DN (1991) Taxonomy, identification and recognition of *Serpula lacrymans*. In: Jennings DH, Bravery AF (eds) *Serpula lacrymans*. Fundamental biology and control strategies. Wiley, Chichester, 1–7

Peredo M, Inzunza L (1990) Einfluß der Lagerzeit auf die mechanischen Eigenschaften des Holzes von *Pinus radiata*. Mat Org 25:231–239

Perez J, Jeffries TW (1992) Roles of manganese and organic acid chelators in regulating lignin degradation and biosynthesis of peroxidases by *Phanerochaete chrysosporium*. Appl Environ Microbiol 58:2402–2409

Petrowitz H-J (1993) Steinkohlenteeröl im Holzschutz. 50 Jahre Steinkohlenteeröl-Forschung für den Holzschutz in der Bundesanstalt für Materialforschung und -prüfung, Berlin. Holz-Zbl 119:747–748, 750

Petrowitz H-J, Kottlors C (1992) Nachweis von Holzschutzmittel-Wirkstoffen im Holz. Holz-Zbl 118:1919–1920

Philipp B, Stscherbina D (1992) Enzymatischer Abbau von Cellulosederivaten im Vergleich zu Cellulose und Lignocellulose. Papier 46:710–721

Philippi F (1893) Die Pilze Chiles, soweit dieselben als Nahrungsmittel gebraucht werden. Hedwigia 32:115–118

Prillinger HJ, Molitoris HP (1981) Praktische Bedeutung von Enzymspektren bei Pilzen. Champignon 233:28–34

Puls J (1992) α-Glucuronidases in the hydrolysis of wood xylans. In: Visser J, Beldman G, Kusters-van Someren MA, Voragen AGJ (eds) Xylans and xylanases. Progr Biotechnol 7. Elsevier, Amsterdam, 213–224

Puls J, Ayla C, Dietrichs HH (1983) Chemicals and ruminant feed from lignocelluloses by the steaming-extraction process. J Appl Polymer Sci. Appl Polymer Symp 37:685–695

Puls J, Schmidt O, Granzow C (1987) α-Glucuronidase in two microbial xylanolytic systems. Enzyme Microbiol Technol 9:83–88

Puls J, Stork G (1993) Zum Stand der Biotechnologie in der Zellstoff- und Papierindustrie. Papier 47:169–176

Puri VP (1984) Effect of crystallinity and degree of polymerization of cellulose on enzymatic saccharification. Biotechnol Bioeng 26:1219–1222

Raffa KF, Klepzig KD (1992) Tree defense mechanisms against fungi associated with insects. In: Blanchette RA, Biggs AR (eds) Defense mechanisms of woody plants against fungi. Springer, Berlin, 354–390

Raper CA (1985) Strategies for mushroom breeding. In: Moore D, Casselton LA, Wood DA, Frankland JC (eds) Developmental biology of higher fungi. Cambridge University Press, Cambridge, 513–528

* Raper JR (1966) Genetics of sexuality in higher fungi. Ronald, New York

Raper JR, Miles PG (1958) The genetics of Schizophyllum commune. Genetics 43:530–546

Rayner ADM (1993) New avenues for understanding processes of tree decay. Arboricult J 17:171–189

* Rayner ADM, Boddy L (1988) Fungal decomposition of wood. Its biology and ecology. Wiley, Chichester

Rayner ADM, Watling R, Frankland JC (1985) Resource relations – an overview. In: Moore D, Casselton LA, Wood DA, Frankland JC (eds) Developmental biology of higher fungi. Cambridge University Press, Cambridge, 1–40

Reese ET (1975) Polysaccharases and the hydrolysis of insoluble substrates. In: Liese W (ed) Biological transformation of wood by microorganisms. Springer, Berlin, 165–181

Reese ET (1977) Degradation of polymeric carbohydrates by microbial enzymes. In: Loewus FA, Runeckles VC (eds) The structure, biosynthesis and degradation of wood. Plenum, New York, 311–357

Reese ET, Siu RGH, Levinson HS (1950) The biological degradation of soluble cellulose derivatives and its relationship to the mechanism of cellulose hydrolysis. J Bacteriol 59:485–497

Rehfuess KE (1976) Der Ernährungszustand der Fichte und die Pilzhemmwirkung ihrer Bast- und Holzgewebe. In: Zycha H et al (Hrsg) Der Wurzelschwamm (Fomes annosus) und die Rotfäule der Fichte (Picea abies). Beih 36 Forstw Cbl: 58–66

Rehfuess KE (1983) Walderkrankungen und Immissionen – eine Zwischenbilanz. Allg Forstz 38:601–610

Rehfuess KE, Rodenkirchen H (1984) Über die Nadelröte-Erkrankung der Fichte (*Picea abies* Karst.) in Süddeutschland. Forstw Cbl 103:248–262

* Rehm H-J (1980) Industrielle Mikrobiologie, 2. Aufl. Springer, Berlin

Reindl J, Bäumler W, Feemers M, Maschning E (1993) Situation und Prognose des Schädlingsbefalls in Bayern 1992/93. Allg Forstz 48:327–333

Reinprecht L (1992) Strength of deteriorated wood in relation to its structure. Vedecké a pedagogické actuality TU Zvolene, CSFR 2:76 pp

* Reiß J (1986) Schimmelpilze. Springer, Berlin

Richter D, Baier U, Otto L-F (1993) Waldschutzsituation 1992/93 in Thüringen und Sachsen. Allg Forstz 48:340–342

Rishbeth J (1950) Observations on the biology of *Fomes annosus,* with particular reference to East Anglian pine plantations. I. The outbreak of the disease and ecological status of the fungus. Ann Bot 14:365–383

Rishbeth J (1951) Observations on the biology of *Fomes annosus,* with particular reference to East Anglian pine plantations. III. Natural and experimental infection of pines and some factors affecting severity of the disease. Ann Bot 58:221–247

Rishbeth J (1963) Stump protection against *Fomes annosus.* III. Inoculation with *Peniophora gigantea.* Ann Appl Biol 52:63–77

Rishbeth J (1985) *Armillaria:* resources and hosts. In: Moore D, Casselton LA, Wood DA, Frankland JC (eds) Developmental biology of higher fungi. Cambridge University Press, Cambridge, 87–101

Rishbeth J (1991) Armillaria in ancient broadleaved woodland. Eur J For Pathol 21:239–249

Ritschkoff A-C, Buchert J, Viikari L (1992a) Identification of carbohydrate degrading enzymes from the brown-rot fungus, *Gloeophyllum trabeum.* Mat Org 27:19–29

Ritschkoff A-C, Paajanen L, Viikari L (1990) The production of extracellular hydrogen peroxide by some brown-rot fungi. IRG/WP/1446:4 pp

Ritschkoff A-C, Pere J, Buchert J, Viikari L (1992b) The role of oxidation in wood degradation by brown-rot fungi. IRG/WP/1562-92:8 pp

Ritschkoff A-C, Viikari L (1991) The production of extracellular hydrogen peroxide by brown-rot fungi. Mat Org 26:157–167

Ritter G (1985) Bemerkungen zur forstmykologischen Nomenklatur. Beitr Forstwirtsch 19:178–182

Robene-Soustrade I, Lung-Escarmant B, Bono JJ, Taris B (1992) Identification and partial characterization of an extracellular manganese-dependent peroxidase in Armillaria ostoyae and Armillaria mellea. Eur J For Pathol 22:227–236

Roff JW, Cserjesi AJ, Swann GW (1974) Prevention of sap stain and mold in packaged lumber. Can Dept Environ For Serv 1325:43 pp

Roffael E, Miertzsch H, Schwarz T (1992a) Pufferkapazität und pH-Wert des Splintholzsaftes der Kiefer. Holz Roh-Werkstoff 50:171

Roffael E, Miertzsch H, Schwarz T (1992b) Pufferkapazität und pH-Wert des Splintholzsaftes der Fichte. Holz Roh-Werkstoff 50:260

Röhrig E (1991) Totholz im Wald. Forstl Umschau 34:259–270

Römmelt R, Kammerbauer H, Hock B (1987) Mykorrhizierung von Fichtenstecklingen. Allg Forstz 42:695–696

Rösch R (1972) Phenoloxidasen-Nachweis mit der Bavendamm-Reaktion im Ringschalen-Test. Zentralbl Bakt II 127:555–563

Rösch R, Liese W (1970) Ringschalen-Test mit holzzerstörenden Pilzen. I. Prüfung von Substraten für den Nachweis von Phenoloxidasen. Arch Mikrobiol 73:281–292

Ross IK (1985) Determination of the initial steps in differentiation in *Coprinus congregatus.* In: Moore D, Casselton LA, Wood DA, Frankland JC (eds) Developmental biology of higher fungi. Cambridge University Press, Cambridge, 353–373

Ruddick JNR, Kundzewicz AW (1991) Bacterial movement of iron in waterlogged soil and its effect on decay in untreated wood. Mat Org 26:169–181

Rui C, Morrell JJ (1993) Production of fungal protoplasts from selected wood-degrading fungi. Wood Fiber Sci 25:61–65

Rune F, Koch AP (1992) Valid scientific names of wood decaying fungi in construction timber and their vernacular names in England, Germany, France, Sweden, Norway and Denmark. IRG/WP/1546-92:49 pp

Rütze M, Liese W (1980) Biologie und Bedeutung der Amerikanischen Eichenwelke. Mitt Bundesforschungsanst Forst-Holzwirtsch 128:109 S

Rütze M, Liese W (1983) Begasungsverfahren für Eichenstammholz mit Methylbromid gegen die amerikanische Eichenwelke. Holz-Zbl 109:1533–1535

Rütze M, Liese W (1985a) Eichenwelke. Waldschutzmerkblatt 9. Parey, Hamburg, 6 S

Rütze M, Liese W (1985b) A postfumigation test (TTC) for oak logs. Holzforsch 39:327–330

Rütze M, Parameswaraen N (1984) Observations on the colonization of oak wilt mats (Ceratocystis fagacearum) by Pesotum piceae. Eur J For Pathol 14:326–333

* Rypáček V (1966) Biologie holzzerstörender Pilze. VEB Fischer, Jena

Ryu JY, Imamura Y, Takahashi M (1992) Biological resistance of furfuryl alcohol-treated wood. IRG/WP/3703-92:9 pp

Sachs IB, Leatham GF, Myers GC (1989) Biomechanical pulping of aspen chips by *Phanerochaete chrysosporium:* fungal growth pattern and effects on wood cell walls. Wood Fiber Sci 21:331–342

Sandermann W, Lüthgens M (1953) Untersuchungen über Verfärbungen von Hölzern. Holz Roh-Werkstoff 11:435–440

Sandermann W, Rothkamm M (1959) Über die Bestimmung der pH-Werte von Handelshölzern und deren Bedeutung für die Praxis. Holz Roh-Werkstoff 11:433–440

Saur I, Seehann G, Liese W (1986) Zur Verblauung von Fichtenholz aus Waldschadensgebieten. Holz Roh-Werkstoff 44:329–332

Savory JG (1964) Dry rot – a re-appraisal. Rec Br Wood Preserv Assoc 1964:69–76

Savory JG (1966) Prevention of blue-stain in sawn softwoods. Suppl Timber Trades J 259:31–33

Schales M (1992) Totholz. Ein Refugium für seltene Pilzarten. Allg Forstz 47:1107–1108

Scheffer TC (1986) O_2 requirements for growth and survival of wood-decaying and sapwood-staining fungi. Can J Bot 64:1957–1963

Scheffer TC, Cowling EB (1966) Natural resistance of wood to microbial deterioration. Annu Rev Phytopathol 4:147–170

Scheidemantel H (1986) Holzzerstörenden Pilzen den Nährboden entziehen. Die Abwehr im Spritzwasserbereich und in der Wasserableitung. Bauen mit Holz 8:530–533

Schell R, Kristen U (1992) Trichloressigsäure begünstigt Pilzinfektionen von Fichtennadeln. In: Michaelis W, Bauch J (Hrsg) Luftverunreinigungen und Waldschäden am Standort „Postturm", Forstamt Farchau/Ratzeburg. GKSS-Forschungszentrum, Geesthacht 92/E/100:353–363

Schink B, Ward JC (1984) Microaerobic and anaerobic bacterial activities involved in formation of wetwood and discoloured wood. IAWA Bull n s 5:105–109

Schink B, Ward JC, Zeikus JG (1981) Microbiology of wetwood: Role of anaerobic bacterial populations in living trees. J Gen Microbiol 123:313–322

Schippers-Lammertse AF (1988) Wann droht Insekten- und Schimmelbefall. Restauro 1:44–49

* Schlegel HG (1992) Allgemeine Mikrobiologie, 7. Aufl. Thieme, Stuttgart

Schlenker G (1976) Einflüsse des Standortes und der Bestandsverhältnisse auf die Rotfäule (Kernfäule) der Fichte. In: Zycha H et al (Hrsg) Der Wurzelschwamm (Fomes annosus) und die Rotfäule der Fichte (Picea abies). Beih 36 Forstw Cbl: 47–57

Schmid R, Baldermann E (1967) Elektronenoptischer Nachweis von sauren Mucopolysacchariden bei Pilzhyphen. Naturwissensch 19: 2 S

Schmid R, Liese W (1964) Über die mikromorphologischen Veränderungen der Zellwandstrukturen von Buchen- und Fichtenholz beim Abbau durch Polyporus versicolor (L.) Fr. Arch Mikrobiol 47:260–276

Schmid R, Liese W (1965) Zur Außenstruktur der Hyphen von Bläuepilzen. Phytopathol Z 54:275–284

Schmid R, Liese W (1966) Elektronenmikroskopische Beobachtungen an Hyphen von Holzpilzen. Beih 1 Mat Org: 251–261

Schmid R, Liese W (1970) Feinstruktur der Rhizomorphen von *Armillaria mellea.* Phytopathol Z 68:221–231

Schmidt E (1991) Arbeitswirtschaftliche Untersuchungen zur Shii-take-Kultur. Champignon 361:28–34

Schmidt E (1993) Speisepilzforschung – edible mushroom research. Mitt Versuchsanst Pilzanbau Landwirtschaftskammer Rheinland 16:15–37

Schmidt O (1977) Einflüsse auf die Hemmstofftoleranz von Pilzen. Holz Roh-Werkstoff 35:109–112

Schmidt O (1978) On the bacterial decay of the lignified cell wall. Holzforsch 32:214–215

Schmidt O (1985) Occurrence of microorganisms in the wood of Norway spruce trees from polluted sites. Eur J For Pathol 15:2–10

Schmidt O (1986) Investigations on the influence of wood-inhabiting bacteria on the pH-value in trees. Eur J For Pathol 16:181–189

Schmidt O (1990) Biologie und Anbau des Shii-take. Champignon 350:10–33

Schmidt O (1993) Der Hausschwamm – Schäden, Biologie und Bekämpfung. Naturwiss Rundschau 46:387–390

Schmidt O, Ayla C, Weißmann G (1984) Mikrobiologische Behandlung von Fichtenrinde-Heißwasserextrakten zur Herstellung von Leimharzen. Holz Roh-Werkstoff 42:287–292

Schmidt O, Bauch J (1980) Lignin in woody tissues after chemical pretreatment and bacterial attack. Wood Sci Technol 14:229–239

Schmidt O, Bauch J, Rademacher P, Göttsche-Kühn H (1986) Mikrobiologische Untersuchungen an frischem und gelagertem Holz von Bäumen aus Waldschadensgebieten und Prüfung der Pilzresistenz des frischen Holzes. Holz Roh-Werkstoff 44:319–327

Schmidt O, Dietrichs HH (1976) Zur Aktivität von Bakterien gegenüber Holzkomponenten. Beih 3 Mat Org: 91–102

Schmidt O, Dittberner D, Faix O (1991) Zum Verhalten einiger Bakterien und Pilze gegenüber Steinkohlenteeröl. Mat Org 26:13–30

Schmidt O, Kebernik U (1986) Versuche zum Anbau des Shiitake auf Holzabfällen. Champignon 295:14–18

Schmidt O, Kebernik U (1987) Wuchsansprüche, Enzyme und Holzabbau des auf Holz wachsenden Speisepilzes 'Shii-take' (*Lentinus edodes*) sowie einiger seiner Homo- und Dikaryonten. Mat Org 22:237–255

Schmidt O, Kebernik U (1988) A simple assay with dyed substrates to quantify cellulase and hemicellulase activity of fungi. Biotechnol Techniques 2:153–158

Schmidt O, Kebernik U (1989) Characterization and identification of the dry rot fungus Serpula lacrymans by polyacrylamide gel electrophoresis. Holzforsch 43:195–198

* Schmidt O, Kerner-Gang W (1986) Natural materials. In: Rehm H-J, Reed G (eds) Microbial degradations, Vol 8. Biotechnology. VCH Verlagsgesellschaft, Weinheim, 557–582

Schmidt O, Liese W (1974) Untersuchungen über die Wirksamkeit von Holzschutzmitteln gegenüber Bakterien. Mat Org 9:213–224

Schmidt O, Liese W (1976) Das Verhalten einiger Bakterien gegenüber Giften. Beih 3 Mat Org: 197–209

Schmidt O, Liese W (1978) Biological variations within Schizophyllum commune. Mat Org 13:169–185

Schmidt O, Liese W (1980) Variability of wood degrading enzymes of *Schizophyllum commune*. Holzforsch 34:67–72

Schmidt O, Mehringer H (1989) Bakterien im Stammholz von Buchen aus Waldschadensgebieten und ihre Bedeutung für Holzverfärbungen. Holz Roh-Werkstoff 47:285–290

Schmidt O, Moreth-Kebernik U (1989a) Abgrenzung des Hausschwammes Serpula lacrymans von anderen holzzerstörenden Pilzen durch Elektrophorese. Holz Roh-Werkstoff 47:336

Schmidt O, Moreth-Kebernik U (1989b) Breeding and toxicant tolerance of the dry rot fungus Serpula lacrymans. Mycol Helv 3:303–314

Schmidt O, Moreth-Kebernik U (1990) Biological and toxicant studies with the dry rot fungus *Serpula lacrymans* and new strains obtained by breeding. Holzforsch 44:1–6

Schmidt O, Moreth-Kebernik U (1991a) A simple method for producing basidiomes of *Serpula lacrymans* in culture. Mycol Res 95:375–376

Schmidt O, Moreth-Kebernik U (1991b) Monokaryon pairings of the dry rot fungus *Serpula lacrymans*. Mycol Res 95:1382–1386

Schmidt O, Moreth-Kebernik U (1991 c) Old and new facts on the dry rot fungus *Serpula lacrymans*. IRG/WP/1470:17 pp

Schmidt O, Moreth-Kebernik U (1993) Differenzierung von Porenhausschwämmen und Abgrenzung von anderen Hausfäulepilzen mittels Elektrophorese. Holz Roh-Werkstoff 51:143

Schmidt O, Moreth-Kebernik U (1994) Holzabbau durch eine bakterielle Reinkultur. In Vorber

Schmidt O, Nagashima Y, Liese W, Schmitt U (1987) Bacterial wood degradation studies under laboratory conditions and in lakes. Holzforsch 41:137–140

Schmidt O, Puls J, Sinner M, Dietrichs HH (1979) Concurrent yield of mycelium and xylanolytic enzymes from extracts of steamed birchwood, oat husks and wheat straw. Holzforsch 33:192–196

Schmidt O, Wahl G (1987) Vorkommen von Pilzen und Bakterien im Stammholz von geschädigten Fichten nach zweijähriger Berieselung. Holz Roh-Werkstoff 45:441–444

Schmidt O, Walter K (1978) Succession and activity of microorganisms in stored bagasse. Eur J Appl Microbiol Biotechnol 5:69–77

Schmidt O, Weißmann G (1986) Mikrobiologische Behandlung von Lärchenrinden-Extrakten zur Herstellung von Leimharzen. Holz Roh-Werkstoff 44:351–355

Schmidt O, Wolf F, Liese W (1975) On the interaction between bacteria and wood preservatives. Int Biodetn Bull 11:85–89

Schmidt S (1992) Österreichische Papierfachtagung vom 2. bis 5. Juni 1992. Über das Bleichen. Papier 46:667–668

Schmidt-Vogt H (1989) Fichtensterben. In: Schmidt-Vogt H (Hrsg) Die Fichte Bd II/2. Krankheiten, Schäden, Fichtensterben. Parey, Hamburg, 223–607

Schmidt-Vogt H, Schnurbein von H (1976) Maßnahmen zur Bekämpfung der Rotfäule. In: Zycha H et al (Hrsg) Der Wurzelschwamm (Fomes annosus) und die Rotfäule der Fichte (Picea abies). Beih 36 Forstw Cbl: 76–83

Schmiedeknecht M (1991) Die Pilze; Abteilung Schlauchpilze, Ascomycota; Formklasse Unvollkommene Pilze, Deuteromycetes (Fungi imperfecti). In: Benedix EH et al (Hrsg) Die große farbige Enzyklopädie Urania-Pflanzenreich: Viren, Bakterien, Algen, Pilze. Urania, Leipzig, 349–358, 407–469, 568–576

Schmitt U, Liese W (1992a) Veränderungen von Parenchym-Tüpfeln bei Wundreaktionen im Xylem von Birke (*Betula pendula* Roth). Holzforsch 46:25–30

Schmitt U, Liese W (1992b) Seasonal influences on early wound reactions in *Betula* and *Tilia*. Wood Sci Technol 26:405–412

Schmitt U, Liese W (1993) Response of xylem parenchyma by suberization in some hardwoods after mechanical injury. Trees 8:23–30

Schmitz D (1991) Untersuchungen über die Einsatzmöglichkeiten leistungsfähiger Mykorrhizapilze in geschädigtem Forst und über die Mykorrhizaimpfung von Forstpflanzen in Baumschulen. Mitt Versuchsanst Pilzanbau Landwirtschaftskammer Rheinland 14:35–40

Schmitz D, Willenborg A (1992) Für Waldschadensgebiete und Problemstandorte: Bedeutung der Mykorrhiza bei der Aufforstung. Allg Forstz 47:372–373

Schneider U (1992) Zur PCP-Problematik in der Holzwerkstofftechnik. Holz-Zbl 118: 1917–1918

Schocken MJ, Gibson DT (1984) Bacterial oxidation of the polycyclic aromatic hydrocarbons acenaphthene and acenaphthylene. Appl Environ Microbiol 48:10–16

Schoemaker HE, Tuor U, Muheim A, Schmidt HWH, Leisola MSA (1991) White-rot degradation of lignin and xenobiotics. In: Betts WE (ed) Biodegradation: natural and synthetic compounds. Springer, London, 157–174

Schönborn W (ed) (1986) Microbial degradations, Vol 8. Biotechnology. VCH Verlagsgesellschaft, Weinheim

Schönhar S (1982) Untersuchungen über das Vorkommen pilzlicher Parasiten an Feinwurzeln der Douglasie. Allg Forst Jagdz 153:205–208

Schönhar S (1985) Untersuchungen über das Vorkommen pilzlicher Parasiten an Feinwurzeln der Tanne (Abies alba Mill.). Allg Forst Jagdz 156:247–251

* Schönhar S (1989) Pilze als Schaderreger. In: Schmidt-Vogt H (Hrsg) Die Fichte Bd II/2. Krankheiten, Schäden, Fichtensterben. Parey, Hamburg, 3 – 39

Schönhar S (1990) Ausbreitung und Bekämpfung von *Heterobasidion annosum* in Fichtenbeständen auf basenreichen Lehmböden. Allg Forstz 45:911 – 913

Schönhar S (1992) Feinwurzelschäden und Pilzbefall in Fichtenbeständen. Allg Forstz 47:384 – 385

Schopfer P (1986) Experimentelle Pflanzenphysiologie, Bd 1: Einführung in die Methoden. Springer, Berlin

Schröder P (1983) Herstellung und Eigenschaften von Polymerhölzern auf der Basis von niedrig-viskosen Epoxidharzen. Diss Fachb Biol Univ Hamburg

Schröter H et al (1993) Waldschutzsituation 1993 in Baden-Württemberg. Allg Forstz 48:314 – 319

Schubert R (1991) Die Flechten (Lichenisierte Pilze). In: Benedix EH et al (Hrsg) Die große farbige Enzyklopädie Urania-Pflanzenreich: Viren, Bakterien, Algen, Pilze. Urania, Leipzig, 577 – 606

Schultze-Dewitz G (1985) Holzschädigende Organismen in der Altbausubstanz. Bauz 39:565 – 566

Schultze-Dewitz G (1990) Die Holzschädigung in der Altbausubstanz einiger brandenburgischer Kreise. Holz-Zbl 116:1131

Schulz G (1983) Die Bedeutung des Teeröls für die Holzkonservierung und die Notwendigkeit einer Harmonisierung der Lieferbedingungen. Holz Roh-Werkstoff 41:387 – 391

Schumacher P, Schulz H (1992) Untersuchungen über das zunehmende Auftreten von Innenbläue an Kiefern-Schnittholz. Holz Roh-Werkstoff 50:125 – 134

Schumann G, Dimitri L (1993) Wunden und Wundfäule bei der Buche. Allg Forstz 48:456, 458, 460

Schütt P (1981) Ursache und Ablauf des Tannensterbens – Versuch einer Zwischenbilanz. Forstw Cbl 100:286 – 287

Schütt P (1985) Das Waldsterben – eine Pilzkrankheit? Forstw Cbl 104:169 – 177

Schütt P (1988) Waldsterben – Wichtung der Ursachenhypothesen. Forstarch 59:17 – 18

Schwab E (1981) Vollholz. In: Willeitner H, Schwab E (Hrsg) Holz – Außenverwendung im Hochbau. Koch, Stuttgart, 27 – 32

Schwantes HO, Courtois H, Ahrberg HE (1976) Ökologie und Physiologie von *Fomes annosus*. In: Zycha H et al (Hrsg) Der Wurzelschwamm (Fomes annosus) und die Rotfäule der Fichte (Picea abies). Beih 36 Forstw Cbl: 14 – 30

Schwartz V, Habermehl A, Ridder H-W (1989) Zerstörungsfreier Nachweis von Kern- und Wundfäulen im Stamm stehender Bäume mit der Computer-Tomographie. Forstarch 60:239 – 245

* Schwerdtfeger F (1981) Die Waldkrankheiten, 4. Aufl. Parey, Hamburg

Seehann G (1967) Wirkung einiger Holzschutzmittel auf die Sporen von Bläuepilzen. Holz Roh-Werkstoff 25:197 – 199

Seehann G (1969) Holzschädlingstafel: *Armillaria mellea* (Vahl ex Fr.) Kummer. Holz Roh-Werkstoff 27:319 – 320

Seehann G (1971) Holzschädlingstafel: Baumporlinge. Holz Roh-Werkstoff 29:241 – 244

Seehann G (1979) Holzzerstörende Pilze an Straßen- und Parkbäumen in Hamburg. Mitt Dtsch Dendrol Ges 71:193 – 221

Seehann G (1984) Monographic card on *Antrodia serialis*. IRG/WP/1145:11 pp

Seehann G (1991) Zur Resistenz von Balau-Hölzern gegen Pilzangriff. Holz Roh-Werkstoff 49:345 – 347

Seehann G (1992) Stammfäule an Fichten unterschiedlicher Schädigung eines Waldschadensstandortes im Forstamt Farchau/Ratzeburg. In: Michaelis W, Bauch J (Hrsg) Luftverunreinigungen und Waldschäden am Standort „Postturm", Forstamt Farchau/Ratzeburg. GKSS-Forschungszentrum, Geesthacht 92/E/100:243 – 247

Seehann G, Hegarty BM (1988) A bibliography of the dry rot fungus, *Serpula lacrymans*. IRG/WP/1337:145 p

Seehann G, Liese W (1981) *Lentinus lepideus* (Fr. ex Fr.) Fr. In: Cockcroft R (ed) Some wood-destroying basidiomycetes, Vol 1 of a collection of monographs. Int Res Group Wood Preserv, Boroko, Papua New Guinea, 95 – 109

Seehann G, Liese W, Kess B (1975) List of fungi in soft-rot tests. IRG/WP/105:72 pp

Seehann G, Riebesell von M (1988) Zur Variation physiologischer und struktureller Merkmale von Hausfäulepilzen. Mat Org 23:241 – 257

Segmüller J, Wälchli O (1981) Serpula lacrymans (Schum. ex Fr.) S.F. Gray, Vol 1 of a collect of monographs. Int Res Group Wood Preserv, Boroko, Papua New Guinea, 141 – 159

Seifert E (1974) Die Ursachen von Schäden an Holzfenstern. Holz Roh-Werkstoff 32:85 – 89

Seifert KA, Hamilton WE, Breuil C, Best M (1987) Evaluation of Bacillus subtilis C 186 as a potential biological control of sapstain and mould on unseasoned lumber. Can J Microbiol 33:1102 – 1107

Sell J (1968) Untersuchungen über die Besiedelung von unbehandeltem und angestrichenem Holz durch Bläuepilze. Holz Roh-Werkstoff 26:215 – 222

Shain L, Hillis WE (1971) Phenolic extractives in Norway spruce and their effects on Fomes annosus. Phytopathol 61:841 – 845

Sharpe PR, Dickinson DJ (1992) Blue stain in service on wood surface coatings. 2. The ability of Aureobasidium pullulans to penetrate wood surface coatings. IRG/WP/1557-92: 9 pp

Shigo AL (1967) Successions of organisms in discoloration and decay of wood. Int Rev For Res 2:237 – 299

Shigo AL (1975) Biology of decay and wood quality. In: Liese W (ed) Biological transformation of wood by microorganisms. Springer, Berlin, 1 – 15

Shigo AL (1979) Tree decay. An expanded concept. USDA For Serv Agric Inf Bull 419:73 pp

Shigo AL, Hillis WE (1973) Heartwood, discoloured wood and microorganisms in living trees. Annu Rev Phytopathol 11:179 – 222

Shigo AL, Marx HG (1977) Compartmentalization of decay in trees. USDA For Serv Agric Inf Bull 405:73 pp

Shigo AL, Shortle WC, Ochrymowych J (1977) Detection of active decay at groundline in utility poles. USDA For Serv Gen Techn Rep 35:26 pp

Shimada M, Akamatsu Y, Ohta A, Takahashi M (1991) Biochemical relationships between biodegradation of cellulose and formation of oxalic acid in brown-rot wood decay. IRG/WP/1472:12 pp

Shimazono H (1955) Oxalic acid decarboxylase, a new enzyme from the mycelium of wood destroying fungi. J Biochem 42:321 – 340

Shortle WC, Cowling EB (1978) Development of discoloration, decay, and microorganisms following wounding of sweetgum and yellow poplar trees. Phytopathol 68:609 – 616

Siau JF (1984) Transport processes in wood. Springer, Berlin

Sieber TN (1989) Endophytic fungi in twigs of healthy and diseased Norway spruce and white fir. Mycol Res 92:322 – 326

Siepmann R (1989) Intersterilitätsgruppen und Klone von Heterobasidion annosum in einem 31jährigen Fichtenbestand. Eur J For Pathol 19:251 – 253

Siepmann R, Leibiger M (1989) Über die Wirtsspezialisierung von Armillaria-Arten. Eur J For Pathol 19:334 – 342

Sinclair WA, Iuli RJ, Dyer AT, Marshall PT, Matteoni JA, Hibben CR, Stanosz GR, Burns BS (1990) Ash yellows: geographic range and association with decline of white ash. Plant Dis 74:604 – 607

Singer R (1982) The Agaricales in modern taxonomy, 4th edn. Cramer, Vaduz

* Singh AP, Butcher JA (1991) Bacterial degradation of wood cell walls: a review of degradation patterns. J Inst Wood Sci 12:143 – 157

Singh AP, Hedley ME, Page DR, Han CS, Atisongkroh K (1991) Fungal and bacterial attack of CCA-treated Pinus radiata timbers from a water cowling tower. IRG/WP/1488:14 pp

Singh AP, Nilsson T, Daniel GF (1992) Resistance of Alstonia scholaris vestures to degradation by tunnelling bacteria. IRG/WP/1547-92:19 pp

Singh AP, Wakeling RN (1993) Microscopic characteristics of microbial attacks of CCA-treated radiata pine wood. IRG/WP/93-10011:22 pp

Siwecki R, Liese W (eds) (1991) Oak decline in Europe. Proc Int Symp Kornik Poland 1990. Akad Wissenschaften, Inst Dendrol, Kornik, 360 pp

Skaar C (1988) Wood-water relations. Springer, Berlin

Smith JE (1978) Asexual sporulation in filamentous fungi. In: Smith JE, Berry DR (eds) The filamentous fungi, Vol 3. Developmental mycology. Arnold, London, 214–239

Smith KT, Shortle WC (1991) Decay fungi increase the moisture content of dried wood. In: Rossmoore HW (ed) Biodeterioration and biodegradation 8. Elsevier Sci Publ, Essex, 138–146

Smith RS (1975) Deterioration of pulpwood by fungi and its control. Trans Techn Sect Can Pulp Paper Assoc 2:33–37

Söderström B (1991) The fungal partner in the mycorrhizal symbiosis. Symp Proc 7 Marcus Wallenberg Found: 5–26

Solheim H (1992) Fungal succession in sapwood of Norway spruce infested by the bark beetle Ips typographus. Eur J For Pathol 22:136–148

Sprey B (1988) Cellular and extracellular localization of endocellulase in *Trichoderma reesei*. FEMS Microbiol Letters 55:283–294

Srebotnik E, Messner K (1990a) Immunogold labeling of size marker proteins in brown-rot degraded wood. IRG/WP/1428:8 pp

Srebotnik E, Messner K (1990b) Accessibility of sulfite pulp to lignin peroxidase and marker proteins with respect to enzymatic bleaching. J Biotechnol 13:199–210

Srebotnik E, Messner K (1991) Immunoelectron microscopical study of the porosity of brown-rot degraded pine wood. Holzforsch 45:95–101

Srebotnik E, Messner K, Foisner R (1988b) Penetrability of white rot-degraded pine wood by the lignin peroxidase of *Phanerochaete chrysosporium*. Appl Environ Microbiol 54:2608–2614

Srebotnik E, Messner K, Foisner R, Pettersson B (1988a) Ultrastructural localization of ligninase of Phanerochaete chrysosporium by immunogold labeling. Curr Microbiol 16:221–227

Stahl U, Esser K (1976) Genetics of fruitbody production in higher basidiomycetes. Mol gen Genet 148:183–197

* Stalpers JA (1978) Identification of wood-inhabiting Aphyllophorales in pure culture. Stud Mycol 16. Centraalbureau Schimmelcultures, Baarn

Stenlid J, Karlsson JO (1991) Partial intersterility in *Heterobasidion annosum*. Mycol Res 95:1153–1159

Stephan I, Peek R-D (1992) Biological detoxification of wood treated with salt preservatives. IRG/WP/3717-92:12 pp

Strobel NE, Sinclair WA (1992) Role of mycorrhizal fungi in tree defense against fungal pathogens of roots. In: Blanchette RA, Biggs AR (eds) Defense mechanisms of woody plants against fungi. Springer, Berlin, 321–353

Strohmeyer M (1992) Züchterische Bearbeitung von Paxillus involutus. Mykorrhiza schützt Forstgehölze vor schädlichen Umwelteinflüssen. Allg Forstz 47:378–380

Sulaiman O, Murphy R (1992) The development of soft rot decay in bamboo fibres. IRG/WP/1572-92:17 pp

Sunagawa M, Miura K, Ohmasa M, Yokota S, Yoshizawa N, Idei MJ (1992) Intraspecific heterokaryon formation by protoplast fusion of auxotrophic mutants of *Auricularia polytricha*. Mokuzai Gakkaishi 38:386–392

* Sutter H-P (1986) Holzschädlinge an Kulturgütern erkennen und bekämpfen. Haupt, Bern

Sutter H-P, Jones EBG, Wälchli O (1983) The mechanism of copper tolerance in *Poria placenta* (Fr.) Cke. and *Poria vaillantii* (Pers.) Fr. Mat Org 18:241–262

Sutter H-P, Jones EBG, Wälchli O (1984) Occurrence of crystalline hyphal sheats in *Poria placenta* (Fr.) Cke. J Inst Wood Sci 10:19–25

Swift MJ (1982) Basidiomycetes as components of forest ecosystems. In: Frankland JC, Hedger JN, Swift MJ (eds) Decomposer basidiomycetes: their biology and ecology. Univ Press, Cambridge, 307–337

Takahashi M (1978) Studies on the wood decay by the soft rot fungus, *Chaetomium globosum* Kunze. Wood Res 63:11–64

Takahashi R, Mizumoto K, Tajika K, Takano R (1992) Production of oligosaccharides from hemicellulose of woody biomass by enzymatic hydrolysis. I. A simple method for isolating β-D-mannanase-producing microorganisms. Mokuzai Gakkaishi 38:1126–1135

Tamai J, Miura K (1991) Characterization of strains of basidiomycetes with Bavendamm's reaction. Mokuzai Gakkaishi 37:656−660

Tamminen P (1985) Butt-rot in Norway spruce in southern Finland. Commun Inst For Fenn 127:52 pp

Tan KK (1978) Light-induced fungal development. In: Smith JE, Berry DR (eds) The filamentous fungi, Vol 3. Developmental mycology. Arnold, London, 334−357

Tanaka H, Hirano T, Fuse G, Enoki A (1992) Extracellular substance from the white-rot Basidiomycete *Irpex lacteus* involved in wood degradation. IRG/WP/1571-92:13 pp

Teeri TT (1987) The cellulolytic enzyme system of Trichoderma reesei. Molecular cloning, characterization and expression of the cellobiohydrolase genes. Techn Res Centre Finland Espoo 38:41 pp

Theden G (1961) Bestimmung der Wirksamkeit von Holzschutzmitteln gegenüber Moderfäulepilzen durch das Erd-Eingrabe-Verfahren. Holz Roh-Werkstoff 19:352−357

Theden G (1972) Das Absterben holzzerstörender Pilze in trockenem Holz. Mat Org 7:1−10

Thörnqvist T, Kärenlampi P, Lundström H, Milberg P, Tamminen Z (1987) Vedegenskaper och mikrobiella angrepp i och på byggnadsvirke. (Holzeigenschaften und mikrobieller Angriff in und auf Bauholz.) Swed Univ Agric Scu Uppsala 10:138 pp

Thornton JD (1989a) The restricted distribution of Serpula lacrymans in Australian buildings. IRG/WP/1382:12 pp

Thornton JD (1989b) A new laboratory technique devised with the intention of determing whether, related to practical conditions, there should be a relationship between growth rate and decay capacity (of different strains) of *Serpula lacrymans*. IRG/WP/1384:8 pp

Thornton JD (1991) Australian scientific research on *Serpula lacrymans*. In: Jennings DH, Bravery AF (eds) *Serpula lacrymans*. Fundamental biology and control strategies. Wiley, Chichester, 155−171

Tiedemann G, Bauch J, Bock E (1977) Occurrence and significance of bacteria in living trees of Populus nigra L. Eur J For Pathol 7:364−374

Tien M, Kirk TK (1983) Lignin-degrading enzyme from the hymenomycete *Phanerochaete chrysosporium* Burds. Science 221:661−663

Tippett JT, Shigo AL (1981) Barriers to decay in conifer roots. Eur J For Pathol 11:51−59

Toft L (1992) Immuno-fluorescence detection of basidiomycetes in wood. Mat Org 27:11−17

Tokimoto K, Komatsu M (1978) Biological nature of Lentinus edodes. In: Chang ST, Hayes H (eds) The biology and cultivation of edible mushrooms. Academic Press, New York, 445−459

Tomiczek C (1989) Holzzerstörende Pilze. Eigenschaften und Auswirkungen. Baumz 23:103−110

Torelli N, Križaj B, Oven P, Zupančič M, Čufar K (1992) Bioelectrical resistance and seasonal variation as the indicator of tree condition as illustrated by silver fir (Abies alba Mill.). Holz Roh-Werkstoff 50:180

Toyomasu T, Mori K-I (1989) Characteristics of the fusion products obtained by intra- and interspecific protoplast fusion between *Pleurotus* species. Mushroom Sci XII, Vol I:151−159

Trockenbrodt M, Liese W (1991) Untersuchungen zur Wundreaktion in der Rinde von *Populus tremula* L. und *Platanus × acerifolia* (Ait.) Willd. Angew Bot 65:279−287

Trojanowski J, Hüttermann A (1984) Demonstration of the ligninolytic activities of protoplasts liberated from the mycelium of the lignin degrading fungus Fomes annosus. Microbios Letters 25:63−65

Troya MT, Navarette A (1991) Laboratory screening to determine the preventive effectiveness against blue stain fungi and molds. IRG/WP/3677:5 pp

Troya MT, Navarette A, Escorial MC (1991) Wood decay of *Pinus sylvestris* L. and *Fagus sylvatica* L. by marine fungi (Part II). IRG/WP/1471:10 pp

Uemura S, Ishihara M, Shimizu K (1992) Exo-β-glucanases in the extracellular enzyme system of the white-rot fungus, *Phanerochaete chrysosporium*. Mokuzai Gakkaishi 38:466−474

Ulrich B (1980) Die Wälder in Mitteleuropa: Meßergebnisse ihrer Umweltbelastung. Theorie ihrer Gefährdung. Prognose ihrer Entwicklung. Allg Forstz 35:1198–1202

Umezawa T (1988) Mechanisms for chemical reactions involved in lignin biodegradation by *Phanerochaete chrysosporium*. Wood Res 75:21–79

Unger W, Sallmann U, Unger A (1990) Eignet sich Ethylenoxid zur Hausschwamm- und Holzwurmbekämpfung in musealem und denkmalgeschütztem Kulturgut? Holztechnol 30:255–259

Unger W, Unger A (1993) On the effectiveness of fumigants against wood-destroying insects and fungi in wooden cultural property. IRG/WP/93-10030:15 pp

Uno I, Ishikawa T (1973) Purification and identification of the fruiting inducing substances in Coprinus macrorhizus. J Bacteriol 113:1240–1248

Vicuña R (1988) Bacterial degradation of lignin. Enzyme Microbiol Technol 10:646–654

Vigrow A, Button D, Palfreyman JW, King B, Hegarty B (1989) Molecular studies on isolates of *Serpula lacrymans*. IRG/WP/1421:11 pp

Vigrow A, Glancy H, Palfreyman JW, King B (1991 b) The antigenic nature of *Serpula lacrymans*. IRG/WP/1492:11 pp

Vigrow A, King B, Palfreyman JW (1991 c) Studies of *Serpula lacrymans* mycelial antigens by Western blotting techniques. Mycol Res 95:1423–1428

Vigrow A, Palfreyman JW, King B (1991 a) On the identity of certain isolates of *Serpula lacrymans*. Holzforsch 45:153–154

Viikari L, Ritschkoff A-C (1992) Prevention of brown-rot decay by chelators. IRG/WP/1540-92:7 pp

Viitanen H, Ritschkoff A-C (1991) Brown rot decay in wooden constructions. Effect of temperature, humidity and moisture. Swed Univ Agric Sci Dept For Prod 222:55 pp

Voß A, Willeitner H (1992) Charakteristik schutzsalzbehandelter Althölzer im Hinblick auf ihre Entsorgung. 19. Holzschutztagung 1992. Dtsch Ges Holzforsch: 257–266

Wagenführ A (1989) Enzymatische Rindenmodifikation zur Phenolharzsubstitution. Holztechnol 30:177–178

Wagenführ A, Niemz P (1989) Charakterisierung mikrobiologisch geschädigter Hölzer. 1. Untersuchungen zum Bruchverhalten mittels Schallemissionsanalyse. Holztechnol 30:84–85

* Wagenführ R, Steiger A (1966) Pilze auf Bauholz. Ziemsen, Wittenberg

Wahlström KT, Johansson M (1992) Structural responses in bark to mechanical wounding and Armillaria ostoyae infection in seedlings of Pinus sylvestris. Eur J For Pathol 22:65–76

Wakeling RN, Maynard NP, Narayan RD (1993) A study of the efficacy of antisapstain formulations containing triazole fungicides. IRG/WP/93-30021:31 pp

Wakeling RN, Plackett DV, Cronshaw DR (1992) The susceptibility of acetylated *Pinus radiata* to mould and stain fungi. IRG/WP/1548-92:20 pp

Wälchli O (1973) Die Widerstandsfähigkeit verschiedener Holzarten gegen Angriffe durch den echten Hausschwamm (*Merulius lacrimans* (Wulf.) Fr.). Holz Roh- Werkstoff 31:96–102

Wälchli O (1976) Die Widerstandsfähigkeit verschiedener Holzarten gegen Angriffe durch Coniophora puteana (Schum. ex Fr.) Karst. (Kellerschwamm) und Gloeophyllum trabeum (Pers. ex Fr.) Murrill (Balkenblättling). Holz Roh- Werkstoff 34:335–338

Wälchli O (1977) Der Temperatureinfluß auf die Holzzerstörung durch Pilze. Holz Roh-Werkstoff 35:96–102

Wälchli O (1980) Der echte Hausschwamm – Erfahrungen über Ursachen und Wirkungen seines Auftretens. Holz Roh- Werkstoff 38:169–174

Wälchli O (1982) Möglichkeiten einer biologischen Bekämpfung von Insekten und Pilzen im Holzschutz. Holz-Zbl 108:1946, 1948

Wälchli O (1985) Warum chemischer Holzschutz? In: Xylorama – Trends in wood research. Birkhäuser, Basel, 204–212

Wälchli O (1991) Occurrence and control of Serpula lacrymans in Switzerland. In: Jennings DH, Bravery AF (eds) *Serpula lacrymans*. Fundamental biology and control strategies. Wiley, Chichester, 131–145

Wälchli O, Scheck E (1976) Über die natürliche Pilzfestigkeit von Edelkastanienholz (*Castanea sativa* Mill.) und ihre Ursache. Beih 3 Mat Org: 77–89

Wälchli O, Vezér A (1977) Über die Abhängigkeit des Celluloseabbaues bei Schimmelpilzen vom pH-Wert des Nährmediums. Mat Org 12:249–262

Wallace RJ, Eaton RA, Carter MA, Williams GR (1992) The identification and preservative tolerance of species aggregates of *Trichoderma* isolated from freshly felled timber. IRG/WP/1553-92:22 pp

Wallhäußer KH, Schmidt K (1967) Sterilisation, Desinfektion, Konservierung, Chemotherapie. Thieme, Stuttgart

Walter M (1993) Der pH-Wert und das Vorkommen niedermolekularer Fettsäuren im Naßkern der Buche (Fagus sylvatica L.). Eur J For Pathol 23:1–10

Wang CJK (1990) Microfungi. In: Wang CJK, Zabel RA (eds) Identification manual for fungi from utility poles in the eastern United States. Am Type Culture Collection, Rockville, 105–352

* Wang CJK, Zabel RA (eds) (1990) Identification manual for fungi from utility poles in the eastern United States. Am Type Culture Collection, Rockville

Wang S-H, Ferguson JF, McCarthy JL (1992) The decolorization and dechlorination of kraft bleach plant effluent solutes by use of three fungi: *Ganoderma lacidum (lucidum:* Autor), *Coriolus versicolor* and *Hericium erinaceum.* Holzforsch 46:219–223

Wang S-Y, Cho C-L (1993) Equilibrium moisture contents of six wood species and their influences. Mokuzai Gakkaishi 39:126–137

Ward JC, Pong WY (1980) Wetwood in trees: a timber resource problem. USDA For Serv Pacif Northw For Range Exp Stn 112:56 pp

Ward JC, Zeikus JG (1980) Bacteriological, chemical and physical properties of wetwood in trees. Mitt Bundesforschungsanst Forst-Holzwirtsch 131:133–166

Ward P (1978) The decay and restoration of totem poles in situ at island sites on the North Pacific coast. Oxford Congr 1978. Int Inst Conserv Historic Artistic Works London, 117–122

* Wartenberg A (1972) Systematik der niederen Pflanzen. Bakterien, Algen, Pilze, Flechten. Thieme, Stuttgart

Watkinson SC (1984) Inhibition of growth and development of *Serpula lacrymans* by the non-metabolised amino acid analogue α-aminoisobutyric acid. FEMS Microbiol Letters 24:247–250

Watkinson SC, Davison EM, Bramah J (1981) The effect of nitrogen availability on growth and cellulolysis by *Serpula lacrimans.* New Phytol 89:295–305

Ważny J (1981) Paper for discussion on monographs for certain *Poria* species. In: Cockcroft R (ed) Some wood-destroying basidiomycetes, Vol 1 of a collection of monographs. Int Res Group Wood Preserv, Boroko, Papua New Guinea, 123–128

Ważny J, Brodziak L (1981) *Daedalea quercina* (L.) ex Fr. In: Cockcroft R (ed) Some wood-destroying basidiomycetes, Vol 1 of a collection of monographs. Int Res Group Wood Preserv, Boroko, Papua New Guinea, 47–53

Ważny J, Krajewski KJ, Thornton JD (1992) Comparative laboratory testing of strains of the dry rot fungus *Serpula lacrymans* (Schum. ex Fr.) S.F. Gray. VI. Toxic value of CCA and NaPCP preservatives by statistical estimation. Holzforsch 46:171–174

Ważny J, Thornton JD (1989a) Comparative laboratory testing of strains of the dry rot fungus *Serpula lacrymans* (Schum. ex Fr.) S.F. Gray. V. Effect on compression strength of untreated and treated wood. Holzforsch 43:351–354

Ważny J, Thornton JD (1989b) Comparative laboratory testing of strains of the dry rot fungus *Serpula lacrymans* (Schum. ex Fr.) S.F. Gray. IV. The action of CCA and NaPCP in an agar-block test. Holzforsch 43:231–233

Ważny J, Thornton JD (1992) Computer-assisted numerical clustering analysis of various strains of Serpula lacrymans. IRG/WP/5383-92:18 pp

Webber JF (1990) Relative effectiveness of Scolytus scolytus, S. multistriatus and S. kirschi as vectors of Dutch elm disease. Eur J For Pathol 20:184–192

Weber B (1986) Wovon ist die Lebensdauer der Holzfenster abhängig? Dtsch Malerbl 3:192–194

Weber R, Kottke I, Oberwinkler F (1992) Fluoreszenzmikroskopische Untersuchungen zur Vitalität von Mykorrhizen an Fichten (*Picea abies* [L.] Karst.) verschiedener Schadklassen am Standort „Postturm", Forstamt Farchau/Ratzeburg. In: Michaelis W, Bauch J (Hrsg) Luftverunreinigungen und Waldschäden am Standort „Postturm", Forstamt Farchau/Ratzeburg. GKSS-Forschungszentrum, Geesthacht 92/E/100:187–211

Wegener G, Strobel C (1992) Bestimmung der phenolischen OH-Gruppen des Lignins mittels FTIR-Spektroskopie. Holz Roh- Werkstoff 50:358

Weigl J, Ziegler H (1960) Wassergehalt und Stoffleitung bei *Merulius lacrimans* (Wulf.) Fr. Arch Mikrobiol 37:124–133

Weindling R (1934) Studies on a lethal principle effective in the parasitic action of *Trichoderma lignorum* on *Rhizoctonia solani* and other soil fungi. Phytopathol 24:1153–1179

* Werner D (1987) Pflanzliche und mikrobielle Symbiosen. Thieme, Stuttgart

Wessels JGH, Dons JJM, De Vries OMH (1985) Meiosis and genetic recombination in *Coprinus cinereus*. In: Moore D, Casselton LA, Wood DA, Frankland JC (eds) Developmental biology of higher fungi. Cambridge University Press, Cambridge, 485–497

Whittacker RH (1969) New concepts of kingdoms of organisms. Science 163:150–160

Wienhaus O, Fischer F (1983) Stand und Entwicklungstendenzen der chemischen Holzverwertung. Holztechnol 24:102–110

Wienhaus O, Niemz P, Wagenführ A (1989) Charakterisierung mikrobiologisch geschädigter Hölzer. 2. Untersuchungen zur Quantifizierung des Abbaues von Fichtenholz durch Braunfäulepilze unter Anwendung der Infrarot-Spektroskopie. Holztechnol 30:151–153

Wilcox WW, Oldham ND (1972) Bacterium associated with wetwood of white fir. Phytopath 62:384–385

Wilhelm GE (1976) Über die Zersetzung von Buchen- und Fichtenrinde unter natürlichen Bedingungen. Eur J For Pathol 6:80–91

Willeitner H (1969) Über die Laboratoriumsprüfung von Holzspanplatten gegen Pilzbefall. Beih 2 Mat Org: 109–122

Willeitner H (1971) Anstrichschäden infolge Überaufnahmefähigkeit des Holzes. Holz-Zbl 97:2291–2292

Willeitner H (1973) Probleme des Umweltschutzes bei der Holzimprägnierung. Holzschwelle 68:3–20

Willeitner H (1981a) Pilz- und Insektenbefall bei Holz- und Holzwerkstoffen. In: Willeitner H, Schwab E (Hrsg) Holz – Außenverwendung im Hochbau. Koch, Stuttgart, 62–69

Willeitner H (1981b) Grundprinzipien des baulichen Holzschutzes. In: Willeitner H, Schwab E (Hrsg) Holz – Außenverwendung im Hochbau. Koch, Stuttgart, 101–109

Willeitner H (1981c) Holzschutzmittel und -verfahren. In: Willeitner H, Schwab E (Hrsg) Holz – Außenverwendung im Hochbau. Koch, Stuttgart, 75–88

Willeitner H (1984) Was bedeuten natürlicher, biologischer und alternativer Holzschutz. Holz-Zbl 110:698–699

Willeitner H (1990) Entsorgung von schutzmittelhaltigen Hölzern – eine kritische Übersicht. Holz-Zbl 116:393–398

Willeitner H, Illner HM, Liese W (1986) Vorkommen von Bläueschutzwirkstoffen in importierten Schnitthölzern unter besonderer Berücksichtigung von PCP. Holz Roh-Werkstoff 44:1–5

Willeitner H, Klipp H, Brandt K (1991) Praxisbeobachtungen zur Auswaschung von Chrom, Kupfer und Bor aus Fichten-Halbrundhölzern einer Lärmschutzwand. Holz Roh-Werkstoff 49:140

* Willeitner H, Liese W (1992) Wood protection in tropical countries: a manual on the knowhow. Schriftenreihe Dtsch Ges Techn Zusammenarb (GTZ) 227, Eschborn

Willeitner H, Richter HG, Brandt K (1982) Farbreagenz zur Unterscheidung von Weiß- und Roteichenholz. Holz Roh-Werkstoff 40:327–332

* Willeitner H, Schwab E (Hrsg) (1981) Holz – Außenverwendung im Hochbau. Koch, Stuttgart

Willenborg A (1990) Die Bedeutung der Ektomykorrhiza für die Waldbäume. Forst Holz 1:11–14

Williams END, Todd NK, Rayner ADM (1981) Spatial development of populations of *Coriolus versicolor*. New Phytol 89:307–319

Willoughby GA, Leightley LE (1984) Patterns of bacterial decay in preservative treated eucalypt power transmission poles. IRG/WP/1223:19 pp

Winter S, Nienhaus F (1989) Identification of viruses from European beech (Fagus sylvatica L.) of declining forests in Northrhine-Westfalia (FRG). Eur J For Pathol 19:111–118

Wittig R-M, Wilkes H, Sinnwell V, Francke W, Fortnagel P (1992) Metabolism of dibenzo-p-dioxin by *Sphingomonas* sp. strain RW 1. Appl Environ Microbiol 58:1005–1010

Wolf F, Liese W (1977) Zur Bedeutung von Schimmelpilzen für die Holzqualität. Holz Roh-Werkstoff 35:53–57

Wong AHH, Koh MP (1991) Decay resistance of densified ammonia-plasticized stems of oilpalm (*Elaeis guineensis*). IRG/WP/3673:15 pp

Wong AHH, Pearce RB, Watkinson SC (1992) Fungi associated with groundline soft rot decay in copper-chrome-arsenic treated heartwood utility poles of Malaysian hardwoods. IRG/WP/1567-92:22 pp

Wood DA (1985a) Production and roles of extracellular enzymes during morphogenesis of basidiomycete fungi. In: Moore D, Casselton LA, Wood DA, Frankland JC (eds) Developmental biology of higher fungi. Cambridge University Press, Cambridge, 375–387

Wood DA (1985b) Useful biodegradation of lignocellulose. Annu Proc Phytochem Soc Eur 26:295–309

Woodward S (1992a) Responses of gymnosperm bark tissues to fungal infections. In: Blanchette RA, Biggs AR (eds) Defense mechanisms of woody plants against fungi. Springer, Berlin, 62–75

Woodward S (1992b) Mechanisms of defense in gymnosperm roots to fungal invasion. In: Blanchette RA, Biggs AR (eds) Defense mechanisms of woody plants against fungi. Springer, Berlin, 165–180

Wu WD, Jeng RS, Hubbes M (1989) Toxic effects of elm phytoalexin mansonones on Ophiostoma ulmi, the causal agent of Dutch elm disease. Eur J For Pathol 19:343–357

Wudtke L (1991) Beobachtungen in einem Versuchsbestand. Buchenrindensterben. Allg Forstz 46:504–507

Wüstenhöfer B, Wegen H-W, Metzner W (1992) Triazole – eine neue Fungizidgeneration für Holzschutzmittel. 19. Holzschutztagung 1992. Dtsch Ges Holzforsch: 97–98 und (1993) Holz-Zbl 119:984, 988

Yamada T (1992) Biochemistry of gymnosperm xylem responses to fungal invasion. In: Blanchette RA, Biggs AR (eds) Defense mechanisms of woody plants against fungi. Springer, Berlin, 147–164

Yamaguchi H, Maeda Y, Sakata I (1992) Applications of phenol dehydrogenative polymerization by laccase to bonding among woody fibers. Mokuzai Gakkaishi 38:931–937

Yang QY, Jong SC (1989) Medicinal mushrooms in China. Mushroom Sci XII, Vol 1:631–643

Yazaki Y, Bauch J, Endeward R (1985) Extractive compounds responsible for the discoloration of Ilomba wood (Pycnanthus angolensis Exell). Holz Roh-Werkstoff 43:359–363

Zabel RA, Wang CJK, Anagnost SE (1991) Soft-rot capabilities of the major microfungi, isolated from Douglas-fir poles in the North-East. Wood Fiber Sci 23:220–237

Zadražil F (1985) Screening of fungi for lignin decomposition and conversion of straw into feed. Angew Bot 59:433–452

Zadražil F (1992) Mobilität von Schwermetallen im Ökosystem. Champignon 368:128–132

Zadražil F, Brunnert H (1980) The influence of ammonium nitrate supplementation on degradation and in vitro digestibility of straw colonized by higher fungi. Eur J Microbiol Biotechnol 9:37–44

Zadražil F, Grabbe K (1983) Edible mushrooms. In: Rehm H-J, Reed G (eds) Biomass, Vol 3. Biotechnology. Verlag Chemie, Weinheim, 145–187

Zainal AS (1976) The soft rot fungi: the effect of lignin. Suppl 3 Mat Org: 121–127

Zimmermann G (1974) Untersuchungen über Art und Ursachen von Verfärbungen an Bergahornstammholz (*Acer pseudoplatanus* L.). Forstw Cbl 93:247–261

Zink P, Fengel D (1989) Studies on the coloring matter of blue-stain fungi. Holzforsch 43:371−374

Zoberst W (1952) Die physiologischen Bedingungen der Pigmentbildung von *Merulius lacrymans domesticus* Falck. Arch Microbiol 18:1−31

Zöttl HW (1989) Wachstum auf Abfall. Rinde und ihre ökonomische Aufbereitung zu nützlichen Produkten. Danzer Holz aktuell 7:84−93

Zycha H (1964) Stand unserer Kenntnisse von der *Fomes annosus*-Rotfäule. Forstarch 35:1−4

Zycha H (1976a) Die Rotfäule der Fichte. In: Zycha H et al (Hrsg) Der Wurzelschwamm (*Fomes annosus*) und die Rotfäule der Fichte (Picea abies). Beih 36 Forstw Cbl: 7−13

Zycha H (1976b) Die Infektion der Fichte durch *Fomes annosus*. In: Zycha H et al (Hrsg) Der Wurzelschwamm (Fomes annosus) und die Rotfäule der Fichte (Picea abies). Beih 36 Forstw Cbl: 31−38

Zycha H, Knopf H (1963) Pilzinfektion und Lagerschäden an Holz. Schweiz Z Forstwesen 9:531−537

* Zycha H et al (Hrsg) (1976) Der Wurzelschwamm (Fomes annosus) und die Rotfäule der Fichte (Picea abies). Beih 36 Forstw Cbl: 83S

Während des Druckes erschien mit vergleichbarer Zielsetzung

Eaton RA, Hale MDC (1993) Wood: decay, pests and protection. Chapman & Hall, London

Sachverzeichnis

Springer-Verlag und Umwelt

Als internationaler wissenschaftlicher Verlag sind wir uns unserer besonderen Verpflichtung der Umwelt gegenüber bewußt und beziehen umweltorientierte Grundsätze in Unternehmensentscheidungen mit ein.

Von unseren Geschäftspartnern (Druckereien, Papierfabriken, Verpackungsherstellern usw.) verlangen wir, daß sie sowohl beim Herstellungsprozeß selbst als auch beim Einsatz der zur Verwendung kommenden Materialien ökologische Gesichtspunkte berücksichtigen.

Das für dieses Buch verwendete Papier ist aus chlorfrei bzw. chlorarm hergestelltem Zellstoff gefertigt und im ph-Wert neutral.